适龄儿童成长必备能力

感知觉统合能力无器械训练法

SHILING ERTONG CHENGZHANG BIBEI NENGLI

GANZHIJUE TONGHE NENGLI WUQIXIE XUNLIANFA

主　编　仝慧琪　李云峰

天津出版传媒集团
天津科技翻译出版有限公司

图书在版编目(CIP)数据

适龄儿童成长必备能力：感知觉统合能力无器械训练法 / 仝慧琪，李云峰主编. —天津：天津科技翻译出版有限公司，2023.5

ISBN 978-7-5433-4343-6

Ⅰ.①适… Ⅱ.①仝… ②李… Ⅲ.①儿童－感觉统合失调－训练 Ⅳ.①B844.12

中国国家版本馆 CIP 数据核字(2023)第 063822 号

出　　版：天津科技翻译出版有限公司
出 版 人：刘子媛
地　　址：天津市南开区白堤路 244 号
邮政编码：300192
电　　话：(022)87894896
传　　真：(022)87893237
网　　址：www.tsttpc.com
印　　刷：高教社(天津)印务有限公司
发　　行：全国新华书店
版本记录：880mm×1230mm　16 开本　14 印张　352 千字
2023 年 5 月第 1 版　2023 年 5 月第 1 次印刷
定价：98.00 元

(如有印装问题，可与出版社调换)

编者名单

主　编　仝慧琪　　李云峰

副主编　刘耀武　　杜福幸　　宋莹莹　　张金武

毕玉萍　　扈梦雨

编　者（按姓氏汉语拼音排序）

毕玉萍	杜　炜	杜福幸	宫广平
宏　珊	扈梦雨	李　琳	李小美
李云峰	刘墨杰	刘耀武	卢玉兰
罗艳娟	宋莹莹	仝慧琪	杨　伟
张　玲	张金武		

编者简介

主　编

仝慧琪
感知觉统合能力无器械训练法创始人
中国智慧工程研究会家庭教育研究组高级研究员
全国养成教育研究总课题组研究员
北京师大智慧教育研究院研究中心主任
国家专业人才库注册高级心理咨询师

李云峰
感知觉统合能力无器械训练法研发团队核心成员
中国心理卫生协会注册心理咨询师
国家二级心理咨询师
国家体验教育师
家庭教育指导师
注意力训练师
全国家庭教育服务体系优秀公益讲师
河北省心理危机干预委员会常务委员

副主编

刘耀武
感知觉统合能力无器械训练法研发团队核心成员
全国养成教育研究总课题组研究员
北京开放大学家庭教育学院教研部主任

杜福幸
感知觉统合能力无器械训练法研发团队核心成员
国家劳动部高级体验式培训师
家庭教育指导师

养成教育指导师
全国 LCP 成长计划发起人、全国 LCP 特训营创始人

宋莹莹
感知觉统合能力无器械训练法研发团队核心成员
感知觉统合能力与美育融合教育研发项目负责人
国家二级心理咨询师
家庭教育指导师
养成教育指导师

张金武
感知觉统合能力无器械训练法研发团队骨干成员
乐哆教育创始人
中国教育发展战略学会家校协同专业委员会理事
家庭教育指导师
感知觉统合能力无器械训练法青海省西宁地区项目负责人

毕玉萍
感知觉统合能力无器械训练法研发团队骨干成员
学前教育高级教师
家庭教育高级指导师
青少年心理健康辅导员
性格色彩卡牌心理咨询师

扈梦雨
韩国梨花女子大学传媒硕士
感知觉统合能力无器械训练指导师,负责学龄前儿童的感知觉统合能力训练

编　者(按姓氏汉语拼音排序)

杜　炜
感知觉统合能力无器械训练法研发团队骨干成员
焦作师范高等专科学校心理健康教育与咨询中心专职教师
鲁东大学心理学硕士
国家二级心理咨询师

宫广平
感知觉统合能力无器械训练法研发团队骨干成员
河北省教师教育学会理事
沧州市骨干教师

中学高级教师
骨干教师拔尖人才

宏　珊
感知觉统合能力无器械训练法研发团队成员
优迪佳教育创始人
心理咨询师
高级教育规划师

李　琳
感知觉统合能力无器械训练法研发团队成员
国家二级心理咨询师
家庭教育指导师
感知觉统合能力无器械训练指导师

李小美
感知觉统合能力无器械训练法研发团队成员
中国教育发展战略学会家校协同专业委员会会员
感知觉统合能力无器械训练指导师
家庭教育指导师

刘墨杰
感知觉统合能力无器械训练法研发团队成员
小学高级教师
养成教育指导师
河北省省级骨干教师
沧州市“巾帼建功”明星、模范班主任、学科带头人

卢玉兰
感知觉统合能力无器械训练法研发团队成员
中国管理科学研究院教育研究标准化研究所客座教授
中国心理卫生协会会员
国家二级心理咨询师
国家婚姻家庭咨询师
青少年心理健康高级指导师
青少年素质教育高级培训师

罗艳娟
感知觉统合能力无器械训练法研发团队骨干成员
国家二级心理咨询师
长沙生命力教育创始人

杨　伟

感知觉统合能力无器械训练法研发团队骨干成员
中小学高级教师
山东省示范幼儿园业务园长
国家三级心理咨询师
中国共产主义青年团中央委员会心理健康辅导员
家庭教育指导师

张　玲

感知觉统合能力无器械训练法研发团队骨干成员、师资培训导师
国家二级心理咨询师
中学高级教师
幼儿园高级教师
家庭教育指导师
山东省示范幼儿园园长
胜利油田学前教育教学能手、优秀教师

序　言

仝慧琪教授、李云峰老师、王胜彪老师在《中国健康心理学杂志》(2021 年第 29 卷第 7 期)联合发表了关于“学龄儿童感知觉统合能力现状”的调查报告,我在审稿过程中进一步了解到“感知觉统合能力”对于孩子的重要性,更深知当今有很多孩子出现了由于感知觉统合能力不足导致的生活能力缺乏，并严重阻碍了学习能力的发展。尤其是当孩子感知觉统合能力不足时,会在成长过程中出现诸多令家长困惑、老师不解的表现,甚至会给孩子的身心健康带来长远影响,所以急需一种方便、有效、便于实施的方法来解决这些问题。欣闻仝慧琪教授、李云峰老师带领研发和实践团队把历经 10 余年研发的成果——“感知觉统合能力无器械训练法”结集成书,深感这是善行之举。阅读书稿,深感本书理论体系通俗易懂,无器械训练法操作流程叙述详细,便于操作,非常适合在家庭、学校广泛使用,父母及老师经过学习掌握知识技巧,必将提升广大父母及老师的应对能力,从而用科学有效的方法为孩子的健康成长助力。

《适龄儿童成长必备能力:感知觉统合能力无器械训练法》一书的问世无疑是仝慧琪教授、李云峰老师团队奉献给社会最好的礼物,是每一个家庭的福音,是从根本上解决教育难题的金钥匙。本书内容集合了历时 10 余年的研究结果和对上万名适龄儿童进行的实践训练,应用了近千种训练方法,相信一定会给更多的孩子、更多的家庭带来幸福！期待有更多适龄儿童的父母及老师阅读此书,从全新的角度去理解和看待孩子在成长过程中的真正需求,及时给予孩子所需的心理营养!

《中国健康心理学杂志》主编

国际中华应用心理学研究会秘书长

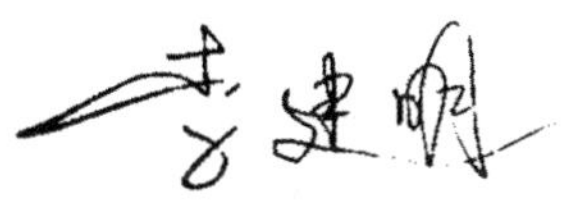

于海南省海口市

2023 年 2 月

前言二

本书共计14章，采用通俗易懂的语言，以问答的形式呈现，阅读起来更方便，目标更明确。各位读者朋友通过阅读全书可系统学习感知觉统合能力无器械训练法的知识与技能。

本书采用全新的理论架构，在“感知觉统合能力（又称感知力）”与“感知觉统合能力无器械训练法”的基础上提出了感知觉统合能力无器械训练法针对的六大能力体系，分别是前庭平衡能力、触觉分辨能力、本体控制能力、视知觉反应能力、听知觉反应能力和动作运用能力，每种能力都有详细的阐述与说明，并提供了训练方法。

本书可作为感知觉统合能力无器械训练法的培训教材，也可作为心理咨询师、家庭教育工作者、教育机构从业人员的专业技能培训教材，还可作为父母了解感知觉统合能力的相关知识、掌握感知觉统合能力无器械训练法、提升孩子感知觉统合能力的必备手册。

2022年9月

目　录

第一章　感知觉统合

如何理解尊重生命的个体差异？…… 1
如何看待孩子的这些表现？…… 2
什么是感觉统合？…… 3
什么是感知觉统合？…… 3
什么是感知觉统合能力？…… 4
学习感知觉统合要知道哪些概念？…… 4
感知觉统合的作用有哪些？…… 5
感知觉统合发生的基本顺序是什么？…… 7
不同年龄段感知觉统合能力是如何发展的？…… 9
如何理解感知觉统合的4个层次？…… 12
感知觉统合发展的基础有哪些？…… 16
感知觉统合能力对孩子的影响有哪些？…… 17
感知觉统合能力不足的原因有哪些？…… 20
如何根据感知觉统合来培养孩子？…… 21
感知觉统合与德、智、体、美、劳的关系是什么？… 23

第二章　感知觉统合能力无器械训练法

如何理解感知觉统合能力无器械训练法？…… 24
感知觉统合能力无器械训练法为什么会取得良好的效果？…… 25
感知觉统合能力无器械训练的原理是什么？…… 28
感知觉统合能力无器械训练有哪些作用？…… 29
感知觉统合能力无器械训练法应注意哪些事项？…… 31
感知觉统合能力无器械训练的基本原则是什么？…… 33
如何看待感知觉统合能力无器械训练适度与足量的关系？…… 34
感知觉统合能力无器械训练法包括哪些方面？… 34
感知觉统合能力无器械训练与学习能力有什么关系？…… 36
感知觉统合能力无器械训练多久能见到效果？… 36
感知觉统合能力不足会随着孩子的长大而消失吗？…… 37
感知觉统合能力无器械训练是玩吗？…… 37
感知觉统合能力无器械训练以游戏的方式有什么好处？…… 38
感知觉统合能力无器械训练可以在家里训练吗？…… 38
感知觉统合能力无器械训练可以在学校进行吗？…… 38
感知觉统合能力无器械训练对多动症有效吗？… 39
感知觉统合能力无器械训练对孤独症有效吗？… 39

第三章　大脑

神经系统的构成和功能有哪些？…… 40
大脑是如何发展的？…… 40
大脑是如何发展出智慧与思考的？…… 41
环境如何影响大脑的发展？…… 41
如何理解神经系统的可塑性？…… 42
什么是大脑的单侧化？…… 43
大脑单侧化过程及作用有哪些？…… 43
大脑“用进废退”的原理指的是什么？…… 44

什么是大脑的双层结构？…… 44
左脑对孩子的作用有哪些？…… 45
右脑对孩子的作用有哪些？…… 45
如何初步判断自己左脑发达还是右脑发达？…… 45
左右脑协调不好会出现哪些现象？…… 47
我们有必要对孩子进行左脑或右脑开发吗？…… 47
从哪些方面来促进孩子大脑的发展？…… 48
强化大脑活动的训练方法有哪些？…… 48

第四章　前庭平衡能力

如何认识前庭系统？…… 51
什么是前庭平衡觉？…… 52
什么是前庭平衡能力？…… 52
前庭平衡觉有哪两种反应状态？…… 53
如何促进前庭平衡觉的发展？…… 53
前庭平衡能力是如何发展的？…… 54
如何理解前庭系统与其他感觉系统的关系？…… 54
前庭平衡能力是如何影响肌肉舒张与收缩的？…… 55
前庭平衡能力是如何影响姿势的？…… 56
前庭平衡能力是如何影响空间感的？…… 56
前庭平衡能力是如何影响学习的？…… 57
前庭平衡能力是如何影响情绪的？…… 57
前庭平衡能力是如何影响站立的？…… 58
如何理解“恐高症”？…… 58
前庭平衡能力是如何影响运动的？…… 59
前庭平衡能力发展不足会产生哪些现象？…… 59
前庭平衡能力的训练方法有哪些？…… 60

第五章　触觉分辨能力

如何认识触觉？…… 64
什么是触觉分辨能力？…… 64
触觉分辨能力不足的两种常见反应方式是什么？…… 65
触觉分辨能力不足的原因有哪些？…… 65
如何理解触觉分辨能力的分辨功能与保护功能？…… 67
触觉分辨能力为什么能安抚情绪？…… 68
触觉分辨能力与情绪的关系是什么？…… 69
触觉分辨能力与孩子成长的关系是什么？…… 69
触觉分辨能力与视知觉的关系是什么？…… 69
触觉分辨能力与动作的关系是什么？…… 70
如何理解触觉分辨能力训练？…… 71
观察哪些现象可判断触觉分辨能力不足？…… 72
触觉分辨能力对孩子的重要作用是什么？…… 72
触觉分辨能力不足的表现有哪些？…… 73
触觉分辨能力的训练方法有哪些？…… 74

第六章　本体控制能力

什么是本体控制觉？…… 79
什么是本体控制能力？…… 80
本体控制能力的感受器是如何分布的？…… 81
本体控制觉与前庭平衡觉的关系是什么？…… 82
本体控制能力与动作的关系是什么？…… 82
本体控制能力与视觉的关系是什么？…… 83
本体控制能力与自信的关系是什么？…… 83
本体控制能力与学习成绩的关系是什么？…… 83
本体控制能力的功能有哪些？…… 84
本体控制能力不足会出现哪些现象？…… 86
本体控制能力发展的基础是什么？…… 86
爬行对于本体控制能力的重要作用是什么？…… 87
本体控制能力训练的原理是什么？…… 88
本体控制能力的训练方法有哪些？…… 88

第七章　视知觉反应能力

如何理解视觉？…… 93
视知觉是如何产生的？…… 93
什么是视知觉反应能力？…… 94
视知觉反应能力不足的原因是什么？…… 95

视知觉反应能力包括哪些方面？…………………95
自由活动如何影响视知觉反应能力的发展？……97
视知觉信息是如何发挥作用的？…………………97
视觉空间能力分为哪几类？………………………98
如何理解空间移动能力？…………………………98
如何理解空间认知能力？…………………………99
在视知觉反应能力的训练中要注意哪些？……100
视知觉反应能力不足有哪些表现？……………100
视知觉反应能力与阅读障碍的关系是什么？…100
视知觉反应能力的训练方法有哪些？…………101

第八章　听知觉反应能力

听觉是如何产生的？……………………………106
如何理解听知觉？………………………………106
什么是听知觉反应能力？………………………107
听知觉反应能力是如何影响学习成绩的？……109
听知觉反应能力不足的原因有哪些？…………109
听知觉反应能力不足的孩子有哪些表现？……110
听知觉反应能力与其他感觉系统的关系是什么？…………………………………………………110
父母如何评估孩子的听知觉反应能力？………110
用哪些方式提升听知觉反应能力？……………111
如何初步识别听知觉反应能力不足？…………113
如何理解语言的产生？…………………………113
阻碍语言发展的原因有哪些？…………………114
促进语言的发展有哪些方式？…………………115
听知觉反应能力的训练方法有哪些？…………116

第九章　动作运用能力

什么是动作运用能力？…………………………121
动作运用能力包含哪些层面？…………………121
身体形象是如何促进动作运用能力的？………122
学龄前期动作运用能力表现在哪些方面？……122
学龄期动作运用能力表现在哪些方面？………123
如何理解动作运用能力的“构思、计划、执行”？…………………………………………………123
感觉系统与动作运用能力的关系是什么？……124
动作运用能力不足会出现哪些现象？…………124
如何理解动作计划能力？………………………125
身体形象是什么？………………………………125
动作运用能力不足对孩子的影响有哪些？……126
如何判断动作运用能力不足？…………………127
动作运用能力的训练方法有哪些？……………127

第十章　嗅觉与味觉

如何理解嗅觉？…………………………………133
嗅觉的功能有哪些？……………………………133
如何认识嗅觉的发展？…………………………134
如何认识味觉？…………………………………134
如何促进孩子味觉的发展？……………………135
如何让孩子不再偏食？…………………………136
如何引导孩子做好嗅觉训练？…………………136
如何引导孩子做好味觉训练？…………………137

第十一章　感知觉统合能力评估方法

如何在生活与学习方面评估感知觉统合能力？…140
如何从感觉神经反应方面评估感知觉统合能力？…………………………………………………142
如何从肢体动作评估感知觉统合能力？………143
评估感知觉统合能力需要收集哪些相关资料？…144
如何以标准化的方式来评估感知觉统合能力？…144
如何用儿童感知觉统合能力评价量表进行评估？…………………………………………………146
训练前后如何对孩子感知觉统合能力的提升进行对比？…………………………………………155

第十二章　注意力

什么是注意力？ …… 157
注意的两个基本特征是什么？ …… 157
注意分为哪三类？ …… 157
衡量注意差异的标志是什么？ …… 158
注意的主要作用有哪些？ …… 159
什么是注意力障碍？ …… 160
注意力障碍会随着孩子长大而好转吗？ …… 161
注意力障碍产生的原因有哪些？ …… 162
注意力障碍儿童不同阶段的表现是什么？ …… 162
如何用儿童注意缺损多动障碍量表评估？ …… 163
注意力的训练方法有哪些？ …… 164

第十三章　记忆力

什么是记忆？ …… 169
记忆的基本环节有哪些？ …… 169
记忆的种类有哪些？ …… 170
学前儿童记忆的特点有哪些？ …… 171
小学生记忆的特点有哪些？ …… 172
什么样的方式可以促进记忆？ …… 172
记忆过程中如何利用自信来促进记忆？ …… 174
记忆过程中如何利用图像来促进记忆？ …… 174
记忆过程中如何利用联想来促进记忆？ …… 175
记忆过程中如何利用顺序来促进记忆？ …… 175
记忆过程中如何利用谐音来促进记忆？ …… 176
记忆过程中如何利用感觉来促进记忆？ …… 176
记忆过程中如何利用兴趣来促进记忆？ …… 177
记忆力的训练方法有哪些？ …… 177

第十四章　思维力

如何理解思维？ …… 183
思维分为哪些类型？ …… 183
思维的品质包括哪些？ …… 184
如何认识思维的基本过程？ …… 184
如何理解思维的形式？ …… 186
幼儿思维方式发展规律是怎样的？ …… 186
如何理解幼儿期思维工具的变化？ …… 187
幼儿思维形式是如何发展的？ …… 188
小学生的思维特点是什么？ …… 188
小学生概括能力是如何发展的？ …… 189
小学生比较能力是如何发展的？ …… 189
小学生分类能力是如何发展的？ …… 189
小学生概念是如何发展的？ …… 189
小学生推理是如何发展的？ …… 190
思维能力对孩子的重要性是什么？ …… 190
培养孩子思维能力应从哪些方面着手？ …… 190
如何促进孩子思维飞跃？ …… 191
思维技巧都有哪些？ …… 192
思维力的训练方法有哪些？ …… 193

附录 …… 199
参考文献 …… 202
索引 …… 203

第一章　感知觉统合

如何理解尊重生命的个体差异？

做感知觉统合研究这么多年，给我们感受最深的是父母对孩子不是不爱而是不知道怎么爱，不是不疼而是不知道怎么疼，不是不管而是不知道怎么管。很多家长都有一个通病，就是后悔过去、担忧未来，唯独忽略了当下孩子的成长。爱的前提是懂得，疼的前提是放手，管的前提是尊重。所以迫切需要家长做学习型家长、做智爱型父母。

当我们羡慕"别人家的孩子"的时候，却不知道自己的孩子生命成长的需求是什么，欠缺的是什么，这不仅是孩子的悲哀，更是教育的悲哀。

孩子是我们生命的延续和家庭的未来，每一位家长都希望孩子能顺利完成学业，未来有更好的发展，这无可厚非。但在现实生活中，我们却发现有很多孩子出现了一些不尽如人意的表现，尤其在学习过程中，表现出注意力不集中，好动不安，小动作多，拖拉磨蹭，做作业时马虎、丢三落四、频繁出错等，甚至完不成作业，因督促孩子课业问题甚至引起家庭冲突。在日常生活中，孩子表现出对自己的事责任心不强，缺少计划性和条理性。面对孩子的种种表现往往家长会采取好言相劝、利益交换、道理分析、批评指责，随着孩子频频出错且屡教不改，家长难以控制情绪时会出现恶语相向甚至打骂责罚，可以说用尽了各种方法试图改变孩子，但都没有达到预期的效果。研究表明，孩子的这些表现其实是能力不足所致，这种能力我们把它称之为感知觉统合能力。其实每一个孩子都有着非常强烈的向好心理，这是与生俱来的，但当孩子在长时间的家长说服教育和自己努力下依然达不到良好的标准时，孩子就会表现出自卑、逃避、退缩、抗拒等心理反应。因为感知觉统合能力直接作用于孩子的行为表现。尤其是在学习的过程中，会表现出注意力不集中，小动作多，不能很好地按时、按量、按质完成作业；在生活中也是杂乱无章，有些孩子走路不稳，不能很好地融入集体，在活动过程中缺乏目的性，容易被无关的事物所吸引，甚至有攻击性行为。当受到批评时孩子会感到很委屈，久而久之，孩子会认为家长和老师都不信任他、不理解他，严重影响了亲子关系、师生关系、伙伴关系。针对这些，我们需要从一个全新的角度去思考，相信如此种种并不是孩子故意而为之。

感知觉统合能力对于孩子来说是非常重要的，但遗憾的是，大部分家长和老师都不了解。它是一种可以决定孩子人生的高度、对生活幸福感的体验、对学习快感的体验、对美感的体验等的能力。缺乏感知觉统合能力，自然就缺乏核心竞争力，这对孩子未来成长与发展都会造成一定的影响。感知觉统合能力的不足会导致孩子的大脑和身体都不能很好地发展，感官、大脑、身体、感觉神经及运动神经之间会产生不协调，所以说每一个孩子都应该在成长的关键期做一些感知觉统合能力的前瞻性训练，从而为孩子的美好人生奠定坚实的基础。

所以在此呼吁各位家长不要再盲目地羡慕"别人家的孩子"，更不要拿自己的孩子同"别人家的孩子"进行比较。这样不仅帮不到孩子，反而会给孩子带来新的伤害，与其临渊羡鱼，不如退而结网，抓住孩子成长的关键期，进行感知觉统合能力训练，为孩子的成长助力。

如何看待孩子的这些表现?

孩子不能集中精力做事情,如不能整理好自己的物品、不能收拾好自己的书桌,做任何事情都手忙脚乱,即便是反复交代的事也会转瞬即忘,仿佛对自己的事从来不上心,忘带课本、忘带文具、忘带水杯,甚至忘带书包,无论你怎么说都是一副心不在焉的样子,批评、训斥、打骂都无效。

孩子阅读困难,在阅读过程中丢字串行、加字减字,阅读速度很慢,读得磕磕巴巴不流畅,阅读效果大打折扣,不能很好地理解所读文章或题目的意思,在做作业的时候自然题不达意,频繁出错。这些都会影响孩子的成绩。

孩子写字速度缓慢,写一笔看一笔,不仅影响速度,而且字体结构分离。写的字大的大、小的小,有的孩子下笔轻重不分,6 和 9、p 和 q、天和夫等相近的数字、字母和文字经常出错甚至会写颠倒,反复纠正收效甚微。有些孩子握笔姿势不正确,在书写过程中易出现疲劳、坐不住,一会儿上厕所、一会儿喝水,完成作业的时间无限延长。

孩子马虎、丢三落四,明明看到 7+5=12,嘴上也是这样说的,但写出来的时候依然会出错。做数学题的时候,偶尔会丢掉一些步骤,粗心大意,让孩子自己检查基本上是不可能的,感觉是在敷衍了事。每次考试都由于这样的马虎而影响成绩,经过提醒总感觉这些孩子虚心接受但坚决不改,相同的错误一再出现。

孩子在课堂上不能把注意力用在老师讲课上,任何风吹草动都会影响到他,因此听课质量会受到严重影响,甚至影响课堂纪律。记不住或是记不全老师讲课的内容。当老师发出一个指令的时候,发现他总会慢半拍。当他描述一件事情时,语言不流畅、顺序混乱、词不达意。表现在写作文上就是语言枯燥、结构松散,不能切合主题。

孩子总是坐无坐相、站无站相,坐姿不端正,表现得很慵懒,显得浑身无力或僵硬。同时你会发现他们大的肢体动作,比如跳高、跑步、跳绳、打篮球、踢足球、做操等韵律性活动跟不上节奏或显得比较笨拙,每一项需要手眼协调的身体活动,对于他们来说就是很大挑战,所以导致孩子不爱参与类似运动。像使用剪刀、筷子、系鞋带、系扣子、手工等需要精细动作来完成的内容也会有些困难,自理能力较差。

如果孩子语言发展缓慢,说话含糊不清,表达能力欠缺,说话缺少逻辑性,回答问题时出现跑题或啰唆。

孩子特别不喜欢别人触碰他的身体,但他却喜欢拥抱别人,尤其表现在站队时,这些孩子会出列或推搡别人,不愿意去人多的地方、陌生的地方,家长会认为孩子胆小,而在家孩子会表现出黏人、黏固定的人,有些孩子会出现不愿意洗头、洗澡、剪指甲,甚至经常咬指甲及吮吸手指的现象,多次提醒孩子也很难控制,尤其在孩子紧张的时候,仿佛成为一种依赖性行为。这些孩子还会表现出挑食、偏食,只喜欢软糯食物,导致体质偏弱。

孩子情绪不稳定,会因为一点小事就大发脾气,性格偏执,不能和同龄人很好地相处。破坏规则,在玩的时候只要输了就不高兴,不懂得与他人分享。由于孩子的种种表现不会被大多数孩子接受,所以显得不合群,缺少朋友,而错失了人际交往最好的发展时期。

孩子缺乏安全感,自我价值感低,从而影响了孩子的自我认同。因为安全感既来源于心理层面,更来源于生理层面。当孩子感知觉统合能力不足时,当他站立、坐卧都少了稳定的感觉,也不能有效地形成依恋感,就会导致安全感不足;由于别人能做到,孩子自己做不到,于是老师和家长会进行更多的批评指责,这会导致孩子自我价值感不足,同时也会导致孩子对自我的认同偏低,因而导致孩子缺乏自我成长的内在驱动力。

我相信作为父母，您一定不想让自己的孩子出现以上这些现象，很是一旦出现，很多父母则束手无策，找不到更好的办法来解决孩子的这些问题，更多的是要从教育层面、心理层面去应对。其实以上这些现象都是感知觉统合能力不足所致，与心理层面、教育层面有关，与感知觉统合能力高度相关，很多时候是因果关系，据多年研究证实，只有经过训练才能让孩子以上现象得到缓解或者消失。

什么是感觉统合？

说到感觉统合就必须提及美国南加州大学临床心理学博士爱尔斯教授，由于她小时候亲身体验了学习困难的煎熬，在临床过程中也看到了各种类型儿童的发展障碍，她在感慨之余，开始进修职能治疗硕士、教育心理学博士、脑科学博士后，并致力于此方面的研究。1966 年，在前面学者研究的基础上提出了感觉统合理论，她的研究成果表明，大脑及中枢神经在处理从各感官传输进来的基本感觉信息时，会出现感觉统合失常，引起孩子行为和情绪上的问题；只有当感觉统合良好时，大脑才能充分运作。1972 年，美国加州成立“感觉统合失常研究中心”；1983 年，“感觉统合国际组织”成立，并进行全球化推广。

感觉统合是指大脑将感觉器官接收到的感觉信息进行统合，形成有效的组合，然后再提供给大脑及身体应用的过程。

在全球化推广过程中主要面对的人群也仅限于 3~6 岁儿童，更侧重于感官反应，并且大多借助医疗机构来实施完成，这导致有很多家长认为感觉统合失调是一种疾病，是需要服药治疗的。其实感觉统合失调并不是生理缺陷或疾病，而是成长中的孩子因为某些原因导致的生理功能或能力方面出现问题，可以通过训练来解决。这也是多年以来很多家长对感觉统合知识了解得少而不愿意面对的原因，所以从新的角度看待孩子的成长，从新的角度看待感觉统合的发展，让更多的父母了解这方面的知识是现在更需要做的。

什么是感知觉统合？

感知觉统合是本书理论框架中的重要概念，这是对“感觉统合”概念的发展，这是因为感觉器官接收到感觉信息，这些感觉信息一定会被合成在一起形成认知，供大脑及身体应用，而不仅仅是单一的感觉信息的应用，所以感知觉统合更注重感觉过渡到知觉的完整过程，注重生理与心理的双重力量，对多重感觉信息输入大脑，经过大脑的分析、统合及理解，做出更加合理的解释，这种解释是建立在以往经验累积的基础上，从而产生有意义的认知，也就是形成知觉，然后协调记忆、思维、情绪等，指挥身体做出有意义的顺应性反应，同时再将反应动作信息反馈给大脑，对反应动作进一步微调，使之更精确，进而保持感觉信息的完整性、持久性、延展性、合理性，这个过程就是感知觉统合。可以看出，感知觉统合有助于我们理解孩子的一些行为，这些行为包括动作行为及情绪反应，即使一些内隐的自信、自尊、自我认同、安全感等也与感知觉统合过程是否通畅有关。这一研究成果给父母提供了一个全新的角度发现孩子行为背后的真正原因，从而能更全面地从生理、心理双重角度去分析、判断和满足孩子的成长需求。

感知觉统合能力是一切能力的基础。感觉是感官的单一信息，知觉是多感官信息的统合与完善。身心本为一体，感知觉统合就是身心互动的结果。感知觉统合过程为许多教育界无法理解的行为及反应做出了更合理的解释。

孩子成长的过程也是感知觉统合发展的过程，每个孩子必须通过感知觉统合的历程、体验、学习，大脑才能有效地发展出完整的思考能力，产生自发、自动的学习效果。我们的大脑有140亿个神经细胞,100多万个感觉区,因此感知觉统合及学习的过程是复杂的,也是细腻的。感觉器官与外界接触,会同时输入大量信息,神经的传递过程、大脑接受过程必须是灵敏的、准确的,这样感觉区才能对同时输入的许多感觉信息进行快速、完整有效的统合,否则便会影响孩子思考能力和学习能力的发展与成熟。也就是说,感知觉统合完善的过程对于孩子来说相当重要。正因为人有感知觉统合的能力,所有的学习和动作才能顺利进行。只有经过感知觉统合,神经系统的不同部分才能协调,才能让孩子对环境通过动作或情绪进行反应。没有感知觉统合,大脑、身体和心理就不能协调发展。任何孩子要百分之百达到感知觉统合都非常困难,所以作为家长在孩子适当的年龄给予孩子感知觉统合能力的培养,才是真正地为孩子未来成长与发展助力。

感知觉统合研究不仅为大家提供了全新的理论依据,同时研究出3~14岁的适龄儿童感知觉统合能力无器械训练方法。经过近万名实际个例样本得出结论,凡通过感知觉统合能力无器械训练的孩子,无论从生理基础上还是心理发展上都会有非常明显的提升,使很多曾经被贴上"问题标签"的孩子重新找回自我。

什么是感知觉统合能力?

感知觉统合能力是在感知觉统合过程中发展出的能力,这种能力能让感官、大脑、身体、感觉神经、运动神经及心理能量之间更协调,信息流动更通畅,从而能更有效地处理、分析、组织感觉信息,提供给大脑及身体运用,增加孩子对生活、学习的胜任感、掌控感,从而能更顺利地适应生活及学习。感知觉统合能力不是有或无,而是连续的,如果分为1~100级的话,假设孩子面前有100级台阶,每个孩子都会站在1~100级台阶中的某一级,也就是说,有的孩子站在50级,有的孩子站在60级,有的孩子站在40级,这就是能力与能力的差异。大量案例研究表明,每个孩子如果能在关键期经过训练,感知觉统合能力都可以得到有效提升,对于那些能力较强的孩子无疑是锦上添花,而对那些能力较弱的孩子则是雪中送炭,使每个孩子都能在原有的基础上有所突破,更上一层楼。因为一个孩子感知觉统合能力越完备,适应生活及学习的能力就越强。随着社会的快速发展,竞争压力日趋严峻,对每个人的感知觉统合能力要求会越来越高,因此呼吁父母、老师及心理工作者应更加重视孩子感知觉统合能力的发展,我们需要形成合力来促进和助力我们的孩子适应这个全新的时代。

感知觉统合能力与孩子学习能力密切相关,可以这样说,感知觉统合能力就是孩子的学习能力,感知觉统合良好的孩子更能胜任学习任务,于是他们更加积极、乐观、阳光、充满自信,不断有新的突破和进步,掌握新知识和新技能,接受能力、理解能力均优于同龄人。

学习感知觉统合要知道哪些概念?

俗话说"工欲善其事,必先利其器",所以要学习感知觉统合理论及无器械训练方法,一定要知道与之相关的概念,因为知道并理解相关的概念,会有利于对感知觉统合能力无器械训练的深入了解,这就是人们常说的"知其然更要知其所以然"。

感觉

感觉是人脑对直接作用于感觉器官的客观事物个别属性的反应,传统的感受器官有眼睛的视觉、耳朵的听觉、鼻子的嗅觉、口腔的味觉。除此之外,还有3种最基本的感觉,也是最重要的感觉,它们是前庭平衡觉、本体控制觉和触觉。

知觉

知觉是人脑对直接作用于感觉器官的客观事物整体属性的反应,它是在感觉的基础上产生的。知觉是在已有经验的基础上，对该事物的理解而产生意义，也就是对同样的事物每个人的认识是不一样的，所以没有客观存在的世界，只有感官塑造出来的世界。知觉产生时总要选择一个目标，作为自己知觉的对象，这是知觉的选择性；知觉总是根据过去的经验来理解、解释、判断新接触的事物，所以每一件事都会有自己经验的烙印，这是知觉的理解性；看到事物总是倾向于把事物作为整体来反映，比如用不连续圆点画一匹马，会觉得是一匹马，而不是无数小圆点，这是知觉的整体性；当事物发生改变时，离得远了、近了仍对这个事物保持相对不变，比如说飞机在天上飞，看上去很小，一般不会觉得这是玩具飞机，这是知觉的恒常性。

前庭平衡觉

前庭平衡觉是对地心引力作用的感觉，对速度与方向的感觉，这种感觉可以综合判断头部的位置和身体变化，保持身体与重力的平衡。

平衡感

平衡感是身体和地心引力的有机协调的感觉。

前庭信息

前庭信息是人体脸部正面的感觉信息。

前庭平衡

前庭平衡是前庭信息与平衡感的协调。

本体控制觉

本体控制觉主要来自肌肉、关节和肌腱的信息，这种感觉可以让孩子随时感知身体的状态，从而做出灵活、有组织、统一的动作，同时动作的执行信息再次反馈给大脑，大脑再对动作进行更精准的调整。

触觉

触觉是对我们更重要且分布最为广泛的感觉系统，也是最大的感觉系统。皮肤下面有好多感受器，可感知身体及外在环境的信息，包括冷、热、痛、痒、压力、温度变化、软硬、物体的纹理、质地、辨别触碰的不同位置等。

顺应性反应

顺应性反应是因时、因地、因事产生的反应，这种反应以目的性动作为基础，就是该做什么做什么，做什么像什么。

感知觉统合的作用有哪些？

孩子有多种感官，也就会有多种信息输入渠道，要想有效地应用这些感觉信息，就一定需要感知觉统合的过程，才能把这些感觉信息综合起来提供给大脑及身体应用，通过反复刺激才会给大脑提供营养，促进中枢神经系统的发育更完善，才能根据感觉信息做出顺应性的反应。

这些感觉包括内脏的感觉，身体各部分的感觉，如视觉、听觉、嗅觉、味觉、触觉、前庭平衡觉、本体控制觉等感觉信息，这些感觉信息多而复杂，像众多河流汇入大海一样进入孩子的大脑。如果感知觉统合能力良好，孩子就可以利用这些不同的感觉信息理解意义，来形成认知，顺利做出适应性动作，顺利完成学习任务，因为大脑必须把这些感觉信息组织好、分析好、理解好、储存好。当孩子听到一个指令后，完成一个动作，或根据目的完成任务。比如，看到课本上的生字，在作业本上写出来；体育课上给孩子一根跳绳，他知道如何去跳绳；给孩子一个篮球，他知道拍球、投球、传球；给孩子积木，他可以根据积木搭建出不同的造型；上课时孩子知道如何保持端正的坐姿，如何听老师讲课；到某个环境，孩子知道需要保持安静，而且能做到。如果一个孩子能做到这些，就是感知觉统合能力在发挥作用；如果孩子感知觉统合功能不够好，不能有效地完成对感觉信息的感知觉统合，那些众多信息如同上下班拥挤的交通，同时又遇到红绿灯故障，将混乱不堪。

孩子从出生到长大，他的身体在长高，体重在增加，之所以能实现这些，是因为孩子的身体得到了充足的营养，而这些营养来源于食物，通过消化食物营养被吸收，并提供给孩子，身体开始逐步长大。大脑不但需要食物提供的营养，还必须有感觉信息来营养大脑，也就是说感觉刺激对孩子的大脑发育来说也是必要的营养。在孩子成长的关键期，尤其是 3~6 岁，如果没有足够的感觉刺激提供给大脑，大脑的功能就会出现行为异常。而感知觉统合能力可促进感觉刺激的有效摄入，从而让大脑有足够的营养去发展。如果一个人经常吃不到应有的食物，就会营养不良，身体发育受到影响，而感觉刺激也是如此，孩子摄入的感觉刺激信息越丰富，大脑及中枢神经系统功能发育越好。感知觉统合能力可以让各种感觉刺激均衡有效地输入大脑，同时把无关的感觉刺激拦截下来，这样可以让我们的大脑不至于特别忙碌，从而在这些感觉刺激的营养下，在感知觉统合的作用下，大脑功能发展得更好，从而使感知觉统合能力更好，这是一个良性循环，孩子也能更顺畅地做出各种动作，表达各种情绪，更有效地完成生活和学习任务。

感知觉统合还可以让孩子完成对事物的认知，形成对事物的理解，完成对事物的操作，从而达成目标。就拿剥橘子来说，大脑会把眼睛看到的视觉信息——黄色的橘子，手触摸到橘子的手感，鼻子闻到的橘子气味，以及以往的经验进行统合，从而认识到这是一个橘子，如果要吃橘子，双手的 10 个指头会非常协调地剥开橘子皮，这是大脑对眼睛、鼻子、嘴巴汇总的信息，以及手指的触觉、肌肉及关节信息统合后的效果，这些信息传到大脑，经过感知觉统合完成剥橘子皮的动作。对橘子的认知、剥橘子的过程，也是对一切事物的认知及操作的过程，这些都是在大脑的感知觉统合的作用下完成的认知和顺应性行为。

只有有良好的感知觉统合，孩子才会有良好的顺应性反应，顺应性反应对每个孩子都特别重要，就是因时、因地、因事制宜而产生的反应，也就是该做什么做什么。婴儿刚出生时，没有目标地手脚乱动，不算顺应性反应，但当他看到不同颜色的玩具、听到玩具的声音而想去触碰玩具时，就是顺应性反应。如果玩具离孩子有些远，他能爬过去抓住玩具，这是更复杂的顺应性反应。这看似简单的过程包含了孩子通过视觉看到这是一个玩具，这个信息迅速反馈给大脑进行整合，整合过程包括认知、想象、以往的经验，这个玩具可以玩、怎么玩，这时大脑通过神经系统指挥身体把想法付诸行动，孩子可以准确地拿到玩具并开始玩耍，这就是很好的顺应性反应。

在不同的顺应性反应中，孩子会学习新的技巧，并且促进大脑的进一步发展，当然也进一步提高感知觉统合能力。从这个角度来说，孩子的顺应性反应是感知觉统合的产物，孩子必须先了解自己和环境的关系、自己有什么需求，然后主动选择适应环境所需要的感觉刺激，再经过大脑的组织整合，最后经过神经系统、骨骼系统、肌肉系统的配合，产生顺应性行为，也就是说顺应性行为与感知觉统合能力是相辅相成、相互促进的关系。

感知觉统合能力的强弱会直接影响孩子的心理发育，一个感知觉统合功能良好的孩子会有足够的能力去应付他所遇到的每一件事，当这些事件都被他有效地解决时，他就会有胜利感和满足感。战胜挑战和困难会提高孩子的自信和自我认同感。研究表明，感知觉统合能力发展良好的孩子，本身就有很大的满足感。孩子内心充满快乐、积极乐观的心态对孩子的未来发展至关重要，所以孩子的生理发展与心理健康是教育工作者的关注重点。

感知觉统合发生的基本顺序是什么?

每位父母都希望自己的孩子心智聪慧、心灵手巧、口齿清楚、动作灵活、个性开朗,但在现实生活中,如果不了解孩子这些特质是从何而来,大多数家长就会有想帮孩子而不知道怎么帮的感受,想管孩子而不知道怎么管的两难状态。所以说,作为父母首先要知道孩子的一切能力都需要通过体验获得,生活体验越丰富,孩子将来的阅历越丰富,因为每一次体验都需要大量的感觉信息获取、身心感受、身体运用,以及对事物的感受、对生命的体验、感悟等。这就需要家长在孩子生命成长的初期(0~9 岁)阶段,给予足够的、自然的、自由的成长空间,尤其是 0~6 岁阶段,这个阶段一定不要过多限制和干涉孩子的自由探索及体验,尽可能地为孩子创造条件,提供更广泛的空间,更自由的探索权利,这才是从根基入手循序渐进、顺应和满足孩子生命成长和发展的需求。

感知觉统合发生的第一阶段:是感觉通路的建立

只有建立好感觉通路,孩子才能具备接受外界刺激信息的能力,这也是孩子学习的大前提。这就告诉各位家长或老师,孩子要想有效率地学习,感知觉系统的功能必须正常运转,这是感觉信息摄入的前提,能为孩子感知觉统合提供最基本的信息。感觉通路指的就是感觉信息通过感觉神经传入大脑的通路,接收外界刺激信息的感觉器官指的是眼睛(视觉)、耳朵(听觉)、皮肤(触觉)、鼻腔(嗅觉)和口腔(味觉),当然还有不容易被觉察的非常重要的前庭平衡觉、本体控制觉。仅仅接收刺激信息的感觉器官正常是远远不够的,感觉刺激传递到感觉神经通路是否通畅,也就是感觉神经通路能把感官接收到的刺激信息有效地传递到大脑,再通过大脑回路、神经递质传递到具体行为,这才是最重要的,这才是感知觉统合能力的完整体现。因为只有正确地了解外界的事物,大脑才能发挥正常的感知觉统合能力,孩子才能有效地完成学习。这依赖于感觉通路的建立,而感觉通路的建立依赖于前庭平衡觉、本体控制觉、触觉、视觉、听觉、嗅觉、味觉相应感官功能的正常运作,以及感觉神经和运动神经的通路顺畅,这是随着孩子的长大,感觉器官、感觉神经、运动神经及大脑功能的成熟而逐渐建立起来的。孩子出生以后,各种感觉器官开始逐渐发展,比如通过爬、翻、滚、抓握、坐等来协调自己的身体去探索周围的环境,这种随心所欲、自由畅快地与外界互动可促进感觉器官发育、神经通路的成熟,所以在这个时期父母一定要给孩子创造条件以促进感觉通路的建立,如果此时此刻父母总是担心孩子受到伤害,怕摔了、碰了,总把孩子保护得很好,去剥夺孩子的一些主动探索行为,则不利于感觉器官的成熟、神经通路的发展,更不利于感觉通路的建立。因为感觉神经通路具有选择信息刺激的能力,也有过滤或扩大信息刺激的能力,比如在嘈杂的教室里,孩子能否专心听老师讲课,在众多信息中能否集中于自己想要的信息,这是过滤和筛选的能力。如果一个孩子视力正常,而孩子的视觉神经通路不顺畅,孩子虽然能看到外界的事物,却无法将所看到的事物正确地传递到大脑,所以孩子会把“9”写成“6”、把“大海”写成“海大”或偏旁部首颠倒,在日后也会出现注意力不集中、运动技巧较差、身体协调能力落后的现象。

感知觉统合发生的第二阶段:感觉动作的发展

婴儿出生以后,手脚的动作是没有意义的,6 个月大的时候手脚才能做有意识的活动,产生有意义的动作,这对孩子非常重要。唯有感觉动作成熟后,孩子才能对外界刺激做出有意义的反应,所以感觉动作是孩子学习不可或缺的必要条件。当孩子学会翻身、坐、走、抓握等动作后,他才能在此基础上形成感觉,然后动作和感觉相互配合,才能做复杂的身体活动，这样孩子才能抓握物体、玩玩具、拍球、滑滑梯、跑步、跳绳、折纸、跳跃等。孩子最初总是通过动作来认识外界，感受外界的事物，同时形成简单的判断，然后做出相应的动作，如此循环，这是感觉动作发展的过程。因为孩子只有通过自己的动作去操作、去亲身体验，才能获得真正的“学习”，获得知识经验，也就是说，孩子始终是通过动作与周围现实环境相互作用来发展感觉与动作的。如果孩子感觉动作方面发展落后，那么孩子会对外界的事物难以集中注意力，会缺少兴趣、手眼协调能力差、动作笨拙等。为了更好地促进孩子感觉动作的发展与成熟，要让孩子完成自己该完成的动作，而不是代替孩子完成，最多只是协助者。多带孩子参加户外活动，多接触大自然，多让孩子在日常生活中做事，自己的事自己做，不会的事学着做，别人的事帮着做，以便促进孩子感觉动作的发展。

感知觉统合发生的第三阶段：身体形象的认识

在感觉动作发展的基础上，孩子可以对外界的刺激做出有意义的反应，但动作要想更灵活，依赖于孩子对自己身体形象的认识程度。什么是身体形象呢？就是在孩子大脑中有一幅身体的地图，知道自己眼睛、鼻子、嘴、耳朵、手、脚的位置、相对位置及功能，并知道怎么去灵活地运用它们，在运用的过程中逐渐发展出身体双侧肢体协调的动作，这样可以促进孩子进一步学习新的动作技巧。对身体形象清楚的认识也会促进孩子精细动作技巧的发展，比如说穿脱衣服、穿脱鞋、系扣子和鞋带、做手工、搭建积木、捏泥人等。如果孩子没有建立起身体地图，对自己的身体形象认识不足，身体各部位的动作就无法协调，就会表现出动作比较笨拙、反应比较迟钝，也学不会扣扣子、拿筷子、系鞋带、跳绳等动作。由此可以看出，如果孩子的动作想要更加灵活，反应更加精准，也就是要能做出顺应性动作，必须建立起身体形象地图，这有赖于在孩子成长过程中有意识地给孩子创造条件，或者直接给孩子一些促进前庭平衡觉、本体控制觉、触觉，视觉、听觉、嗅觉、味觉的训练活动。提供条件让孩子通过感觉动作探索环境，发展出良好的身体形象，并对身体形象有更高程度的认识。

感知觉统合发生的第四阶段：知觉动作的形成

随着孩子感觉通路的建立，感觉动作的发展及有效地建立起对身体形象的认识，就如同大脑内有一张关于身体的详细地图，了解身体各部分的功能。孩子发展到这个阶段已经累积了相当多的经验，这些经验累积在大脑，经过大脑的理解形成知觉。此时要求孩子做某种事情时，孩子已经可以通过观察、理解身体的姿势、表情、语言，并根据这些信息的相关经验来完成该项活动，也就是发展到了知觉动作阶段。在这个阶段，孩子开始辨认对他有意义的一些事物，区别不同的图形。此时孩子能根据听到的信息、指令去完成相应的动作，这是听觉动作统合能力；能根据看到的信息做出顺应性动作，这是视觉动作统合能力，孩子的这两项能力都有所提升，这样孩子将来会很快适应学业及生活。如果这两项能力没有发展好，那么孩子看到的、听到的与做到的不一致，行为就会有偏差，比如说孩子将数字抄错、遗漏或者左右颠倒，孩子听到老师留的作业但没记全，甚至听不全老师留的作业。如果认知能力发展良好，孩子会准确地辨认物体的形状、分清大小，能牢记看过的图片，并可以辨认图画主题和背景的关系，能够顺畅地走迷宫、完整地拼图等。如果孩子不能有效地统合信息，形成知觉，比如说孩子的听知觉发展欠缺，就会出现语音分辨不清、口齿不清，如果孩子的视知觉发展欠缺，孩子就会分辨不出相似的文字、图形，更不能很好地体验拼图、涂色、剪贴这样的游戏。

感知觉统合发生的第五阶段：认知学习的产生

当孩子到 4~5 岁时，他的左右脑完成了分化，其标志是发展出优势手，并且左右脑开始分工合作，这个时候左右脑的信息交流频繁，同时发挥功能。这些能力开始表现在日常生活中，他们开始有判断推理的能力，能说出不同事物的相同之处和不同之处，他们可以用语言表达自己的想法，而且这种表达逐渐流畅，他们的注意力集中的时间开始增强，也开始了思考。在视觉发展的基础上，他们的观察能力也开始渐渐地敏锐，此时此刻也形成了数字概念。在这个阶段，孩子的自我控制能力增强，这就让他具备了学校学习和生活的能力，他们开始面对学习、面对社会、面对自己的人生。

从感知觉统合发生顺序可以看出，感知觉统合能力是循序渐进、有章可循的，一旦由于某种原因这个顺序受阻，便会影响孩子日后多方面的发展，因此作为父母要及早发现孩子的问题，如果发现就要给予适当的帮助或训练，这才是给孩子最好的爱。那么家长在如何判断感知觉统合的发展顺序上出现了问题，这就需要家长多学习本书的相关知识，后面会有详细的叙述，可以帮助家长判断并有效助力孩子成长。

不同年龄段感知觉统合能力是如何发展的？

孩子出生后，做出的每一个看似简单的动作，其实都是大脑不断运作的结果，也是身体不断运作的结果，更是大脑与身体协调的结果，这就是感知觉统合达到的效果。孩子在每个不同的年龄阶段，都在显现感知觉统合的不同功能。感知觉统合能力的发展其实在孕期就开始了，孕 9 周胎儿的前庭平衡觉开始发育，因此孕期母亲要适量运动以促进孩子前庭平衡功能的发展。婴儿出生之后，已经可以对一些简单的感觉产生动作及情绪反应，这就是顺应性反应的雏形，这样的反应在出生之前就已经建立和储存在神经系统中了，如果没有最初的感知觉统合，孩子就不能很好地发展出应对环境的顺应性反应，这会影响生命初期的成长。

新生儿的第一个月，触觉对孩子来说特别重要，通俗理解就是来自皮肤的感觉。孩子和妈妈的依附关系或依恋关系通过触觉而建立，安全感也来自触觉，更是情感满足的重要来源，在整个婴幼儿期如果孩子和母亲之间有较多的身体接触，尤其是经常抚摸孩子的身体、拥抱孩子，这对于孩子大脑的发展、亲情的建立、安全感的建立都是相当重要的，也有利于孩子身心健康，这也是爱与自信的最初来源。正是因为触觉，孩子才能发生吮吸反应——吃奶，孩子才知道用哭的方式来表达尿湿了这种不舒适。当妈妈抱起他的时候，这种皮肤的摩擦与触碰，能让孩子迅速安静下来，这是婴儿这个阶段对触觉最美的体验。所以研究表明，良好触觉感受可安抚婴儿的情绪，孩子一生中的情绪都会受到触觉感受的影响，尤其是第一个月的触觉满足必须有，这个满足最好是来自母亲，因为孩子对母亲的味道、母亲的声音、母亲的心跳是最熟悉的，更容易获得安全感，其次才是父亲或其他人。

前庭平衡觉在孩子出生时就已经发展得比较完善了，在所有感觉系统中也是最早成熟的。一般父母都有这样的经验，当孩子哭闹的时候，把孩子抱起来轻轻地摇晃，或是放在摇篮中轻轻地摇，孩子会很快地安静下来，这都是前庭平衡觉在起作用。轻轻地摇晃刺激了前庭系统，这说明新生儿对重力和移动的感觉已经能做出反应了，也就是最初级的感知觉统合。此时此刻的婴儿已经能调整身体配合父母的怀抱。由于他们的视觉焦点模糊，所以他们还不能很好地利用视觉信息，但此时孩子可以认出母亲的脸，认识一些熟悉的东西，能对声音做出反应，即使还不能完全了解这些声音的意思，孩子会凭借嗅觉来完成对妈妈的识别。因此，如果妈妈不在身边孩子睡不着时，让孩子闻闻妈妈的衣服就可以睡着，这是有科学道理的。

当孩子长到4~6个月时，可以翻身，可以独立坐卧，并开始为爬行做准备。此时颈部肌肉的发展给孩子提供了对头部较好的控制，姿势控制能力开始发展。而良好的头部控制可以更好地控制眼睛的活动，这表明此时孩子已经开始对前庭平衡觉信息、本体控制觉信息、视觉信息进行统合，并应用于自己的动作。这个时期的孩子特别愿意用手去触碰环境中所有的物品，触觉和本体控制觉的统合可以让他们抓握物品，而触觉和视觉的统合可以让他们伸手抓东西、玩弄他们拿到的东西。初期感知觉统合为他们的手眼协调奠定了基础，这个时候孩子发展出一项重要的能力，孩子会自然地把两只手放到前面来，两只手可以相互抓握，也会将手中的物品放到身体前面玩，这是身体两侧感知觉统合发展的重要基础，也是双侧肢体协调的开始。

孩子6~8个月大时，最重要的发展就是孩子的自由移动，这种自由移动增加了孩子探索事物的范围，而双手和双膝爬行也带动了协调性的发展，同时让孩子感受自己是独立个体的观念，不再借助和依附父母的帮助。孩子这种位置的自由移动使他知道了空间及自己与物体之间的距离，当孩子从一个地方爬到另一个地方时，他知道了空间的自然结构，这可帮助他了解所看到的东西，对距离做出正确判断，也帮助孩子知道东西有多大，如果这个阶段的孩子没有爬行或缺少爬行，就很难统合爬行的感觉，日后在判断距离、大小方面会出现问题，动作协调性很差，同时会出现注意力不集中的情况。这个年龄段的孩子可以用大拇指和食指（示指）去拿一些东西，这是触觉和本体控制觉统合的结果，如果动作要更精准，还需要眼睛提供精确的信息，即视觉信息的参与。8个月大的孩子听觉已经初步发展到足以听懂细节，他能听出熟悉的声音，也知道一些声音表示什么，并可以简单发音，这为日后说话做好了准备，这就是我们常说的咿呀学语阶段。

当孩子长到9~12个月时，开始对各种感觉信息如前庭平衡觉信息、本体控制觉信息、触觉信息和视觉信息进行更进一步的统合，而且统合得更加复杂。在孩子能完成对这些感觉信息统合的基础上，这个时候孩子要完成一件最伟大的事情就是站起来，而站起来是孩子形成自我概念的开始，因为他需要统合各种感觉信息，更需要各种感觉系统的紧密配合。在站立的前期，孩子通过坐卧、翻身、翻滚、爬行等各种方式在空间移动，这些都是为更复杂的感知觉统合做充分的准备，站立是人类的重要标志。与此同时，孩子的触觉发展更加完善、精致，触觉分辨能力更精准，手指更加灵巧，孩子会依靠视觉引导、触觉回馈、本体控制觉反应，发展出良好的手部操作技巧，可以拿起很小的物体，例如小球；也能很好地控制自己手部的力量，例如不会把手中的饼干捏碎。而听知觉也在进一步发展，孩子开始学习发音，可以说出爸爸、妈妈等简单的词汇，这时他们也能听懂一些父母说的话，而发音是通过听觉信息和本体控制觉的统合实现的，因此听觉能力不足和本体控制能力不足的孩子会出现五音不全、发音不佳、表达能力不足等现象。

这个时候孩子开始自己吃饭了，对于成年人来说吃饭是一件很简单的事情，对孩子而言独立完成吃饭需要一个过程，把碗里的饭放入嘴里是动作运用能力的初期，它源于本体控制觉和前庭平衡觉的配合。咀嚼和吞咽的过程，是本体控制觉、触觉、嗅觉和味觉统合的结果，所以会出现嚼而不咽或饭菜撒得到处都是的现象。因而良好的感知觉统合也是孩子在生活中不断通过体验而完善的。

当孩子长到2岁，走路更加灵活，也能说比较完整的句子，并且开始思考、计划更复杂的行动，这体现在可以做出以前从来没有做过的动作，比如你给他一套乐高玩具，他可以根据玩具计划如何去玩，还会发展出多种玩的方式等。此时能做到这些是因为孩子不断完善感知觉统合的结果。而到了2岁，感知觉统合能力更加精细，他的前庭平衡觉、本体控制觉、视觉、触觉连接也更加紧密，这可以让孩子的动作技巧变得更精准。随着触觉的发展，让孩子抓东西的感觉更准确，由于触觉有识别作用，孩子可以在没有看见的情况下也能感受到东西的形状、质地、大小等。通过触觉、前庭平衡觉、本体控制觉、视觉等感觉信息的统合，孩子知道身体的位置，头和脚的相对位置，这样才会感觉到身体构造及身体各部分的功能，建立更好的身体形象，如果不能建立很好的身体形象，他使用工具会有困难，如握笔、使用剪刀、用勺子、系扣子、系鞋带等会出现困难。

孩子要获得良好的体验和感觉，就要从尝试某些动作开始，此时的孩子经常会给父母添麻烦，他捡起东西又扔出去，把玩具拿过来又丢在地上，上几个台阶还要走下来，孩子正是用这样的方式获得这种快乐的感觉和体验，同时也在提升感知觉统合能力。这个时候的孩子感觉到自己的能力变得越来越强，可以很好地控制自己的行为，适应环境更顺畅，顺应性动作更多，所以孩子开始不再愿意听大人的决定，总想自己去尝试做一些事情，经常说的就是“不，不要”，这就是孩子心理发展层面的第一反抗期，这是在感知觉统合能力逐步完备的情况下，孩子自我意识觉醒的开始，所以这个阶段如果组织孩子多做一些自由探索活动，既可以满足孩子的心理需求，又可以增加其体验的快感，还可以发展其主动性，让孩子自我认同得更好，当然更会大大促进孩子感知觉统合能力的发展。

这个时期的孩子能理解指令，并能遵从大人的指令做事。孩子语言也开始丰富，此时他感到自己是一个独立的个体，当孩子有这种感觉的时候，就已经开始建立自我概念。通俗来讲，自我概念就是我是谁？我被爸爸妈妈喜欢吗？我漂亮吗？我可爱吗？所以这时的孩子需要更多的肯定、赞美、支持、鼓励、抚慰，一定要让孩子少有挫败感，如果承受太多的挫败感，孩子会出现自我否定，身份认同会出现低价值、低自我。如果在这个阶段多拥抱、爱抚、亲吻、肯定、赞美孩子，会促使他建立良好的自我概念及价值系统。

3~7 岁这个阶段是孩子感知觉统合能力及认知能力迅速发展的阶段，这一时间段孩子的大脑非常容易接受各种刺激，大脑就是一部感觉处理的精密仪器，可以说孩子每完成一个新的动作，都需要各个感知器官的参与，并不断促进和刺激大脑进一步进行更高层次的感知觉统合。俗话说“3 岁看小，7 岁看老”，对于感知觉统合能力发展来说，是最恰当形象的说明，这个阶段的孩子开始对任何活动都感兴趣，他们不厌其烦地玩各种游戏，奔跑、跳跃、追逐、打闹、堆积木、玩玩具，慢慢地孩子也会玩一些更有挑战性的活动，当然这也是感知觉统合发展的结果，比如跳绳、拍球、传球、跳皮筋等。如果我们此时去观察一个孩子的跑跳、追逐打闹等游戏，会发现感知觉统合能力强的孩子动作协调而顺畅，勇于面对新的挑战，在玩耍的过程中更有畅快感。而感知觉统合能力不足的孩子则显得动作笨拙，很难完成连续性动作，经常产生挫败感而逐渐逃避。因此建议家长多带适龄孩子去体验如荡秋千、滑滑梯、旋转木马、过山车、跷跷板、淘气堡隧道等活动，在孩子开心玩耍的过程中既满足了神经系统的发展需要，也促进了感知觉统合的发展。

在 3~7 岁这个阶段，孩子开始更多地使用工具，这是感觉-动作进一步成熟的表现，也是感知觉统合进一步成熟的表现。引导孩子使用剪刀剪纸、蜡笔涂色、铅笔画画、勺子盛饭等这些家庭常用的工具。要能使用这些工具，既要用到孩子早年储存在大脑内的一切感觉信息，还要统合此时此刻的身体感觉，也就是视觉、听觉、触觉、前庭平衡觉、本体控制觉等信息才能使用工具。这个时候也会发展出更多技巧性的动作，比如说跳房子、橡皮筋、呼啦圈、跳绳、两人及多人游戏，这样的游戏促使他们的身体动作更加成熟，也可以进一步促进感知觉统合能力的成熟。

7~13 岁是孩子完成小学学业的阶段，因为感知觉统合能力在 8 岁左右就已经完成，这就为孩子完成学业提供了更坚实的基础。作为父母，如果仔细观察就会发现孩子活动范围在逐渐扩大，他们更愿意和同伴在家庭以外的环境下活动，这是因为良好的感知觉统合能力让孩子能畅快地玩各种游戏、做各种动作、完成不同的运动、拥有良好的表达能力、情绪更稳定、内在更有秩序、自我管理能力更好等。在小学阶段，孩子要发展出一种重要的内在感觉，就是勤奋感，这种感觉依然建立在感知觉统合能力的基础上，如果孩子感知觉统合能力发展出现问题，就不能通过良好的顺应性动作满足自己的需求，别人能做到，自己却不能，于是勤奋感不能建立起来，这会产生另一种感觉，那就是“自卑感”，当孩子有这种感觉的时候就会回避一些场合，表现出自我照顾的能力缺失，他可能会受到同学的嘲笑，也可能会受到老师或父母的指责，这有可能加重孩子的自卑感，从而影响孩子整个小学阶段学业的完成。

著名的儿童心理学家皮亚杰指出，人类的大脑直到对身体、对世界及自然界的力量有了具体的认识之后，才发展出抽象概念，所以 7 岁以前的各种活动、玩都是必需的，为的是给孩子感觉–动作信息，同时大脑储存这些感觉信息，将成为智力、社会及个人发展的基础。

一般来说，孩子感知觉统合能力的发展规律是这样的，但有的时候发展也会出现问题，大多情况下孩子出现感知觉统合能力不足的原因有多种，但作为父母最应该知道的就是孩子感知觉统合能力出现困难的时候，会有什么样的外在和内在表现，这样就可以知道什么时候要进行科学有效的干预了，即使父母无法把每件事情都做好，但一定可以做一些事情来改善孩子的感知觉统合能力。而感知觉统合无器械训练法就是帮助孩子的有效手段之一。

如何理解感知觉统合的 4 个层次？

随着孩子的长大，他们的大脑及神经系统也在逐步发展，功能日趋完善，这是对多个感觉系统提供的感觉信息进行复杂而精密的统合的基础。通过身体的体验，大脑储存的经验、信息日趋丰富，这为理解事物的意义从而形成知觉奠定了基础，这样也为孩子生活中的成就感与快乐感打下基础。这也是孩子与家人相处、与朋友相处、应对生活、顺利完成学业及未来就业必须具备的条件。之所以如此，是因为在孩子的整个童年期一直进行每一层次的感知觉统合，感知觉统合是持续不断流动的过程，上个层次的感知觉统合的顺利成功，会为下一层次的感知觉统合奠定基础。当孩子 2 个月大的时候就开始进行大量的第一层次的统合，第二、第三层次的统合比较少；当孩子 1 岁的时候，第一层次和第二层次的统合是最重要的任务，同时也开始了第三层次的统合；当孩子 3 岁时仍在进行第一、第二、第三层次的统合，第四层次的统合开始发展；当 6 岁时第一层次的统合基本完成，第二层次的统合接近完成，第三层次的统合仍在进行，第四层次的统合开始变得重要。当孩子能与家人、朋友顺利相处，应对生活和学业，长大后能顺利成长，从事一定的职业，这都是感知觉统合产生的最终结果。这种结果还体现在良好的学习能力、健全的人格，有目标、有自尊，能自控、自理、自立、自信，幸福地生活等方面。

在孩子的成长过程中，各个感觉系统不仅需要丰富的感觉刺激来提升其功能，还会通过神经系统把这些感觉信息顺利地从感觉器官传递到大脑。感知觉统合能力不足的孩子在完成这些过程时会出现困难。但无论怎样，感知觉统合不会突然大步发展，也不会停顿下来，整个感觉系统与神经系统都是配合着发展的，一般会通过 4 个不同的层次来完成。那么这 4 个层次的感知觉统合是如何进行的？这 4 个层次对感知觉统合的影响是什么？对于孩子的重大意义是什么？下面将做详细的介绍。

第一层次的感知觉统合

孩子出生2个月就开始了第一层次的感知觉统合，第一层次的感知觉统合涉及触觉、前庭平衡觉和本体控制觉。触觉指的就是触碰与接触，来自皮肤各处的感觉，主要作用是促成孩子的吮吸、母婴亲情、触觉快感；而前庭平衡觉与本体控制觉这两种基本的感觉统合在一起促成孩子良好的眼睛运动、身体的姿势与平衡、肌肉张力、重力安全感，前庭平衡觉指的是对地球引力和移动的感觉，用来判断头部的位置及身体的变化；本体控制觉对身体感受来源于肌肉与关节。

接下来对第一层次进行详细说明。我们先说触觉，孩子的触摸与接触，对他的一生都有很重要的影响，正是因为有了触觉，孩子才有舒适感，才有安全感，孩子才能完成吮吸、咀嚼、吞咽食物的动作，如果触觉系统发展不好，不能对触觉信息进行有效识别及统合，孩子会出现挑食偏食的现象，也会影响孩子的情绪表达及稳定性。

美国心理学家哈洛及其同事做了一系列的恒河猴实验，其中经典的实验恰恰说明了触觉对孩子发展的重要性。他的实验是这样做的，让新出生的小猴子第一天起就和猴妈妈分离，在以后的165天中，新出生的小猴子要和它们的两个替代妈妈在一起，一个是铁丝编成的妈妈，还有一个绒布的妈妈，铁丝妈妈胸前挂着奶瓶，绒布妈妈没有。他观察发现，小猴子宁愿不喝奶，也愿意同绒布妈妈待在一起，即使饿了，吃完奶也马上回到绒布妈妈身边。哈洛由此得出结论，柔软的绒布妈妈更能让小猴子感觉到舒适，因此证明身体的接触对小猴子的发展非常重要。然后他把小猴子与它们不熟悉的东西放在同一个房间里，经过观察，他发现那些跟着绒布妈妈长大的小猴子可以自由地在房间里玩耍，随意地触摸房间里的东西；而跟着铁丝妈妈长大的小猴子，根本无法忍受不熟悉的环境，会表现出惊恐和退缩。由此证明，在成长的过程中，孩子有接触和被接触的需要，也就是皮肤饥饿感，所以在养育孩子的过程中舒适的身体接触是必要的，皮肤的爱抚是必要的，这更有利于孩子的身心健康，也更有利于安全感的建立，当然更有利于对触觉信息的识别与统合。所以刚出生的婴儿需要有母亲的身体接触，也需要与照顾他的人有身体接触，温暖的怀抱总是他最舒适的地方，这种感觉可以让孩子产生信任感。当孩子大脑发展到能正确解释来自不同地方碰触的感觉，孩子会形成情绪依恋，也就是母婴亲情，这种母婴亲情最大的作用是，让孩子有一个最初的感觉——我是一个个体，并且让他知道皮肤的边界，因此良好的触觉可以让孩子信任这个世界，从而建立安全感。感知觉统合如不能有效发展，会妨碍对触觉信息的统合，那么孩子的情绪依恋将无法形成，而日后也很难形成这样的母婴亲情，也就少了通过触觉建立的安全感。当孩子长大后，他会显得特别冷漠，对生活中的要求反应过度，也难以靠自己完成自己该做的事。

眼睛所看到的视觉信息一直是孩子认识外界环境、获得感觉信息的重要来源之一，当我们形容一个人聪慧的时候，经常用到“耳聪目明”这个词，其实之所以能“目明”，是大脑统合前庭平衡觉信息与本体控制觉信息的结果，只有统合好这些感觉信息，孩子才能有效地控制眼球的运动，才能把视线的焦点对准物体，才能随着物体的移动平顺地移动眼球，只有平顺移动才能完成阅读。除此之外，前庭平衡觉与本体控制觉相互作用，共同促成孩子的姿势反应、身体平衡、肌肉张力及重力安全感，比如说到3个月左右会翻身，6个月左右能坐起来，8个月左右开始学会爬行，这里每一个过程都不能忽略，否则会影响孩子一生中的姿势调整，动作会显得比较笨拙，平衡感很差，肌肉张力不足，因此，他们做事或反应总比别人慢半拍，而且在做事时容易疲劳，显得心不在焉。

安全感在孩子的四大类心理营养中排在首位，良好的身体接触与触碰，也就是触觉可以给孩子带来安全感，而另一个安全感的重要来源就是重力安全感。重力安全感是孩子相信自己能牢牢、稳稳地站住，而且在每一个地方都安全，这样的感觉来源于孩子与地心引力的和平共处，当孩子能把内耳前庭平衡、肌肉、关节传来的感觉信息统合好才能有这种感觉，如果少了这种重力安全感，孩子就不知道在空间中的位置，也不知道怎么移动身体，他在走路的时候一直有跌倒的感觉，在上坡或爬山、上台阶的时候更害怕跌倒，所以有的孩子会回避这样的地方，即便在正常走路的过程中也会蹦蹦跳跳或一走一颠。缺少重力安全感会导致他的整个人都缺乏安全感，这样的孩子在成长过程中就会有更多的恐惧，这种情绪让孩子感到严重的威胁，身心健康受到不利影响。

第二层次的感知觉统合

当孩子长到 1 岁时，开始第二层次的感知觉统合，是对触觉、前庭平衡觉、本体控制觉这 3 种最基本感觉信息的统合，这 3 种最重要的基本感觉经过大脑的有效统合，会合在一起，促成身体的感觉、身体双侧肢体的协调，进而影响计划动作能力、注意力时间长短、情绪稳定性及活动的程度。触觉、前庭平衡觉、本体控制觉是情绪稳定的基础，如果这 3 种基本的感觉系统不能正常发挥作用，其感觉信息不能被大脑有效统合，那么孩子对环境的适应性反应就会出现作为父母不想看到的情况，比如有的孩子会有退缩行为，会变得胆子比较小或无安全意识，不爱讲话、怕生等。有的孩子相反，变得异常活跃，孩子之所以过度活跃，是因为感觉信息的处理过程使他们不安，孩子无法把注意力集中在特定的活动上，所有听觉信息和视觉信息都会让孩子分心或过度兴奋，这就导致他们无法排除无关信息，专心于做的事，也不能很好地完成一件事，他们无法将注意力集中在一件事上，显得好动不安，在家里和课堂上都是如此。

当来自皮肤的触觉信息，来自肌肉、关节的本体控制感受，还有来自前庭的重力、移动的感觉，这些基本感觉如果能被很好地统合并储存于大脑，可以让大脑形成一副很精确的身体地图，它包括孩子身体各部位的信息、各部位之间的关系，以及各部位所能做的一切活动，它最大的作用就是即使没有看到或者没有用手摸到，也能感觉到自己的身体在做什么，让动作更加精准、灵活。当这幅身体地图不够清晰的时候，孩子会过分依赖视觉，动作会显得缓慢而笨拙。大脑对身体形象清晰准确也就是身体地图良好，可以促进孩子动作计划能力的锻炼，也就是可以引领计划身体的动作。本来动作计划就是感觉信息处理过程，让孩子适应不熟悉的事情，并学习怎么去做，以完成任务。这包含了精准的触觉、本体控制觉和前庭平衡觉信息，否则孩子就不能做不熟悉的动作，或者需要花很长时间才能学会，可表现在他不能好好地玩玩具、常常破坏玩具，因为无法感觉怎么玩这些玩具，所以表现出来的行为就是在破坏玩具，在生活中的一些行为也会有这样的表现，比如经常弄坏东西。

3 种感觉功能都很完善，又能有效地统合，孩子才能双手和双脚一起做事，做各种有挑战性的肢体动作，而不会手忙脚乱。

第三层次的感知觉统合

孩子在 1~3 岁会进行第三层次的感知觉统合，此时除了触觉、前庭平衡觉、本体控制觉这 3 种基本的感觉信息外，听觉信息与视觉信息也开始被纳入统合的范畴。由于听觉信息的纳入，它将和触觉、前庭平衡觉、本体控制觉的感觉信息相结合，让孩子能够说话，从而语言开始发展。视觉信息与这 3 种基本的感觉信息统合，使孩子对世界有更好的认知，能做到手眼协调。当感知觉统合发展到第三层次，孩子做事更有目的性，能更好地使用工具。可以使用汤勺吃饭，可以使用杯子喝水，可以用笔在纸上涂鸦，可以把玩具放在一起、分开、排列，还可以做简单的拼插。

听觉与前庭系统关系特别紧密，从位置上就可以看出前庭系统最重要的感受器——半规管和耳石器都在内耳，所以我们经常说内耳前庭。说话和语言的发展也要靠听觉与前庭系统的紧密结合，首先“听”要有足够的听觉刺激信息输入，经过大脑整合把所听到的信息转换成自己的语言进行完整的复述，这是“听”到“说”的过程。至于能不能说清楚、语言是否清晰则需要本体控制觉的参与，因为孩子说话需要准确地知道舌头和嘴唇的位置，也需要知道舌头在口腔的位置，当感知觉统合能力不足时，孩子就不能确切地感受到舌头的位置，也搞不清嘴唇如何用力，以及发音位置、舌部肌肉力量。要想有清晰的发音，首先能听别人说话，这对语言的理解和发展说话很重要，要想发展出这样的能力，前庭系统必须帮助大脑处理所听到的语音，一旦前庭系统功能不足，一些孩子就会出现语言发育迟缓、语言缺乏逻辑、句子说不完整，因此 1 岁左右家长要注意多和孩子说话，尽量用清晰的语言，给孩子输入足够的听觉刺激信息，这对未来孩子的语言发展大有帮助。

视觉认知也是孩子在 1~3 岁通过感知觉统合逐渐发展而来的。视觉认知是指孩子知道自己看到的有什么意义，也就是认识所看到的事物，再进一步的视觉认知是看出一个物体与其他物体及背景的关系。视觉空间认知是物体大小、形状、位置、距离与关系的认知，这对于孩子来说非常重要，可以让孩子更好地适应这个世界，由于视觉空间认知的产生，孩子知道如何去拿一个杯子，知道如何完成一块拼图，也知道把一个球放到小筐里。对于视觉认知，光看是远远不够的，还需要结合触觉，也就是触摸物体，拿住物体，感受其质感。结合本体感受也就是用肌肉收缩与舒张、关节的活动及位置来感受物体重量，还必须结合前庭系统传来的重力感觉，来共同发展视觉认知。对于视觉认知，前庭系统传来的感觉特别重要，所以当前庭系统功能不好时，孩子的视觉认知就会出现偏差，上下楼梯会显得笨拙，会出现晕高、晕车、晕船等现象，如果触觉系统和本体系统统合能力不良，孩子连用杯子倒水、在桌子上摆放物品都会出现问题。

当孩子发展到感知觉统合的第三个层次时，他的各种活动开始变得更有目的性，他可以坚持从始至终做一件事，比如爬上去、爬下来，从这个房间走到那个房间拿起玩具，这些都是因为感知觉统合持续而有效的运作。许多有目的的活动都是用大脑指挥眼睛、双手配合做到的，这就是手眼脑协调能力，这项能力指的是大脑发出指令引导手去准确地触碰、拿到眼睛所看到的东西。如果孩子的手、眼、脑协调不好，那么孩子就不知道怎么去画线或不能完成图形，未来会影响孩子的书写能力和绘画能力。

第四层次的感知觉统合

3~6 岁孩子开始第四层次的感知觉统合，其中包括触觉、前庭平衡觉、本体控制觉、视觉、听觉信息，也包括与神经系统之间的协调，这是第四层次的基础。所以第四层次感知觉统合是最终产品，表现在孩子的组织能力、集中注意的能力上，这是孩子完成课业学习的最重要部分。由于良好的感知觉统合，良好的神经系统之间的协调，孩子会感到自己是一个独特而有能力的个体，会产生自尊、自控、自信的感觉，同时孩子也会发展出良好的抽象思考与理解能力。最重要的是此时此刻大脑完成单侧分化，也就是大脑的左右两个半球完成分工，左右两个大脑半球各负责大脑不同的功能，同时还要交流并合作。大脑偏侧化最明显的标志就是发展出优势手，即左手或右手。若在这个时段，大脑不能完成偏侧化的分化，同时又不能交流并合作，就会出现一系列问题。这样的孩子用双手可以做好动作，但用单手时就不如大脑分化正常的孩子做得好。如果大脑左右半球合作、交流不好，会造成身体的双侧肢协调不好，会搞不清楚左右方向，需要经常提醒孩子分辨左右。

感知觉统合良好的孩子会有很好的动作计划能力，敢于去尝试和挑战自己，学习新事物较快，适应能力较强，自我认同感良好。

现在之所以规定孩子在六七岁进入小学学习，是因为此时 4 个层次的感知觉统合趋于完成，开始具有完成学业的学习能力。由于良好的感知觉统合，孩子的组织能力、注意力已经发展得很好，这个时候孩子能正常应对很多生活中、学习中发生的事情，能理解老师讲授的内容，能很好地完成课业的学习。由于良好的感知觉统合能力，孩子能很快地融入班级群体，建立良好的伙伴关系及师生关系，在集体中能找到存在感与归属感。

六七岁的儿童如果在感知觉统合发展的过程中衔接不畅，由于某种原因出现阻滞，就会造成孩子感知觉统合能力不足，明显表现在孩子的学业上，比如说孩子害羞胆小、好动不安、规则意识差、丢三落四、阅读不顺畅、写作业速度慢、简单问题频频出错、经常和同学发生冲撞、上课注意力不集中等，经常会受到老师的指责、批评，而作为家长由于不懂得这是感知觉统合能力不足所致，会错误地判断孩子不懂事、不听话、不努力、不聪明，会批评、指责甚至打骂孩子，这些负面的评价久而久之会被孩子认同为“我是笨孩子”，甚至认为“我是坏孩子”，会放任自己的行为，放大自己的缺点，甚至自暴自弃。

其实每个孩子都是天资聪颖的，也就是智商一般来说相差无几，而孩子与孩子之间最大的差异就是能力的差异，是内心想做与不想做、能做与不能做、想做好与不想做好的差异。向好心理是每个孩子与生俱来的，如果那些感知觉统合能力较差的孩子能够得到父母的理解和帮助，孩子通过训练会尽快缩短差距。因为 3~6 岁是感知觉统合能力发展的黄金期，7~9 岁是感知觉统合能力发展的关键期，10~14 岁是感知觉统合能力发展的最后弥补期。家长要引起足够的重视，因为感知觉统合能力是孩子未来成长与发展的第一竞争力。

感知觉统合发展的基础有哪些？

首先，感知觉统合是大脑与身体相互作用的能力，所以感知觉统合的基础之一就是大脑及中枢神经系统的健全性，也就是说，只有当孩子的大脑和中枢神经系统的功能正常，才会为感知觉统合奠定基础。大脑将中枢神经系统接受各种刺激及回馈的经验进行统合，通过适应性行为的表达，进而学习新的技巧。因为感觉刺激是大脑及中枢神经系统的营养，所以越丰富的感觉刺激就越会促进大脑及中枢神经系统的功能发展，这两者之间互相促进、缺一不可。

丰富的感觉刺激是孩子成长需要的，因为这可以让孩子产生良好的感受，于是孩子能够主动寻找适当的感觉刺激，并将这些感觉刺激进行统合而为己所用，也就是对感觉刺激的内在需求及驱动力是感知觉统合的基础之二。感觉刺激有不同的种类，也有强弱之分，这些都会影响对感觉刺激的反应，有的孩子特别喜欢光着脚在沙地里走或者蹚水，有的孩子喜欢坐过山车，而有的就不喜欢。也就是说大多数孩子都能够寻找他所需要的感觉刺激，并把这些刺激有效地统合，而孩子寻找适宜刺激的这种主动性，可以促进大脑功能的发展。所以当孩子做一些我们不能理解的动作时，非常有可能是在寻找他所要的感觉刺激，所以在没有危险、没有伤害、没有妨碍的时候，我们可以给孩子这样的机会，从而发展孩子的主动性，让孩子有更多的机会大胆尝试和体验，满足孩子主动寻求刺激的需求。

每个孩子都有内驱力，这种内驱力表现在孩子有一种发自内心、强而有力的内在需要与环境接触、与环境互动，在这个过程中他的能力会不断发展，这是感知觉统合发展的基础之三。在这个过程中，孩子不断接受新的感觉刺激，我们经常感到我们并没有教孩子说这句话，可是他会说了，我们也没有去教孩子做一件事，他自己就会做了。所以激发孩子的好奇心，也就激发了孩子的内驱力，让他主动去探索，自由地活动，为感知觉统合发展奠定基础。

当孩子有内在需要时，他必须与环境互动，这是感知觉统合发展的基础之四。孩子每时每刻总有内在需要，比如他想玩一个玩具，必须想办法先拿到玩具，然后才能玩；想喝水必须自己找到水，或者表达自己渴了；遇到了障碍物，他必须想办法过去才能达到目的。这些都是内在需要和环境的互动结果，也就是说，当孩子有了需要时，就会自动产生动作计划，然后使自己的需要得到满足。在人的一生中，这样的事每时每刻都在发生，所有这样的事如果都让孩子自己去体验、积累经验，就能促进孩子感知觉统合的发展，如果一些父母代替孩子去做，就会剥夺孩子成长的机会，更不利于孩子通过与环境互动促进感知觉统合能力的发展，还会让孩子有依赖心理，等发现问题而想让孩子改正时，就会很难，因为孩子已经习以为常，所以父母一定要给孩子提供与环境互动的机会。

孩子面对生活中力所能及的事情，都要让他们自己来完成，这会培养孩子的主动反应能力，这是感知觉统合能力发展的基础之五。而这种主动反应能力，可以让孩子摄取更多的感觉刺激，也会丰富孩子的感觉刺激，孩子在主动做事中促进了感知觉统合能力的发展。如果我们把孩子照顾得无微不至，所有事情都为孩子包办，就会压制孩子的主动性，也就减少了孩子感觉刺激的摄入，这会影响孩子的感知觉统合，同时还会让孩子变得懒惰，缺乏自信。由于感知觉统合的不到位，很多事情做不来，还会让孩子觉得自己无能，从而产生退缩行为，进一步影响感知觉统合的发展。尤其是 3~6 岁这个阶段的孩子，一个主要的任务就是发展主动性，父母要相信孩子的能力，相信孩子的美好本性，相信孩子的领悟力，当孩子主动帮助父母做事时，当孩子主动为他人做事时，当孩子主动为自己做事时，我们要积极关注他的行为，并进行肯定和积极反馈。孩子最初从不敢做、不会做到敢于尝试、愿意去做，从做不好到可以做好再到做得更好、从事更复杂的活动，是感觉过渡到知觉的一个潜移默化的过程，从量变到质变的过程，这种感受会让孩子更愿意自发主动地做事，会提高主动反应能力，而主动是大多数家长愿意看到的，也会为感知觉统合的发展奠定基础。

在内驱力的作用下，孩子主动探索环境，满足自己的需求。他必须要去统合不同感官传来的感觉信息，然后做出相应的动作反应，当他的动作反应没有达到目的，他会根据反馈再次调整自己的动作，直到达到自己的目的，这种反馈是感知觉统合发展的基础之六。这些反馈信息会被再次统合为下一次的反应，为更正确的动作反应奠定基础，这就是练习效应。所以正确和适当的反馈刺激可以帮孩子下一次做出更有效的动作反应，其中包括他人的肯定和积极反馈。例如，孩子练习跳绳，开始时可能跳不了几个，跳的质量也不高，可是随着练习，他不断调整自己的动作，根据反馈的经验，开始跳得越来越顺利，个数越来越多，所以这种反馈对于感知觉统合的发展有很好的促进作用。这就告诉每一位家长"信息反馈"是感知觉统合过程中的一个环节，固然孩子基本感觉系统的反馈重要，但父母对于孩子的认同、鼓励及信任反馈也必不可少，它虽然不直接影响感知觉统合的过程，但它影响孩子的心理状态，影响孩子对身份层次的认同，所以父母要注意陪伴过程中的积极性语言暗示。在陪伴孩子成长的过程中始终要做到三多三少，即多鼓励、多欣赏、多肯定，少批评、少指责、少训斥。

感知觉统合能力对孩子的影响有哪些？

作为父母培养孩子最重要的目标，这也是亲子关系的最重要目标之一，就是培养孩子发展出一种照顾自己人生的能力，为自己负责，让自己的人生更快乐、更美好。感知觉统合的终极目标是专注力、组织能力、自尊、自信、自控、动手能力、表达能力、理解能力，这是照顾自己人生最重要的基石之一。只有各感觉器官功能正常，才能接受来自环境的适宜刺激，而这些刺激传到大脑后，经过大脑的分析、综合、理解、归类，通过动作对外界做出适应性反应，这种反应包括正确的认知反应、动作反应和情绪反应，而自我照顾就是这样一种能力，孩子在生活中做事、完成学业的过程中，就会有更多的胜任感、成功感和成就感，于是更愿意做事，更愿意做自我管理的事，进而学会为自己负责，管理自己人生的能力也会越来越强，会有更多成功的体验和价值体验。而感知觉统合能力不足，会导致孩子的注意力难以集中，尽管有强烈的自我表现欲望却往往事与愿违，这会让孩子产生很大的挫败感。我们会发现很多孩子，当遇到困难、遭受挫折时，他们会推卸责任，不断去发现别人的不足和缺点，不再为自己的行为负责，以此来平衡自己内心的失落，这是每个父母都不愿意看到的。可以看出，感知觉统合能力对孩子人生有巨大影响。

感知觉统合能力与情商

情商是影响孩子了解和表达自己、建立和维护社会关系、应对挑战、有效和有意义地使用情绪信息等一系列行为的情绪能力和社交能力，它包括自我认识、自我表达、人际交往、决策、压力管理。情商与智商对孩子来说是并驾齐驱、同等重要的。良好的情商可以让孩子更适应社会，人与人之间相处更和谐，处理关系更游刃有余，在这个过程中能充分体现和展示自己的能力。如果孩子感知觉统合能力不足，会出现注意力不集中、情绪不稳定、自我控制能力差、缺少规则感，不能有效表达自己的意图、行为刻板不灵活、安全感缺少、恐惧与人接触，经常有退缩行为，而这些会严重影响孩子的情商指数，所以感知觉统合能力对情商也是非常重要的。

感知觉统合能力与领导力

青少年领导力包括5个因素。以身作则：也就是孩子知道自己的想法，想要什么，能做到知行合一，为接触他的人树立榜样，也能用正向的语言激励别人为美好的未来而奋斗。共起愿景：能看到美好的未来，具备为美好愿景而奋斗的能力，也能带动他人为共同愿景而努力。挑战现状：在成长的过程中，敢于挑战自我，勇于想象、创新，不墨守成规。凝聚力：与同学、伙伴之间具有极强的解决问题的能力，能促进团队合作。不惧怕困难：有极强的抗挫折能力，善于从失败中总结经验，以利再战。当孩子具备了领导力的基本素质自然会在众人中脱颖而出，成为他所在团队的佼佼者，相信这是大多数父母都希望看到的，但这些基本素质，除了日常生活中的积累、家庭教育的影响，其实与感知觉统合能力也密不可分，只有当孩子的感知觉统合能力更健全一些，他才有足够的自信在众人面前展示自己的能力，用能力去证明自己。而感知觉统合能力不足的孩子，因为屡屡遭受失败，面对困难会选择逃避，无法实现以身作则，为他人树立榜样。比如在错误中积累经验，这些孩子依然频频出错，难以获得成功的体验，所以感知觉统合能力不足必然成为孩子具有领导力的障碍。

感知觉统合能力与成就感

成就感指的是孩子在做事或者一件事情达成目标时，为自己所做的事情感到愉快或成功。孩子在学业、事业上取得一定的成就，是每个孩子个人的期待，更是家长的期望，而孩子之所以能取得成就，除了环境这些外在因素外，更重要的就是内在因素，这就是所谓的“成事在人”。孩子在未来的人生中，要想取得事业的成功，需要多年的累积，幼儿园、小学、初中、高中、大学都是孩子取得成功的台阶，也是基础，而要想顺利地从一个台阶迈向更高一个台阶，必须具备的一种能力，就是我们的感知觉统合能力，这可以让孩子更有胜任感。一个不能长时间集中注意力的孩子、一个学习困难的孩子、一个在做事的时候缺少自我监督的孩子、一个在做事的时候缺少秩序感的孩子、一个情绪不稳定的孩子、一个不能有效表达自己需求的孩子、一个总在破坏规则的孩子、一个缺少同理心的孩子、一个缺少自我认同的孩子、一个自我价值感不足的孩子……这样的孩子不能很好地完成学业，更少了取得事业成功的可能。研究表明，这样的孩子在职业生涯上会产生大量的不适感，有的孩子可能通过频繁的跳槽来抵消这种不适感，这会影响孩子的成就取得。

感知觉统合能力与学习能力

学习能力指的是孩子在学习过程中用到的听、说、读、写能力，获得和运用知识的能力，也包括感知、认知、自控力、理解、记忆、操作等能力，以及这些能力之间的协调。这些都是建立在感知觉统合能力的基础之上的，可以这样说，感知觉统合能力就是孩子的学习能力，感知觉统合能力包含学习能力，它的外延更广，也是学习能力的基础之一。这是因为孩子的“学习”从感觉通道的建立，也就是感觉信息可以传入大脑的通道建立了，再到认识身体的形象，对身体有完整的认识，对如何运用身体也就有了很好的认知，再过渡到形成知觉运动，直至完成认知学习。在这个过程中，孩子发展出良好的理解力、记忆力、操作能力，才会发展出完备的听、说、读、写能力，这样孩子才具备了真正的学习能力。当孩子感知觉统合能力不能有效发展时，孩子神经系统的功能也会不完善，于是学习能力的这些因素都会受到影响，如不能有效地完成学业，这对于当代的孩子来说是不幸的，因为学习对于每个孩子来说是相当重要的，所以要注重发展孩子的感知觉统合能力。

感知觉统合能力与社会适应

社会适应是指孩子与社会、与环境能和谐互动适应生活环境的过程，包括生活自理能力、劳动能力、选择能力、社交能力、自我约束能力。但当孩子感知觉统合能力不足时，他的行为会变得漫无目的，情绪过于兴奋、不稳定，注意力涣散而无法集中，很难执行父母及老师的指令。一般我们认为这样的孩子是故意不听话，故意捣乱。无论是纵容、溺爱，还是批评、打骂，都会使孩子这样的行为更加明显。当孩子视知觉反应能力不足时，孩子对空间、距离判断很难准确，所以经常与别人碰撞或者撞翻东西，因而受到批评或嘲笑。为了避免发生这样的情况，孩子会与别人保持距离，老师、父母或同学认为他是故意的，会经常被指责，孩子变得孤僻、不合群，也会因此变得适应不良。如果孩子前庭平衡能力不足，当他攀爬、旋转、跳跃时，会感到强烈的不平衡感，甚至觉得生命受到威胁而产生恐惧感，于是孩子进行体育活动时会选择逃避，不愿意参加，老师和家长会认为孩子比较懒惰，不爱运动，不听指挥，团队的孩子们会认为他拖后腿，会孤立他，导致孩子适应性不良。如果孩子触觉分辨能力不足，很舒服的触觉刺激他却觉得是威胁，甚至他会攻击别人或者避开人群，这会影响其建立良好的人际关系。当同学和朋友为了表示友善，拥抱或触摸他的身体或肩膀时，他会极力反抗，因为触觉分辨能力不足使孩子无法忍受这样的触觉刺激，触觉防御过强，如当别人靠近时，他会变得焦虑、愤怒不安，这同样会影响孩子的适应性，甚至会误解别人是对他实行攻击性行为。当孩子本体控制能力不足，会表现出动作笨拙、行为呆板，在游戏或活动时总会出丑，常引起同学嘲笑，这会影响他自我认知及概念的形成，会认为自己不如他人，导致自信心不足，惧怕参加团体活动，总喜欢找比自己年龄小的孩子玩，这样自己的缺点不会暴露，年龄小的孩子也不会对他构成威胁。本体控制能力不足的孩子会相当敏感，身心都很容易受到伤害，不喜欢尝试新的事物，也比较难以承受生活上的压力，这也会导致适应性不良。而听知觉反应能力与孩子的语言关系密切，如果孩子对别人的问话经常听不清或者理解不深，久而久之，别人就不愿意跟他说话了。有语言障碍的孩子，口齿不清，难以表达自己的意图，经常令对方搞不清楚他的意思，这样的孩子对语言沟通失去了信心，在人际交往方面开始退缩，也会导致适应性不良。当孩子出现这样的行为，除了考虑心理原因外，更应该从感知觉统合能力的角度去观察、分析和判断，这样才能透过现象看到本质，真正找到孩子行为背后的意愿，才能给予孩子更有效的帮助，把孩子引导到良性发展的轨道，帮助他融入集体，最终融入社会。

感知觉统合能力对孩子一生的影响是巨大的，这就提示父母给孩子有意识、有步骤、有计划地做一些感知觉统合能力的训练是有必要的。

感知觉统合能力不足的原因有哪些？

良好的感知觉统合能力是孩子的必备能力，也是孩子身心健康的必要因素，但随着社会的发展，生育及养育方式的改变，成长环境的改变，饮食结构的变化，更多的孩子出现感知觉统合能力不足的现象（最新调研结果刊登在《中国健康心理学杂志》2021 年第 29 卷第 7 期），作为家长或老师一定要了解造成感知觉统合能力不足的原因，这对于认识感知觉统合能力，对于进行感知觉统合训练都有很大的帮助。

家族成员中尤其是父母如果有感知觉统合能力不足、注意力缺失、学习障碍、阅读障碍，孩子发生感知觉统合能力不足的可能性就会增加，这提示遗传因素对于感知觉统合会有一些影响。

因为感知觉统合是大脑的功能，脑损伤也是感知觉统合能力不足的原因，如果孩子在出生的过程中出现早产、急产、难产，或者分娩时间过长，出生后出现高热、脑炎、脑膜炎等疾病，有时会出现脑损伤，这会影响大脑的功能，容易出现感知觉统合能力不足，这提示脑损伤会影响大脑的感知觉统合功能。

大脑在传递信息的过程中需要神经递质的参与，主要的神经递质是多巴胺及肾上腺素，当儿童的神经递质异常，会导致孩子出现注意力问题、感知觉统合能力不足的现象，这提示大脑生化也是影响感知觉统合能力的因素之一。

血铅含量过高，常吃添加剂过高的食品，这些添加剂如人工色素、防腐剂、膨化剂、香精、咖啡因等，对儿童的中枢神经系统构成影响，而维生素补充不足，也会影响大脑功能，出现感知觉统合能力不足的现象，这提示饮食也是影响感知觉统合能力的因素之一。

妈妈在怀孕期间需要适当休息，更需要适当运动，如果过度卧床休息，会造成运动相对不足，而抽烟、喝酒、喝咖啡、喝浓茶等刺激物，这些因素会造成脐带毛细血管及微血管的萎缩，导致胎儿供应养分的不足，影响大脑功能的发育。由于当今大多女性都有自己的事业，如果在孕期过于忙碌，压力过大、情绪紧张、低落或焦虑，工作时间过长或者长时间静卧，适当运动过少，也会导致胎位不正的情况出现，而胎位不正会影响前庭平衡觉的发展，前庭平衡觉是最重要的基本感觉，它控制肌肉张力、方向及速度，这会影响孩子感知觉统合能力的完善、动作的精准性，这提示孕期生活习惯也是影响感知觉统合能力的因素之一。

自然生产为孩子奠定人生快乐的基础，因为这是在顺应自然。随着社会的发展，医疗技术的进步，孩子出生方式从自然生产向剖宫产转变，某个阶段竟然达到 80%左右。孩子出生方式的改变，也带来了诸多问题，比如对感知觉统合就有不利的影响。如果孩子是自然生产，当子宫强而有力地挤压孩子的身体，孩子接收到信号，就会统合这些信息，将身体呈圆柱状，适应产道的狭长及不同的曲面，生产过程中孩子的头部、身体、骨骼、肌肉及皮肤经过产道强而有力地挤压，会把这些系统激活，尤其头部被挤压，心理学叫“扳机效应”，激活了大脑、中枢神经系统、感觉神经系统，从而为感知觉统合奠定基础。而剖宫产胎儿没有主动参与，更没有经过产道的挤压，所以剖宫产的孩子感知觉统合能力不足的概率大大提升，这提示剖宫产对于感知觉统合能力的影响是很大的。

“三翻、六坐、七滚、八爬”，这句话我们都听过。翻身、坐卧及爬行，看似简单，水到渠成，其实这对孩子来说是在完成划时代的任务，因为这些看似简单的动作都需要克服地心引力，与地心引力协调，要统合内耳前庭平衡觉、本体控制觉的信息，尤其是爬行，对于孩子的重要性怎么说都不为过。人类通过几百万年的进化，由四肢爬行转为直立行走，而孩子在这几个月的爬行要完成人类上百万年的进化。爬行的时候头部扬起，自然促进颈部肌肉强有力地收缩，也会促进背部肌肉的收缩，这有利于前庭觉的发展，有利于视觉信息的稳定，爬行对于身体及双侧肢的协调，对于距离、远近的判断，对于大小、形状的判断，对于速度的判断，都具有非常重要的影响。如果不经过爬行或者爬行量过少，甚至不会爬行直接会走路的孩子，出现感知觉统合能力不足的概率也会提高。如果学走路的过程中使用了学步车，对孩子的感知觉统合发展也会产生不利影响，所以建议不用学步车辅助孩子学走路。这提示爬行对于感知觉统合能力有重要的作用。

随着城市化的进程，核心家庭成为现在家庭的主要形式，城市的空间变得越来越小，孩子的自由活动也越来越少，一是因为孩子们已经少了自由活动的场所，二是大多数父母太注重学习，挤占了孩子自由玩耍及与玩伴活动的时间。少了钻、爬、跑、跳、翻跟头、捉迷藏、翻墙等活动，这很不利于感知觉统合能力的发展。现在的家庭，夏天有空调，冬天有暖气，孩子少了风吹、雨淋、日晒的感觉，这对孩子的触觉分辨会有影响，这提示孩子自由地玩耍会对感知觉统合能力有很好的促进作用，作为父母应该予以重视。

家长对孩子的过度保护和溺爱，所有的事都为孩子代劳，孩子缺少了自由探索的机会，也就缺少了成长的机会，更是缺少了在探索事物的过程中对事物的感知机会。在孩子自由探索阶段，我们总是说这个不能做，那个不能碰，要小心一点，于是孩子就产生退缩性行为，减少了感觉刺激，这既不利于大脑的发展，也不利于感知觉统合的发展。由于对孩子过度保护和溺爱，还会让孩子产生依赖心理，减少主动摄取感觉刺激的欲望，这些都会对感知觉统合产生影响。这提示父母不能代替孩子成长，更不能剥夺孩子自己愿意尝试做事的机会，否则会影响孩子感知觉统合能力的发展。

父母在抚养孩子的过程中，如果没能给孩子建立一个温馨而温暖的家庭，对孩子期望过高，望子成龙、望女成凤，对孩子过早教育、过度教育；经常吵架，对孩子缺乏责任感；经常辱骂、殴打、责罚孩子，无异于拔苗助长。这提示家庭的人文建设很重要，家庭这个平台的稳定也很重要，否则会加重感知觉统合能力不足症状的显现。

随着社会竞争的加剧，年轻的父母变得越来越忙，很少有时间陪孩子，于是电视、手机、平板电脑就成了孩子最好的玩伴，甚至是最好的哄孩子利器，或者用来作为交换的条件，来控制孩子，于是孩子有了一个电子化童年，孩子长时间处于静止状态，少了与大自然接触的时间，少了与伙伴玩游戏的机会，少了肢体协调的动作及行为，更缺少了丰富的视觉、听觉、味觉、触觉、本体控制觉、前庭平衡觉刺激，这对孩子的人格会有不利影响，对感知觉统合的发展也会有不利影响，这提示要减少孩子对于电子产品的过度依赖。

如何根据感知觉统合来培养孩子？

感知觉统合是大脑的功能，是感官、大脑、身体协调的过程，这是自然而然发生的，可是由于某种原因，这种自然而然发生的过程也会受到一定的阻滞。那么父母如何根据感知觉统合的原理来培养孩子，让感知觉统合能力顺利发展，这是父母必须了解的育儿知识，否则会给孩子带来一定的成长危机，更会给父母带来一定的教育危机。因为一旦孩子感知觉统合能力不足，会给父母带来很大的困扰和压力。

感知觉统合是大脑及神经系统的功能，它们的功能越健全，感知觉统合的能力就越好，而感觉刺激是大脑及中枢神经系统的粮食与营养，所以孩子为了给自己的大脑吃饱、吃好，会主动寻求感觉刺激，有了丰富的感觉刺激，孩子才有精力做事。作为家长必须从这个角度去了解孩子，孩子的一举一动、一颦一笑、一哭一闹，反复地上上下下，反复地做一件事，反复地问一个问题，即使是破坏行为，父母都要留意，细心观察孩子的感觉及情绪变化，知道这是他在寻求丰富的感觉刺激，我们要尊重他的这种内在需要，在保证安全的前提下，一定要给孩子提供机会、创造机会，这才是家长的明智之举。

孩子主动寻求丰富的刺激，让大脑及中枢神经吃饱、吃好，可是少了这样的环境，孩子就会做不到。社会发展到了现在，人文环境和物理环境都发生了很大的变化，现在的孩子可以接触好多信息，也有好多吸引他们的娱乐活动，比如说看电视、玩电脑、玩游戏机、玩手机等，孩子长时间被电子屏幕所占据，从而大大减少了户外的跑、跳、与同龄玩伴的接触时间。有些家长更是提前介入，早早为孩子安排大量的课外培训班，而忽略了孩子基本能力的发展。伟大的哲学家柏拉图曾经说过，孩子成长需要两个重要条件：一个是大自然，一个是同龄玩伴。然而，我们很多家庭却恰恰忽略了最重要的，孩子会因为环境的限制、因为肢体动作的减少，造成动作感觉经验不足，从而形成平衡能力、视觉空间能力、手眼协调能力、解决问题的能力、沟通表达能力的匮乏，这反而会影响孩子的学习，这就是本末倒置的结果。要想好好培养孩子，必须给他提供一个适当的环境，在这个环境中，孩子可以玩各种游戏，他可以跑、可以跳、可以钻、可以玩各种球、可以跳橡皮筋、跳房子……只有这样的环境才可以让孩子的感知觉统合能力得以充分发展，学习能力才得以发展，而这些能力是孩子完成学习的地基，更是孩子人生快乐的基础，这才是培养孩子之道。

孩子天生有内驱力，这种内驱力促使孩子用自己的感官、肢体去探索环境、操纵环境、适应环境。如果父母总在孩子探索环境、操纵环境的过程中纠正孩子的动作，总是提意见，否定孩子的感觉，很快他的主动性就会慢慢变弱，也会变得更没有自信，不再相信自己能达到目标，于是变得越来越被动，所以好多家长也奇怪，孩子对玩儿都没兴趣了。父母给孩子提供一个适当的环境，当孩子在这个环境中主动探索、寻求感觉刺激的时候，最需要做的就是肯定孩子的行为，让他通过动作去体验，去获得经验，给孩子在这个环境中表现的机会，也给他做事的勇气。其实这才是最有效的陪伴和鼓励，因为这会让孩子不怕困难、不怕挫折，勇于面对失败，变得更有勇气和毅力，那么孩子面对学习也会信心十足地敢于挑战，最主要的是可以有效地发展感知觉统合能力，这才是培养孩子之道。

当孩子疲倦或者犯困的时候，他们反应就会变慢，判断及做事易出现错误。当孩子有情绪的时候，无论是激动，还是生气、悲伤、高兴，也容易判断失误，做出冲动的事，孩子面对生活及学习皆是如此。遇到这样的情景，我们可以运用感觉刺激去改变孩子的这种状态，如果孩子打瞌睡、精神状态不好，可以让他动一下、跳一下，如果在课堂上，可以让全班同学连续站起、坐下几次，原地转圈、跳动都能很快提起孩子的精神，这样给大脑输入感觉刺激，可以活跃脑神经。孩子兴奋的时候，我们可以让他们做深呼吸或想象以放松，做手指操，这样孩子会安静下来。作为父母或者老师，我们要留意孩子的情绪状态，运用感知觉刺激的原理，调整孩子的心理状态和精神状态，这是培养孩子之道。

一般来说，孩子对周围的环境，包括人、事、物，了解得不如成人多，在经验较少的情况下，他必须不断尝试，在不断错误中积累经验，所以作为家长或老师，一定要给孩子这样的机会，丰富他的动作感觉体验。经常出现这样的现象，孩子做同样一类事情，这次做得好，下次不一定做得好，这是因为孩子还没有牢固的经验，也许只是碰巧而已。只有鼓励孩子不断尝试、不断在错误中积累经验，孩子对自己身体的功能及形象才会越来越清晰，动作计划能力也会越来越精细，越来越能掌控自己的行为和动作，适应不同环境的要求，这样孩子会感到自己是有能力的，自信也由此而产生。孩子练习投球，偶尔投中一次，可是后来却投不准，不过孩子没有放弃，还在不停地练习，不停地出现错误，在练习的过程中，他体验了各种不同的姿势和动作，知道了会有什么样的结果，他开始能根据目标的远近、高低，自动调整自己的身体及动作反应，于是也投得越来越准了。孩子所有的学习都是这个过程，这是感知觉统合能力的体现，所以作为父母和老师，要了解孩子学习的基本过程，给孩子不断尝试、在错误中积累经验的机会，这才是培养孩子之道。

感知觉统合与德、智、体、美、劳的关系是什么？

德才兼备是自古以来人才的标准，更是当今社会用人的标准，从古至今我们特别推崇德、智、体、美、劳五育教育，认为这样才能培养出德才兼备的人，如果一个孩子感知觉统合能力良好，他就能顺利地接受五育教育。

《论语》说“己所不欲，勿施于人”，如果把这句话看作是“德”的基本标准之一，当孩子感知觉统合能力不足时，其自我监控能力就会不足，在孩子身上体现为缺少同理心。孩子不会考虑别人的感受，自然也就看不到别人的需求。比如他破坏游戏规则，随意打断别人说话，随意触碰别人的身体等，他的同学、老师会认为孩子缺乏家教，影响孩子德育的发展。

学校是获取知识的重要渠道，通常孩子是用听觉和视觉来学习的，通过听知觉和视知觉理解记忆所学到的知识，如果孩子的听知觉和视知觉功能出现问题，大脑不能有效地把视觉信息与听觉信息与其他感知系统的信息进行整合，就会造成孩子学习困难，影响孩子智力的发展。

体育需要孩子用自己的身体完成各种体育动作，在做动作的过程中，需要孩子有良好的平衡感、节奏感和身体的灵活性，体育活动可以促进孩子的成长，也可以让孩子在动作中发展出在环境变化时的应变能力、保护自己的能力，要做到这些，需要孩子前庭系统、本体系统、触觉系统功能正常，如果孩子平衡不良、节奏感不足、灵活性差，特别容易让自己受伤，也会回避体育活动。

美国心理学家提出的需要的层次理论中，第六层次就是审美的需要，这是一种高级的心理需求，审美可以陶冶孩子的情操，缓解孩子生活中的压力，如果要欣赏音乐，需要良好的听觉去感知音乐，如果要欣赏美术，要用良好的视觉来观察，展现美需要孩子有良好的韵律节奏、柔软的肢体，以及良好的动作计划能力，否则孩子的美育教育就会受阻，而这些都以感知觉统合能力为基础。

培养孩子的劳动观念和劳动技能，不只是停留在嘴上，而是要付诸行动。孩子在家庭中要做到自己的事情自己做，家里的事情帮着做，在学校才能做到集体的事情参与做，别人的事情帮着做。所有的劳动过程（也叫劳动技能）就是感知觉动作的过程，需要大脑有效地指挥自己的身体，根据劳动内容做出相应的动作。当孩子手眼脑不协调、双侧肢体不协调、动作笨拙的时候，很难有效完成劳动的内容，或者说在劳动的时候容易疲劳。如果这样，对孩子来说有很大的困难，孩子就会回避劳动，就不能很好地发展出满足自己需要的劳动技能，甚至会影响良好劳动观念的产生。

综上所述，可以看出，感知觉统合能力与孩子的德、智、体、美、劳有一定的关联性，所以当孩子的这些方面表现得不够好时，不仅仅是教育的问题，也有生理层面的问题，应从多角度去分析和判断。

第二章　感知觉统合能力无器械训练法

如何理解感知觉统合能力无器械训练法?

不懂得感知觉统合就不懂得什么是顺应生命成长的规律,不懂得顺应生命成长的规律,就无法满足孩子真正的生命需求,给予再多满足,也都无助于孩子的成长,甚至会增加孩子的生命负担。

一直以来在做孩子“好习惯”养成教育课题研究及家庭教育研究的过程中发现,越来越多的孩子出现生活习惯不良、学习习惯不良、行为习惯不良等现象,一些孩子很难建立良好的习惯。在建立好习惯的过程中,教育专家、心理学家、父母、老师都做了很多努力,效果仍不尽如人意。研究发现,这些孩子不是不想拥有良好的习惯,因为向好心理是每个孩子与生俱来的,每一个人都需要被认可、被肯定,只是他们缺少基本的自我管控能力和计划能力,在养成好习惯的过程中有着难以逾越的困难,在生活中更难以进行自我管理,在学习中完成课业困难,课堂上也是心不在焉,难以专注所学内容,执行的过程中更是困难。出现这样的情况,原因究竟在哪里,家庭教育的原因?孩子心理层面原因?还是孩子智力的原因?最终发现是因为孩子的感知觉统合能力不足所致。那么如何解决孩子感知觉统合能力不足所带来的问题,以及这些问题给家长和老师带来的困扰呢?感知觉统合能力不足靠说教、靠纪律的束缚、靠家长的训斥与责备均无效,因为感知觉统合能力是源于孩子的感觉器官、大脑及神经系统、身体是否良好的运行,只能通过训练来改变。而单纯依赖传统的大器械训练,效果大打折扣。由于时间、地点、费用等原因使很多孩子和家长望而却步。然而,孩子的训练黄金期仅有几年的时间,一旦错过将会给孩子带来长期的困扰。如何使更多的孩子和家庭在孩子的适龄阶段能接受感知觉统合能力的训练?如何摆脱传统训练的束缚而让家庭训练成为可能,让家长也能很方便地使用这些训练方法,依然能达到很好的训练效果?如何让学校方便地引入感知觉统合能力训练方法,对所有的孩子实施有效的训练,而训练方法便于实施、简单有效?如何让父母、老师快速地了解感知觉统合能力,认识到其对孩子的重要性,让感知觉统合的知识得以普及?在这样的理念下,历时 8 年,通过万余名适龄儿童的样本研究,经过反复实践、论证,最终研究总结出 500 余种感知觉统合能力无器械训练方法,近年来又陆续研发出多种新的训练方法,现有了近千种。感知觉统合能力无器械训练法是一种革命性的创新,完全不依靠使用大器械,而是在生活中随处可及的物品皆可成为训练道具,更多地利用孩子自身的手、眼、脑、口协调互动,这样就能达到很好的训练效果,这就大大降低了训练门槛,结果表明依然能达到很好的训练效果。万余名适龄儿童研究样本反馈信息为 100%有效。事实证明感知觉统合能力无器械训练法方便有效,能促进师生关系、增进亲子关系,并容易形成家校合力,实现教育的普惠价值。

孩子通过训练亲身感受到从我不能到我能做得很好,从自我否定到自我认可,再到自我驱动,呈现出强烈的上行需求。因此,在感知觉统合能力无器械 500 余种基础训练的方法上,又研发出更高阶段的需求,提升孩子的思维能力、记忆能力、表达能力、计算能力、书写能力、快速反应能力、专注力等共近千种方法。为了使孩子身心同步发展,同时研发出孩子的心理能力训练方法。这些训练法同样适用于家庭对孩子的训练，也适用于机构、学校对多个孩子的团体训练。通过感知觉统合能力无器械训练让孩子最终实现感官、大脑、身体、心理之间相互协调，从而提升孩子的学习能力及生活品质，全面提升孩子的核心竞争力，此时此刻培养良好的习惯就进入了水到渠成的过程，进入了儿童成长的良性循环轨道。

感知觉统合能力无器械训练与生活相融合，更具人性化，让孩子在游戏中得到训练，在快乐中得到发展，具有更好的操作性和良好的训练效果，感知觉统合能力无器械训练法针对 3~14 岁儿童进行训练，训练跨度延长；以游戏与运动的形式作为导体，加上科学元素，化无形为有形，让孩子在快乐中得到提升。这是遵循了“爱玩是孩子的天性，游戏是孩子的第一语言”的需求，给予孩子前庭、肌肉、关节、皮肤、视、听、嗅等多种感官的刺激，促使孩子在感觉运动中产生自主的适应过程，促进感官、大脑、身体、记忆及思维、心理的发展，从而促进感知觉统合能力的发展。

研究表明，感知觉统合能力是适龄儿童成长发展过程中必备的能力，我们也可以把这种能力称为孩子的根能力，在孩子成长的关键期只要给予适当的训练，每个孩子的感知觉统合能力都会得到提升，这对孩子一生的发展来说都特别重要。

感知觉统合能力无器械训练法虽然没有传授孩子知识和技能，却可以让孩子更好地学习知识与技能。把握孩子感知觉统合能力发展的关键时期，让每个孩子都参与进来，不要给孩子留下一生的遗憾。

感知觉统合能力无器械训练的作用在于：

• 提供给孩子感觉信息，帮助开发中枢神经系统；

• 帮助孩子抑制或调节感觉信息；

• 帮助孩子对感觉刺激做出比较有结构的反应，最终目标是提高组织能力、学习能力和集中注意的能力。

感知觉统合能力可使孩子增强对生命的感悟、对生命的尊重、对生命的感恩、对自我的意识，训练中让孩子感到快乐而不是压力。

哲学家弗洛姆说：“如果没有尊重，爱就很容易堕落为统治和占有”。

控制欲是有效教育的大敌，博弈的最终结果只能是把自己和孩子双双桎梏在心的囚笼而不能自拔。

这不仅是孩子的不幸，更是家庭的悲哀。因此，无论对家庭教育还是学校教育而言，感知觉统合能力无器械训练法都不失为一种有效的教育融合。

感知觉统合能力无器械训练法为什么会取得良好的效果？

感知觉统合能力无器械训练法是在感知觉统合理论基础上的创新、延伸与发展，感知觉统合能力无器械训练是跨学科研究成果，其中包括医学、教育心理学、脑科学、运动学原理、家庭教育学等，经过反复验证、实践，针对感知觉统合能力不足的适龄儿童所研发的具有科学性、严谨性、包容性、实操性的训练方法，应用更方便，效果更显著。

感知觉统合能力无器械训练法是通过动作达到训练效果的一种方法。训练过程中更注重语言与肢体交流过程中的引导性语言，使得互动性更强，在完成动作及运动的同时，通过语言进行心理暗示、鼓励、正面引导等正强化，观察孩子的心理变化，并及时准确地满足孩子的心理需求，营造愉悦快乐的训练氛围，缓解孩子压力。在训练过程中，孩子会感受到自己身体变得更灵活，感受到自己对肢体的把控能力越来越强，逐渐树立起自信心，达到身心同步提升的双重效果。

感知觉统合能力无器械训练法是通过感觉与知觉同时得到训练，从而使孩子行为与思维齐头并进的一种方法。无器械训练在不依赖大器械的情况下又能取得很好的训练效果。它是以脑科学理论为依据，通过听到、看到、想到，到说到、做到等方法，实现多感官协调互动、信息整合。根据不同年龄段的耐受能力制定了科学量化，经过反复刺激后，实现打通大脑与各感官通路，所有训练方法均采用双侧肢体协同互动方式进行，使孩子左右脑同时参与互动，进行信息交换，从而让信息更完整。这样感觉信息进入大脑及中枢神经系统后，通过分辨、过滤、筛选、分析、整合、理解、组织等过程达到快速融合形成知觉，并完整地保存信息、实现记忆积累，便于随时提取应用。训练过程分别由语言（口令）、肢体（动作）、数量及质量（记忆）、感官刺激（不同感官）的互动完成。

感知觉统合能力无器械训练更是从量变到质变的过程，也就是如同医生开药都会叮嘱患者服法与用量，才能使药物到达病灶并见疗效，所以感知觉统合能力无器械训练也是如此。脑细胞的再生周期为21~28天，因此不间断地密集式训练，效果更佳。训练时间为60~90分钟。

训练项目根据孩子的不同需求、不同年龄而选择，训练一般会经过磨合适应阶段、精准定向阶段、加强巩固阶段。磨合适应阶段指的是父母、训练师、孩子之间的磨合适应，与训练方法的磨合与适应，在此阶段需要更多的理解、包容、肯定；精准定向阶段指的是随着孩子的逐步适应，根据评估结果，有目的、有计划、有步骤地对孩子实施精准的训练，在此阶段除了包容，也会有一些适当的严格要求，从而达到训练效果；加强巩固阶段指的是经过精准阶段的定向训练，孩子取得了很好的训练效果，见到效果后不能立刻停止训练，还要坚持一段时间，这样对于训练效果的持久性会更好，一般来说，孩子的训练周期都会在3~12个月，从而达到生理与心理的双重修复，于是孩子从量变逐步过渡到质变。

一般来说，感知觉统合能力不足的孩子，学习能力也不足，导致孩子自控能力很差，这样的孩子在幼儿园、学校、家庭经常会受到批评、指责、训斥，甚至打骂。久而久之孩子必然会形成心理创伤，从而出现情绪甚至心理问题，轻则情绪低落、自卑、逃避，重则自暴自弃、极度逆反、伤害自己或攻击他人。要改变孩子这样的状况，在心理层面、家庭教育层面虽然可以做一些工作，比如对孩子进行心理辅导，调整家庭教育方法，对孩子进行说服教育，但并没有从根本解决问题，因此达不到预期效果。只有通过感知觉统合能力无器械训练，提升孩子的综合能力才是从根本上解决问题的途径。

通过感知觉统合能力无器械训练，孩子感受到对自己身体的操控能力越来越强，动作越来越精准，从而有胜任、快乐的感觉。这是因为通过训练，孩子的思维反应能力提升，内心有了良好感受，自信心树立，这些都会给孩子提供巨大的心理支持。于是孩子开始重新认识自己，这对于疗愈其心理创伤、使过往与未来不留隐患起到至关重要的作用，于是孩子从身心都开始了质的变化，如果同时配合心理辅导、调整家庭教育方法，则更事半功倍。

训练为什么有这么多好处呢？因为通过训练人体会产生多巴胺、血清素等神经传导物质，这些物质都和学习有关。多巴胺是一种正向的情绪物质，人要快乐，大脑中一定不可缺少多巴胺，所以我们会看到运动之后，人的心情是愉快的。

研究发现，血清素在认知功能方面扮演着重要角色，如大脑记忆、学习等。神经递质促进中枢神经系统将信息转移到人体其他细胞。血清素也称为情绪神经传递素，能使孩子的专注力提升，使孩子心情愉快、上课专心，记得快、学得好，有利于自信心与自尊心的提升。

训练中孩子是主角，要尊重孩子对感觉刺激的需要和选择；通过调控环境给孩子以适当的感觉刺激及心理安抚，从而改善其感知觉统合能力，使孩子能做出适应性反应；不要教孩子如何做，而是吸引孩子喜欢做。因此，在研究感知觉统合能力无器械训练法时，我们不仅要考虑科学性，还要注重实效性，更要融入趣味性。

通过训练，使孩子感官准确接收外界信息，高效正确整合处理，知觉动作转换顺畅，认知技能学习、经验获取才会事半功倍。在训练过程中，给孩子以积极的反馈，分享孩子成功的喜悦。为孩子提供一个益智、积极、乐观的发展空间，还给孩子一个活泼、健康、快乐的成长环境。

让孩子在日常生活中参与训练，多做运动，将最大限度地拓展他们的心智禀赋，孩子会终身受益。因此感知觉统合能力无器械训练过程不是狭义上的教育，而是多角度、多层次的教育，因为儿童只有生理、心理、大脑真正的统合，才能提高学习能力及适应社会的能力。

在现实生活中我们很容易看到孩子学习、交往、运动等方面的障碍，甚至将他们归于问题孩子，而放弃对他们进行训练。我们觉得他们存在很多问题，我们做什么都无法改变他们。正是由于我们急于想要改变他们，所以眼光始终都聚焦在他们的“问题”上，想让他们和我们一样“正常”，忽略了接纳他们生而为人的样式。所以我们的教育也就局限于只能教那些“优秀”的学生和能学、会学的学生。

如果老师的成就与价值只来自前排座位或那几个排名靠前的孩子，这不是真正意义的教育。尤其是小学作为基础教育阶段就开始提优，那么补缺谁来负责，这会形成一个大的教育漏洞，顺着这个缺口，大批孩子会流失，到了初中开始自我放弃，涌入社会成为社会不安定因素，于国于民于家都是一大损失。

如果说一个国家文明的程度取决于弱者生存的地位，那么一个优秀老师的定义就在于他是否能帮助处于劣势的学生有所长进，而不是在于把那些聪明听话的学生教得多么出色。

教育要强调融合，就要适合所有孩子的教育，学校教育对象没有障碍与非障碍的区别。因为其核心是基于权利平等，每个孩子都是独一无二的个体，有他的特点、能力、兴趣和学习需要，从而尊重孩子的差异，为孩子提供更适合他们的教育和支持系统，帮助孩子成为最好的自己。

尊重差异，因材施教，这不就是我们一直倡导的针对每个孩子的教育吗？就算是正常孩子，如果我们不以他的天性和兴趣所在去教导他，不也一样是扭曲了他吗？我们是不是都有过被“扭曲”的经历？比如好多孩子本来是聪明的左撇子，却硬生生地被打成用右手写字了。还有我们好多被扼杀的梦想，都不知道到哪里去了！我们现在好多人不是都还在过着“不属于自己的”“不是我想要的”人生吗？

孔子曾经说过“有教无类”，其实就是融合教育。教育讲求尊重差异，教育要适合所有的人。我们还要家校联手，共同努力，才不会让任何一个孩子落单，这才是成功的教育。

“如果我们真的在融合教育上花心思去尝试，就发现有更多的资源和创意！

感知觉统合能力无器械训练法作为最新研发成果，打破传统感知觉统合能力训练依赖大场地、大器械的束缚，只能在3~6岁接受训练的年龄限制，让能接受感知觉统合能力训练的孩子年龄跨度延长，经过论证研究感知觉统合能力无器械训练法适合3~14岁年龄段孩子，因为中枢神经系统的可塑性可持续一生，而这个阶段可塑性最好。如果按年龄阶段来划分感知觉统合能力无器械训练,3~6 岁为训练的黄金期,6~10 岁为训练的关键期,10~14 岁为训练的补偿期,14 岁以后做训练也有一定的效果,只是训练的强度要适当增加,训练的持续周期要更长,同时心理支持更为关键。

感知觉统合能力无器械训练法打破了各训练项目之间的限制,这是因为感知觉统合能力不足,一般来说是多重性的,不是单一的,因为肌体的感知器官之间是相互作用的,不是有和无的关系,而是强和弱的关系。

感觉系统功能不足,多种感觉信息统合出现问题,感觉神经和运动神经之间不协调,很少只有单独一个感觉系统出现障碍,因此,在研发过程中考虑这样的现象,在训练方法中力求实现一种训练方法多重效果,让参加训练的孩子快速发生变化,避免顾此失彼。因为在训练过程中,所有训练项目既实现让孩子多感官互动,如双手、双脚同时参与,又摆脱了对大器械的依赖,不受场地的限制,在家庭、学校中就可以实现很好的训练效果,所以感知觉统合能力无器械训练更便利,不受地域、经济条件、时间的限制,便于每个孩子参与。

感知觉统合能力无器械训练让家庭训练成为可能,并且以游戏的方式进行,这样在父母陪伴孩子训练的过程中,以训练活动为载体,通过互动可以有效改善和促进亲子关系。因为在训练过程中,父母与孩子会有更多的交流、更多的陪伴,通过自己的体验,能够深刻地感受到,看似简单的动作其实要做好并不容易,真正实现体验着孩子的体验,感受着孩子的感受,从而实现理解、尊重、包容、接纳孩子。在陪伴孩子训练的过程中,如果理解多一些,就会减少很多冲突。在理解的基础上也会建立更和谐的亲子关系,而良好的亲子关系是孩子健康成长的基础,也是父母对孩子进行良好影响的基础。经过训练与高品质陪伴,父母的鼓励、认同、接纳,使得孩子开始有了这样的感受:从“我不能”到“我能”,从“我不可以”到“我可以”,从“我做不好”到“我做得好”,这就促使孩子从不自信过渡到自信。自信是孩子内心深处的感觉,内心信念坚定,我行、我能、我可以,而不会太在意别人的怀疑或轻视,进而提升了孩子对自我的认知与评价。感知觉统合能力无器械训练不仅仅是孩子能力的提升,也是孩子与家长共同成长与促进改变的开始,实现不教而教、润物无声的美好教育的开始,更能促进家庭幸福感的提升。

感知觉统合能力无器械训练的原理是什么?

感知觉统合能力无器械训练是促使孩子感知觉统合能力进一步提升的重要手段,使优者更优,弱者提能。感知觉统合能力无器械训练科学、严谨,既需要足够的训练量,也需要足够的训练密度,这是由量变到质变的保证,也是训练效果的原理之一。由于感知觉统合能力无器械训练法是一项最新研究成果,从知识到训练方法的普及还远远不够,无论是幼儿园、学校还是家庭对感知觉统合能力对孩子未来产生的深远影响知之甚少,理解不够,也不能有效地识别孩子之间由于感知觉统合能力所带来的差异,导致重视程度严重不足,很容易错过最佳训练期,从而影响孩子的发展。

感知觉统合能力无器械训练的载体是游戏,也就是说,以孩子喜欢的游戏方式开展训练,在训练的过程中,给孩子的视觉、听觉、嗅觉、味觉等多种感官刺激,尤其注重对前庭平衡觉、触觉、本体控制觉 3 种基本感觉信息的刺激输入,并把这些刺激与游戏运动相结合,孩子在训练过程中产生自主的适应过程,从而促进感知觉统合能力的发展。在训练的过程中孩子大脑各个感觉区分级发生感觉、知觉、运动统合,这样的统合可以促进大脑各功能区神经细胞的成熟,神经细胞间产生更多的连接,形成脑回路,可见感知觉统合能力无器械训练可促进大脑的成熟与发育。

感知觉统合能力无器械训练会带给不同的感觉系统有规律的感觉刺激，同时大脑及中枢神经系统会对这样的感觉信息进行有效统合，统合后的信息供大脑及身体运用，产生顺应性反应，这种反应包括通知肌肉共济性收缩、骨骼、关节产生运动，而运动中枢还会预先通知感觉器官，通过感觉器官的反馈调节肌肉关节的运动。这促使孩子全身心地积极运动，让孩子愿意参加，让他们在游戏活动中愉快、自然地发生身心的改变。

感知觉统合能力无器械训练涉及孩子大脑、身体、心理三者之间相互协调，在训练过程中通过有效地刺激孩子的前庭系统、触觉系统、本体系统 3 种基本的感觉，就如同构建了大楼的地基，然后进行有效的视觉、听觉、嗅觉、味觉等训练，孩子在训练的过程中感到自己对身体的控制更加精准、灵活，从而增强自信心和应对能力，积累愉快的体验更多，于是敢于对更复杂的任务进行挑战，因此感知觉统合能力无器械训练是一项全身心的训练。

感知觉统合能力无器械训练采取游戏的方式让孩子乐于接受，主动参与，从而能激发孩子的兴趣，因此感知觉统合能力训练不是单调枯燥的训练活动，而是生动活泼、符合孩子生理与心理发展水平的游戏训练。

感知觉统合能力无器械训练可以说是孩子的感觉大餐、营养大餐，可以让孩子的大脑吃好、吃饱。而单纯的游戏和玩起不到这样的作用，因此感知觉统合能力无器械训练的项目需要具有丰富经验和专业知识的人员来操作，针对孩子个别特殊的情况进行总体设计。每个年龄阶段的孩子，其生理和心理发展各不相同，即使同年龄阶段孩子也有很大的个体差异，具有独特性。感知觉统合能力不足往往会导致孩子产生种种心理反应，所以感知觉统合能力无器械训练在设计训练方案的过程中会考虑孩子的这些特性，结合专业知识和经验，选择特定训练项目，孩子在特定的环境交互中，使感知觉统合能力得以提升，因此感知觉统合能力无器械训练是科学的、系统的、具有针对性的个体化训练。为了在家庭训练过程中取得更好的效果，一般会为孩子制订家庭训练方案，同时也给予家长进行有针对性的家庭教育指导。所以感知觉统合能力无器械训练更具完整性，在孩子得到提升的同时使家庭更和谐，这大大缓解了家长由于孩子教育问题所产生的焦虑情绪。

感知觉统合能力无器械训练有哪些作用?

当孩子出现感知统合能力不足时，会出现很多明显的“症状”，但这不是病，因此无药可医，家长也不要迷信通过某种药物来提高孩子的某种能力。能力只有通过训练才能提升，所以感知觉统合能力无器械训练法既是训练方法，也是一种多角度、多层次的教育方法，还是一种心理辅导技术。

感知觉统合能力无器械训练法能提升孩子哪些能力呢？感知觉统合能力包括学习能力、社会适应能力、应对反应能力、语言表达能力、观察理解能力，同时还包括心理韧性、抗挫能力，让孩子面对生活与学习充满自信、自尊、自爱，也就是提升孩子的自我价值，更会提升孩子的自我认同感、安全感。由此不难看出，感知觉统合能力无器械训练对孩子的成长至关重要。

感知觉统合能力无器械训练的第一重作用

感知觉统合能力无器械训练的第一重作用是给孩子提供丰富的感觉信息，促进大脑及中枢神经系统的发育。因为感觉刺激是大脑及中枢神经系统的营养，大脑及中枢神经系统功能要完善、要发展就要具备良好的统合功能，必须养分充足、全面均衡，而感知觉统合能力无器械训练法提供的丰富而多重的感官刺激正好满足这样的需求，可以很好地促进孩子完善大脑及中枢神经系统的功能，也让感知觉统合功能更完善。

感知觉统合能力无器械训练的第二重作用

感知觉统合能力无器械训练的第二重作用是能让孩子有效调节感觉信息。对感觉信息的调整有增大或减弱两种方式，这是通过神经系统抑制和兴奋来实现的，感知觉统合能力无器械训练可以让神经系统更协调，这样神经系统通过抑制无关的感觉信息，调节并放大有用的感觉信息，这样孩子的大脑就不至于忙于处理无关信息，而专注于处理有用的感觉信息，从而更好地实现感知觉统合的功能，对环境做出更恰当的顺应性反应，还可以让孩子的注意力更专注。

感知觉统合能力无器械训练的第三重作用

感知觉统合能力无器械训练的第三重作用是提高孩子的组织能力、学习能力及注意力。孩子的组织能力来源于左脑，学习能力是左右脑共同的功能，注意力则是大脑及中枢神经系统的功能，与前庭平衡觉、触觉、注意力相互作用，而组织力与学习力一定会参与训练，参与越多功能越好，也就是通过训练，孩子的大脑网络分工清晰、左右脑信息转换快捷，使信息的摄入及统合更有序，从而实现训练目标。

感知觉统合能力无器械训练的第四重作用

感知觉统合能力无器械训练的第四重作用是增强孩子的自我意识。自我意识主要是指对自己身体的意识，包括 3 个维度，即自我控制、自我体验和自我认识。自我控制指的是孩子能对自己的语言、情绪、行为和思想进行调节和控制，这也是无器械训练的目标。自我体验是对自己产生的认知体验，这种体验可以产生满意或不满意、满足或不满足的态度。自我认识是接受自己的缺点、欣赏自己的优点，也就是能正确客观地评价自己。之所以有这样的功效，是因为通过感知觉统合能力无器械训练可提高孩子的组织力、理解力、逻辑分析能力，也提升了孩子的观察力、想象力、创造力，这些都是孩子自我意识的基础。

感知觉统合能力无器械训练的第五重作用

感知觉统合能力无器械训练的第五重作用是可以让孩子增加对生命的感悟。感悟来自体验和思考，只体验不思考没有感悟，只思考没有体验就成了无源之水。在训练过程中，每一个训练活动都有目标、有过程、有竞争、有合作、有挑战、有完成之后的喜悦、有失败过程的痛苦，而在训练过程中，孩子总能收到鼓励、认同，提供这样的氛围，当然可以增加孩子对生命的感悟，而这种感悟还可以与现实生活进行无缝衔接，产生更实际的效应。

感知觉统合能力无器械训练的第六重作用

感知觉统合能力无器械训练的第六重作用是让孩子能做出更多的顺应性反应。所谓适应性反应通俗地解释就是该做什么的时候就做什么，该说的时候畅所欲言，该听讲的时候认真、专注。静如处子，动如脱兔，收放自如，顺势而为。而这些不是靠说教就能解决的，只有通过训练才能实现，因为在训练过程中孩子有了充分的体验，在体验中积累经验，在体验中反复尝试修正自己的行为，逐渐对自己的身体和意念控制得更精准，顺应性反应增加。孩子的这些能力也使他们更加适应生活和学习。

感知觉统合能力无器械训练的第七重作用

感知觉统合能力无器械训练的第七重作用可以拉近亲子关系。感知觉统合能力无器械训练将游戏活动有效地融合，注入科学的元素，在训练过程中，更注重家长引导性语言的使用、友善而坚定的态度、欣赏的目光、鼓励的语言、肢体语言的配合，营造一个良好的训练氛围，在这样的氛围中，孩子得到鼓励、得到认同，自然在心理上就会与家长产生共鸣，缩短了与家长的心理距离，这才是最有效的陪伴、最有效的情感呵护，这些都是建立依恋关系、亲密情感的要素。

感知觉统合能力无器械训练的第八重作用

感知觉统合能力无器械训练的第八重作用是可以给孩子一个积极乐观、快乐健康、益智的成长环境。无器械训练更注重语言、肢体、表情对孩子的影响，更注重这些因素对训练效果的影响，所以在训练过程中特别注意语言、肢体及表情的运用，而这样的行为成为习惯后会泛化到孩子的生活、学习中。家庭教育是有温度的教育，让孩子置身其中感受到温暖，体验到满足感和归属感，满足感和归属感是心理健康的重要标志之一，也是生活、学习动力的来源，这样有利于智力的促进和发展。

感知觉统合能力无器械训练法应注意哪些事项?

感知觉统合能力无器械训练法是专门针对感知觉统合能力不足的孩子而实施的训练及教育方法，所以在实施的过程中，需要注意一些事项，这样才能提高训练的效果，达到训练的目的。

注意事项一

感知觉统合能力无器械训练针对 3~14 岁的孩子，所以在训练的过程中，注意事项之一是必须遵循孩子的生理特点和心理特点。不同年龄阶段的孩子，动作发展水平不一样，比如说 3~4 岁的孩子可以甩动胳膊、手脚动作协调地走；可以自由地上下台阶；能手脚动作协调地向定点方向跑；双脚跳上跳下，并连续向前跳；能向前、向后、向一侧爬行；能相互接球，向上、向前抛物；能单独站立；能走 20 厘米高的平衡木；滚球、拍球、按节拍做操。4~5 岁的孩子能与伙伴整齐地排队走，听到信号变速跑或变换方向跑；单脚跳、左右跳、原地跳跃击打悬挂物；手脚协调地攀登；投准相距 2 米的目标，相互接球；平衡地原地转圈；在平衡木上做简单的动作；动作准确地做操；跟着音乐节奏、韵律做操。5~6 岁的孩子能按节拍速度走；快跑距离 20~30 米；跑与走交替距离 200~300 米；助跑、屈膝跳；互相抛接球；用多种器具做动作；练习运动器具的多种玩法；练习跳绳、沙包等。7~14 岁的孩子能灵活地变向变速走；灵活地躲闪跑；助跑、跨跳、障碍跳；灵活地翻滚、钻爬、攀登；边走边拍球、边跳边拍球；熟练地掌握复杂的动作技巧；与小伙伴们一起随着音乐节奏变换准确地变队形、做动作。而训练游戏设计要遵循孩子这些生理和动作发展的特点。

要遵循孩子的心理发展特点，这以瑞士儿童心理学家皮亚杰的认知发展 4 个阶段的理论最为著名。第一个阶段是感知运动阶段，指的是 0~2 岁，孩子喜欢去摸、去看、去玩，运用感觉器官去认识周围的世界。第二个阶段是前运算阶段，即 2~7 岁，此时孩子思维发展水平较低，没有什么逻辑性，只根据触摸、闻等方式去认识世界，此时的孩子有五大特点：第一是泛灵论，认为万物有灵，都是生命的存在；第二是自我中心，就是他觉得事物是什么样就是什么样，不会从别人的角度去考虑问题；第三是不能认识整体与部分的关系；第四是思维不可逆，比如说 1+2=3 那么 3−2=1，他算不过来；第五是缺乏守恒，把水从一个普通杯子倒入另一个杯子，他认为不一样多。第三个阶段是具体运算阶段，即 6~12 岁，也就是小学阶段，此阶段的孩子理解一个事物必须有一个具体的事件来支撑，所以我们训练中最好直观示范，这样孩子会更直观地感受，而感知觉统合能力无器械训练主要针对的是前运算阶段和具体运算阶段的孩子，我们的训练要符合此阶段孩子的心理特点。第四阶段是形式运算阶段,也称命题运算阶段。

注意事项二

感知觉统合能力无器械训练法是让孩子主动而快乐地参与,而不是被动地执行训练的指令。无论是训练,还是学习,孩子必须以自动、自发、真正乐意参加,才会真正有效,因为只有孩子愿意参与的时候,他的心门、大脑之门、身体之门才会打开,这时因为他的大脑会分泌花青素、内啡肽等神经递质,这些神经递质对训练效果可起催化剂的作用,所以我们在设计游戏活动时,要让孩子体验到快乐,只有让他们在游戏中充分体验到快乐,他才愿意坚持训练,才能达到训练的目的,才能达到大脑、感官、身体、心理之间的协调。除此以外,孩子愿意参与训练的动力来源之二就是家长或老师温和的态度、鼓励认同的语言、包容的胸怀,看到孩子的好,看到孩子的不容易。另外所设计的训练游戏,既要让孩子感受到快乐、愿意参加,又与普通的玩有所区别,因为训练是有计划、有目的的,是"感觉餐",所以指令要清晰,动作要让孩子容易做到。如果我们设计的游戏活动让孩子难以做到,他会感受到挫折,会感受到失败,也会感受到痛苦。孩子参与活动有一个原则叫快乐原则,快乐的事孩子总愿意多做,痛苦的事就会逃避,逃避多了就会产生自卑感,所以训练活动的设计既要与感觉信息刺激输入相关,还要让孩子稍加努力就可以做到,只有这样,孩子才会自发、自动、全力去做,对于提升其感知觉统合能力才会有非常好的效果。

注意事项三

孩子是主体,父母及训练师是辅助者,所以要尊重孩子对训练活动的选择。每个孩子都有很大的个体差异,都有自己的兴趣点及喜好,在训练中,我们往往会发现孩子对我们设计的活动不愿意参与,可是针对具体场地,一些自发的创造游戏活动特别爱玩,此时我们不能强迫孩子进行训练,而是应该尊重孩子的兴趣和选择,用鼓励、认同的语言,认真观察,在恰当时刻,通过肢体、表情、语言调动他们的积极性,来参与我们设计的游戏训练活动,二者之间自由切换,以此实现我们的训练目的。

注意事项四

训练内容因人而异。孩子年龄不同,性别不同,感知觉统合能力发展水平不同,感知觉统合能力不足的程度也不同。感知觉统合能力无器械训练法特别强调,根据孩子的特点进行训练方案设计,设计的训练活动一定要有针对性,这样才能改善和提升孩子的感知觉统合能力,通过训练促进大脑的发育,促进感觉神经及运动神经功能的健全,促进感官、大脑、身体、记忆、思维之间的协调。所以根据孩子的年龄特点进行感知觉统合能力无器械训练是其最重要的原则之一。

注意事项五

急功近利会给孩子带来很大的伤害。感知觉统合能力不足会让好多的孩子产生学习障碍,作为家长能看到的就是孩子学习成绩差,做了很多却不见提升,再加上这样的孩子自制力差,不能很好地控制自己,注意力不集中,好动不安,被老师批评,所以家长会产生焦虑情绪。一旦知道孩子是感知觉统合能力不足所致,就希望孩子快点改善,于是就加大训练强度。我国有一句老话叫作"过犹不及",中庸之所以叫中庸,就是告诉我们要平衡,一定要遵循规律,循序渐进。感知觉统合能力无器械训练是一个过程,因为能力的提升本来就是一个过程,不能一蹴而就,所以加大训练强度、延长训练时间是不可取的。感知觉统合能力无器械训练适应的年龄范围是 3~14 岁,基本设置是每次训练 60 分钟左右,一般持续时间为 6 个月左右,每周坚持训练,最忌讳的就是"三天打鱼,两天晒网”。大量的实践证明，训练越早效果越好，坚持越久效果越好。

注意事项六

进行感知觉统合能力无器械训练，是帮助孩子建立信心，不是打击他们的信心。每个孩子都有主动寻求感觉刺激的欲望，这是他们主动学习的动力，所以在训练中，我们要更有耐心地引导，细心地观察，让他们在训练活动中不断取得小的成功，如果通过仔细观察，孩子一旦出现焦虑、紧张、畏惧的情绪，我们要及时调整训练活动的难度，并且用鼓励的语言，比如，“太好了”“没问题”“好，再来一次”“再试一下，你一定能成功”“相信你一定能行”等，同时配合温馨的目光、轻拍等肢体接触，来缓解他们的紧张、不安。通过这样的训练而产生综合效果，孩子的感觉信息摄入能力和统合能力都会提高，身体、大脑、感官之间更加协调，身体各部位之间也更加协调，他们能处理更复杂的问题，这样也会促进孩子认知能力逐步增强，于是对自我的感觉越来越好，自信心也越来越强，随着自信心的增强，孩子的情绪会更稳定，性格也趋于完整，人际关系也更和谐，这又促进了孩子自信心的进一步建立，这样良性循环起来，不但感知觉统合能力得以提升，孩子自信心也会得到有效提升。

感知觉统合能力无器械训练的基本原则是什么？

标本兼治原则

标本兼治是中医常用的词组，标指的是我们看到的现象，本指的是引发现象的内在原因，感知觉统合能力无器械训练法作为新的训练体系和理论体系，融合了医学、心理学、脑科学、神经科学、运动学等多门学科，通过多感官、双侧肢互动的训练方式，调动孩子的记忆力、思维力、注意力、观察力、想象力同时参与，可以更好地让孩子听到、看到、说到、做到，从而实现标本兼治。

个体区别原则

没有两个人是一样的，没有两个人的信念和想法是一样的，没有两个人的能力、思维、兴趣、性格、气质特点是一样的，没有两个人的身体状况是一样的，所以在训练的过程中，要根据不同的人设定不同的训练方法，比如，甲在短时间内取得效果，我们不能说乙也很快能取得效果。另外，感知觉统合能力不足每一个体都是不同的，有的是轻度，有的是中度，有的是重度，而每一个因子的程度也不一样，所以在训练过程中，我们一定要把不同的个体区别开来对待。

积极导向原则

积极是指正面的、有利的。导向指的就是引导。在感知觉统合能力无器械训练中的积极导向要从两个角度来看。第一个角度是我们要有积极导向的视角，首先要相信孩子一定可以改善，能更好、更优秀，其次要看到孩子身上具有的正面的、对训练有利的因素。第二个角度是要通过积极引导，让孩子多看正面的，多看收获，多体验内心好的感受，然后充满美好的愿景，从而使训练效果更好、更快地出现。

动静结合原则

动与静是事物存在的两种状态，我国的传统文化特别强调动与静的结合才是最好的境界。这样的状态反应用到感知觉统合能力无器械训练当中，指的是对训练活动的设计要动静结合。动指的是大肢体活动的项目，让孩子情绪高涨，比如钻、爬、跑、跳等。静是指让人情绪平缓、内心安定的项目，比如静心训练、手指操等。这样设计训练活动可以让孩子感觉更有意思，更符合人的生理特点、心理特点，动的太多，也许会让人感觉疲劳；总在静，孩子会缺少活力，只有动与静结合才是最好的训练设计。

循序渐进原则

循序渐进是指按一定的顺序、步骤逐步地进行。万事万物皆有规律，做任何事情皆有规律，我们常说“一口吃不了个胖子”“心急吃不了热豆腐”，所以感知觉统合能力无器械训练更要遵循这样的原则，从简单到复杂、从基础到提高、从低要求到高要求、从最基本的感觉刺激到复杂的多感官刺激、从双侧肢互动到身体多部位的配合互动，一步一步，稳扎稳打，这都是循序渐进的体现。

系统持续原则

系统指的是整体，每个人都处于若干系统中，系统中还有系统，而系统都涉及人、事、物的关系。系统持续原则指的是我们要有效协调系统中的各个部分，让各个部分能持续、平衡地发展。比如感知觉统合能力不足的孩子，一般情况下都会出现 3 种基础能力不足，即前庭平衡能力、本体控制能力、触觉分辨能力，这 3 种基础能力不足还会引起视知觉反应能力、听知觉反应能力、动作计划能力不足。这样描述看似这些能力是分开的，其实它们是一个整体，你中有我，我中有你，在训练过程中，我们要以系统、持续的观点审视，只有这样才会让感知觉统合能力无器械训练更有效果。另外，孩子自己本身就由若干系统组成，也处在家庭这个系统当中，系统中的人与人是相互影响的，所以在感知觉统合能力无器械训练的过程中，也要注重系统中人与人的相互影响，人与物的相互影响，如果调整了他们之间的关系，训练就会起到事半功倍的效果。

如何看待感知觉统合能力无器械训练适度与足量的关系？

大脑及中枢神经系统接受适宜的感觉刺激，促使相应的感觉区对刺激做出反应，并促进大脑神经细胞树突、轴突与其他神经细胞连接，形成脑回路。只有当感觉刺激达到一定强度的时候，相应的感觉器官才能接受感觉刺激，产生足够的电脉冲信号，然后产生移动电位，将刺激信号传递到大脑，才会有反应，也就是说只有感觉刺激强度足够的时候，才会引起大脑的反应，才会引起感觉神经的冲动，这就是感知觉统合能力无器械训练要足量的原因。

我们强调感知觉统合能力无器械训练要足量，但并不是强度越大越好，还要适度、适合。这是因为一旦刺激强度过大，会造成感觉神经系统过载，反而不能更有效地传递电脉冲信号。关于什么样的训练强度才是适度、足量，首先要根据孩子感觉系统发展状况和心理状态来决定，这可以通过前期评估获得信息，还需要在训练的过程中随时观察孩子的动作完成状况以决定训练的强度，就好像中医的治疗，根据个人体质差异、病的轻重，即使是同一种病，中药方子也会不一样。一个人在不同的状态下，不同的时间、不同的地点，感受力是不一样的，所以我们要根据孩子不同的状态，确定适量、足量的训练活动，否则过犹不及。

感知觉统合能力无器械训练法包括哪些方面？

感知觉统合能力无器械训练法作为全新的训练体系及理论体系，提出了六大能力，所有训练项目的设计都为了提升孩子的这六大能力，下面对此进行简要介绍。

前庭平衡能力训练项目

前庭平衡能力训练项目包括平衡训练、跳台阶训练、爬楼梯训练、贴鼻子训练、前滚翻训练、抓老鼠训练、跳格子训练、左右手交替拍球训练、抛球击掌训练、口诀传球训练、不倒翁训练等，这些训练方法可以调整孩子身体的灵活度，让孩子肢体协调、内心稳定、注意力集中、自信心更足、情绪稳定、坐相和站相更好、手脚灵活、阅读顺畅、变得勇敢等。

触觉分辨能力训练项目

触觉分辨能力训练项目包括抓痒游戏训练、冷热水交替训练、头皮刺激训练、足底刺激训练、拧螺丝训练、穿针引线训练、捡豆子训练、乘风破浪训练、吸引力训练、滚地板训练、指尖刺激训练、挑战米其林训练等，这些训练可以让孩子有安全感、不爱哭、自由探索环境、敢于与陌生人说话、胆子变大、更合群、吃饭更多、注意力集中、情绪稳定，可以促进孩子反应更快，提高孩子的智商，同时让孩子反应快、手脚灵活、能保护自己、口齿清晰、发音准确。

本体控制能力训练项目

本体控制能力训练项目包括踮脚走直线训练、拍球跑训练、蛙跳训练、跨栏训练、滚轮胎训练、走S弯训练、翻烙饼训练、掌上平衡杆训练、小滑车训练、腹趴推球训练、提花篮训练、燕子飞训练、蹬小车训练、壁虎爬训练等，这些训练能让孩子的语言发展快，做事的时候手脚灵活、注意力集中、安静稳定、组织力及创造力更好、动作精准、更愿意参加体育活动等。

视知觉反应能力训练项目

视知觉反应能力训练项目包括追视训练、钓鱼训练、抛接球训练、黑白棋子训练、视觉交替训练、撒彩石训练、找缺数训练、抓数字训练、舒尔特格子训练、考眼力训练、碰十训练、凝视训练等，这些训练可以让孩子拓展视觉幅度、加快视频、提高视觉的稳定性、提升定向搜索能力、练习的时间加长、注意力集中、加快阅读的节奏、锻炼眼睛快速认读、提高视觉记忆及视觉分辨能力等。

听知觉反应能力训练项目

听知觉反应能力训练项目包括盲听计数、听觉通路刺激、听字训练、跟我学训练、敲“A”训练、大西瓜小西瓜训练、辨音训练、听数字训练等，通过训练可促使孩子更好地探索世界、认识世界，促进孩子语言的发展，提升孩子的听觉分辨能力、听觉记忆能力、听觉编序能力，提高孩子的学习成绩，促进孩子语言的发展，让孩子更有执行力等。

动作运用能力训练项目

动作运用能力训练项目包括抛球击打训练、手脚并用训练、渡河训练、快闪训练、接小球训练、拍打操训练、大力士训练、小狗钻洞训练、巧拿沙包训练、我要练功夫训练、软骨功训练等，通过训练可以促使孩子的动作更灵活，可以更顺利地完成新的动作，知道如何面对新任务，知道把注意力放在什么地方，知道做事的先后顺序，更能监控自己的情绪和想法，让学习更有效率等。

感知觉统合能力无器械训练项目除了针对上述六大能力的训练之外，一般在完成基础训练后，或在训练过程中也会对孩子开展注意力训练、记忆力训练、思维训练及心理训练等，在这样全方位的训练下，孩子的感知觉统合能力提升了，其他能力及素质也会有很好的提升。

感知觉统合能力无器械训练与学习能力有什么关系？

孩子学习能力的产生是感知觉统合能力最终的产品之一，学习能力是指孩子在学习过程中用到的听、说、读、写、算术、思考等能力，也包括这些能力之间有机的协调。如果把学习能力说得再具体一些，那即是注意力、记忆力、思维力、理解力、语言表达能力、操作能力、运算能力、听知觉反应能力、视知觉反应能力。如果孩子感知觉统合能力不足，我们最容易看到的现象就是好动不安，注意力不集中。而注意力是一切心理过程的基础，只有注意力的参与才能有效完成，所以说注意力是学习能力的门户，直接影响孩子学习能力的发展和学习成绩的好坏，而感觉统合能力不足是造成注意力不集中最重要的原因之一，感知觉统合能力就是孩子的学习能力。

前庭平衡能力不足还会影响孩子阅读、认字困难，眼球追踪不平顺，也就是视觉追踪能力不好，内耳前庭系统、神经系统功能发生问题，对于方向感和速度感都会有影响，这方面问题一旦发生，孩子在记忆、观察、组织、想象、推理上都会有困难。在学习过程中，孩子更需要接受视觉、听觉、触觉等信息然后统合，如果孩子感知觉统合能力不足，必然会造成这些信息传递不通畅，统合不完整，这一定会影响学习能力。

前庭平衡觉、触觉和本体控制觉这 3 种基本的感觉会促进对身体形象的认知，只有对身体形象有明确的认识，才能发展出手眼协调、双侧肢协调，发展出良好精细动作和协调大肢体动作，这对学习能力来说至关重要。

人类的神经系统很少单个系统作战，必须经过统合才能协调一致，才能对环境的刺激信息有效接收，同时接收回馈信息，再与以往经验相结合产生理解，认知也因此而产生。如果孩子感知觉统合能力上有明显异常，那么在孩子学习过程中将遭受很大的挫折，会有恐惧产生，于是拒绝学习、害怕学习，这会影响他的一生，所以说感知觉统合能力是孩子未来人生发展的第一竞争力。

可以看出，感知觉统合能力与学习能力息息相关，感知觉统合能力不足往往会引发学习障碍，而感知觉统合能力无器械训练是提升孩子的感知觉统合能力及学习能力的有效手段之一，也就意味着可以提升孩子的学习能力、提升孩子的学习成绩。

感知觉统合能力无器械训练多久能见到效果？

训练见效没有特别具体的时间，为什么这么说呢？这是因为每个孩子都不同。另外，感知觉统合能力无器械训练是密集式训练，也需要家长配合在家做好训练，那么在训练的过程中，能否按培训要求的语言方式，能否按包容的态度，能否重视训练、配合训练、做好训练，孩子是否愿意参与，是否孩子的感知觉统合能力严重不足导致项目实施更困难，这都会影响效果的产生。但也可以这样说，感知觉统合能力无器械训练的效果，来源于 4 个方面，如果想更快见到效果，就要从以下 4 个方面入手。

效果来源之一是年龄

关键期训练效果好。大家可能会问什么是关键期，关键期就是孩子在成长的过程中在某一个阶段特别容易获得某种能力的时期。如果孩子到了十二三岁的时候，他的身体已经成熟，神经系统的可塑性在逐渐降低，训练效果也会打些折扣，所以说 3~6 岁是训练黄金期，6~10 岁是训练关键期，10~14 岁是训练补偿期，如果能在黄金期、关键期做训练效果最好，补偿期也可以，如果这些时期都错过了再训练效果就会大打折扣。

效果来源之二是训练的密集度

密集度越高，效果会越好。那什么叫密集度高呢？一般情况下，根据感知觉统合能力无器械训练研究表明，每天训练 60~90 分钟，每周至少 5~6 天，并且适度、足量，这样的训练效果才好，如果每周只训练 1~2 次，那效果就会大打折扣。

效果来源之三是训练的质量

每个训练项目都有训练的标准和要求，也就是在训练的过程中能否通过语言的引导，让孩子配合好训练，按要求完成，但也不刻板，灵活运用。能否每天坚持选择 1~3 个项目做适度、足量的训练，并且能按照基本的要求和标准完成训练，在能承受的情况下提升量与质，并且少说教、唠叨，让孩子独立完成训练活动，必要的时候再辅助即可，这都是质量的保证。

效果来源之四是父母对训练的态度

家长能否认真学习感知觉统合能力无器械训练的相关知识，从全新的角度看待孩子的情绪、行为与态度，认识到训练对孩子产生改变的重要性，能否把训练作为重要的事情来做，能否在训练的过程中看到孩子的好，看到孩子都不容易，看到孩子在努力，看到孩子点点滴滴的进步，而不是眼中只有孩子的不足，能否把孩子点点滴滴的进步有效地反馈给孩子，对孩子的正向行为进行确认，“爸爸妈妈看到你今天连续坚持了 1 个小时，每个项目都完成得那么好，累了也在做，爸爸妈妈真为你这样的行为感到欣慰”，这样的态度就是训练效果的来源。

感知觉统合能力不足会随着孩子的长大而消失吗？

根据多年的研究发现，感知觉统合能力不足对孩子的影响不会随着孩子长大而消失，但会随着孩子年龄的增长，有些能力会有所提升、有所缓解，但对孩子的影响永远不会消失。一般来说，感知觉统合能力不足的孩子能力有所提升，正常孩子的能力提升得会更好，相比之下，这对孩子影响是持久的。感知觉统合能力对于学龄期儿童最大的影响是产生学习能力缺失，随着孩子年龄的长大、年级的升高，需要的学习能力的复杂程度也越来越高，如果没有经过训练，这样的孩子一般成绩会比较差，即使经过努力，成绩尚可，但是学的比一般孩子要辛苦得多，并且后续的力量也不足。在初、高中阶段，由于需要的能力和自己具备的能力不相匹配，一般会表现出成绩下滑迅速，开始恐惧学习、拒绝学习，乃至出现品性障碍，所以特别建议在孩子最佳训练期尽量做好训练。如果错过了这样的时期，也要给孩子特别的理解和关注，知道他们这样做不是故意的，是能力不够导致的，所以情、爱、包容是给这样孩子最好的礼物，否则会给孩子心理造成更大的伤害。

感知觉统合能力无器械训练是玩吗？

感知觉统合能力无器械训练与玩是完全不同的，是针对孩子感知觉统合能力不足提供感觉“餐”，提供丰富感觉刺激，提升孩子的感知觉统合能力，促进孩子感官、大脑、身体、神经系统协调的手段，而玩是随意的，孩子只玩自己感兴趣的活动，今天玩这个游戏，后面可能就不玩这个游戏了，但感知觉统合能力无器械训练所选择的游戏是有目的、有计划、有逻辑、有针对性的训练方法。

孩子在玩的过程中也会获得一定的感觉刺激，但这些感觉刺激某种程度会比较单一，因为有的孩子只喜欢玩某一类型的游戏，而感知觉统合能力无器械训练是在专业人员的指导下，针对孩子的具体情况，专门为孩子量身定制的训练方案，虽然也是以游戏为载体，但它有内在的逻辑，非常有针对性。

语言、学习、认知，这是大脑的高级功能，而感知觉统合能力无器械训练在特定的环境、特定的训练项，让孩子充分与环境互动，鼓励孩子参与活动，促进孩子大脑的发展，促进感觉神经的协调，所以感知觉统合能力无器械训练与玩是不一样的。

感知觉统合能力无器械训练以游戏的方式有什么好处？

著名儿童心理学家皮亚杰认为，游戏是发展思维的一种形式，游戏是发展智力的一种形式，游戏是发展情感、认知的主要形式。游戏是孩子的天性，是孩子的第一语言，在游戏中，孩子可以体验到无限的快乐，在这样的快乐游戏中可以获得体验、获得感悟、获得能力、获得经验、获得与同伴相处的方式。游戏是内在驱动的具有积极情感的，游戏也是灵活多样的，而且游戏的过程远比游戏的结果更重要，因为在游戏过程中，孩子可以学会很多。埃里克森认为，游戏是自我的一种能力，是一种身体的过程与社会性的过程的同步，游戏可以降低焦虑，使原始愿望得到满足和补偿，游戏可以帮助自我对生物因素和社会因素进行整合，促进人格发展。这可以看出，游戏对于儿童来说意义重大，在游戏过程中，孩子学会更多的社交技巧，学习如何与人建立亲密关系，可以更好地体验社会角色，可以建立自尊，认识自我，并且是孩子学习解决问题的开始，在游戏过程中孩子能更好地社会化，学习社会规则，在游戏中孩子的情感创伤得到恢复。更主要的是，在游戏过程中，可以促进儿童感官的发展，促进中枢神经系统的发展，促进大脑功能的发展，可见感知觉统合能力无器械训练法历经 10 年研究，近千种的训练方法，以游戏的方式呈现，让孩子在游戏中训练、在游戏中改变，从我不行到我能行，从我不能到我能，在快乐中改变。

感知觉统合能力无器械训练可以在家里训练吗？

感知觉统合能力无器械训练法的初心就是为了让训练随时、随地、方便、有效，让训练进入家庭，让训练进入学校。传统训练需要大型器械，需要大的空间，这给在家训练带来很大的限制，而感知觉统合能力无器械训练法为了便于训练，所研发的训练项目均摆脱了对大器械的依赖，一般家庭的空间、一些简单的道具，或者说家里的一些日常用品，都可以用来给孩子做训练。为实现这样的目的，我们历时 10 年不断研究实践，探索各训练项目的训练效果及如何组合使用这些训练项目，终于将感知觉统合能力无器械训练法变成不需要大的场地、复杂的设备、父母可以学会的训练方法，变成了触手可及的教育方法。只要父母愿意学习，想给孩子做好训练，一般可以基本掌握训练原理和一些基本训练项目，在家中完全可以完成这样的训练，只要坚持足够的时间、足够的量，就会收到你想要的效果，如果与专业训练人员的指导相配合，家庭训练效果会更好。

感知觉统合能力无器械训练可以在学校进行吗？

回答是肯定的，感知觉统合能力无器械训练研发的初心也是为了在学校能进行，这是因为随着社会的发展，经过问卷调查及调研发现，感知觉统合能力不足的孩子越来越多，《中国健康心理学杂志》一项研究表明，感知觉统合能力不足表现为中度不足及以上的孩子已近半数，在这种情况下，除了父母的积极干预外，也需要学校进行有效干预，这就需要让广大教师先了解感知觉统合的基本知识，还要让他们掌握感知觉统合的训练方法。当用传统大器械训练的时候，一般的学校很难拿出这么大的场地进行训练，会带来很多的不便。感知觉统合能力无器械训练在研发过程中，考虑到这一点，设计了很多可以在教室、活动室、体育课就可以进行的团体训练项目，这些项目训练起来方便、简单、有效，并且在教学的过程中，还可以与英语、数学、语文教学相结合，也取得了很好的效果。所以说感知觉统合能力无器械训练是可以在学校得到很好的应用。如果能及时筛选出需要训练的孩子，在一个教室般大的活动室进行，因为不需要大的器械，感知觉统合能力无器械训练可以很方便地进行，仅需要教师接受一些培训即可。

感知觉统合能力无器械训练对多动症有效吗？

多动症又称注意缺陷多动障碍，分为多动型和冲动型两种，以明显的注意力集中困难、注意持续时间短、活动过度、冲动为主要特征，一般会伴有认知障碍和学习困难。多动症目前病因还不特别明确，认为是多种因素综合造成的，比如遗传因素、神经生理因素、心理社会因素、神经生化因素等。从感知觉统合的观点看，注意力不能集中，容易分心，注意力时间短，表示孩子中枢神经系统无法适当地接收、组织、统合各种感觉刺激，而且多动症的孩子肌张力低，平衡能力不好，姿势调节能力差，动作笨，精细动作做不好。最常见的问题是多动症的孩子不能以适当的方式统合各种感觉刺激，这让他们不能从容地面对生活的挑战，不能有效地与环境互动。多动症的孩子总会对一些无关的刺激产生反应，对好多刺激出现过度反应，这样的局面会剥夺他们很多正常的感觉经验。多动症的孩子尤其以触觉防御占比最大，从这个角度说，多动症的孩子无论是多动型还是冲动型，都会很明显地看到一些感知觉统合能力不足的症状，那么使用感知觉统合能力无器械训练法进行训练，一定会有效果。

感知觉统合能力无器械训练对孤独症有效吗？

孤独症俗称自闭症。一般来说，自闭症的孩子没有正常的社会交流，几乎不会说话或语言很少，行为比较刻板，70%左右的自闭症孩子智力低下，没有正常的人际交往，兴趣狭窄。研究表明，自闭症儿童感觉处理过程异常，他们对输入感觉刺激无法正确接收，所以对大多数事物不是过于漠视，就是过度反应。研究还表明，视觉及听觉信息容易被他们忽略，而他们的大脑无法正确接收前庭刺激，触觉防御过强或触觉反应过于迟钝，以致经常自我伤到也浑然不知。从这个角度来说，感知觉统合能力无器械训练对于辅助治疗自闭症会有一定的效果，在自闭症儿童康复训练中，感知觉统合能力训练也是经常用到的手段之一。

第三章 大脑

神经系统的构成和功能有哪些？

大脑是人体最复杂的器官，是负责调节人体温度、心率、消化等基本任务的控制中心，同时具备更高级的功能是思考、情绪、记忆和语言。大脑的4个主要区域分别是大脑、小脑、间脑和脑干，其中脑干包括中脑、脑桥和延髓。大脑在脑部组织中占的比重最大，约占总重量的85%，大脑的最外层是大脑皮质，大脑皮质内的神经元（神经细胞）约有1000亿个。大脑皮质的表面布满了皱褶，这里面就是产生更复杂、更高级思维的地方，也正是这隆起或凹陷的地方把大脑庞大的处理能力分别存放在不同空间。大脑皮质下有层组织叫脑白质，它里面含有神经束，专门负责把大脑中某一部位的信息传递给另一部位。

大脑是调节人体生理及心理活动的高级中枢，比如说身体运动中枢负责管理身体的运动，身体感觉中枢负责接收来自身体的感受，并使人产生感觉，语言中枢负责说话、阅读和理解语言，视觉中枢让人能对看到的信息形成意义。小脑位于大脑的后下方，主要功能是运动协调、精准维持身体平衡。脑干是调节人体基本生命活动的中枢，比如呼吸中枢。脊髓位于人体背部脊椎骨形成的管腔中，由延脑延伸到腰部，最大的功能是把大脑的信息传达到四肢和内脏，同时把四肢和内脏的感觉信息反馈到大脑，也就是说，大脑发出的信号由脊髓传到四肢和躯干的肌肉，并将全身的感觉、触觉等信息回传到大脑，告诉大脑全身处在什么样的情况下，并且一些初级感知觉统合的功能会在脊髓中完成。

神经细胞也称为神经元，是神经结构的基本单位。把信息从身体传到大脑的神经元称为感觉神经元，从大脑把信息传至肌肉及内脏的神经元称为运动神经元。我们的身体有多种感觉器官，就好像电视天线接收电视信号，感觉器官能把接收到的感觉刺激变成电流信息，经感觉神经传入大脑，流向大脑的电流信息，我们称为感觉刺激输入或感觉信息输入。大脑接收这些感觉刺激输入产生认知，产生身体的姿势、动作、计划，并协调情绪、思维、记忆、学习。也就是说，大脑接收这些感觉刺激后，先分类，再安排，最后把所有相关感觉刺激输入统合成为一项整体的脑功能，只有这样身体动作反应才会敏捷，学习才会有更高的效率，孩子才会有更规范的行为表现，这一完整过程即感知觉统合。

大脑是如何发展的？

智慧是大脑的功能之一，感知觉统合也是大脑的功能之一，很难说这两者之间一点关系也没有，所以我们要了解感知觉统合，必须了解一些关于大脑的基本知识。刚出生时，婴儿的大脑约重350克，但大脑的容量增加得很快，五六个月的时候，已经增长了一倍，3岁时大脑的重量已达到成人的70%，到5岁时可增加到成人的80%，6岁时达到成人95%。大脑要完全成熟，要到20岁前后，然后随着年龄的增加，重量开始减少。

大脑的构造被认为是遗传和环境互相作用的结果，大脑的发展依然是环境和遗传相互作用的结果，孩子刚出生时，大脑就有140亿~160亿个脑细胞，虽然遗传给孩子提供了良好的大脑组织结构，但如果不加以利用，这些优秀的组织结构就会逐渐消退。而要充分利用好这些优秀的组织结构，就要给予大脑更多的感觉刺激，大脑也会因这些感觉不断地刺激而变得更灵活，如果环境中的一些感觉刺激被压抑或缺乏的话，大脑的功能就会衰退，当然也会影响感知觉统合能力的发展。

哪些感觉刺激会促进孩子大脑的发展呢？当然先要让孩子自由探索，多接触大自然，这个过程中孩子可以做到多听、多看、多说、多想、多做，这样会促进大脑形成更多的脑神经回路，脑神经回路越多意味着孩子越有智慧。

我国台湾心理学博士洪兰有一项研究表明，人的观念和行为之间存在着因果循环，大脑产生观念，观念引导行为，行为产生结果，结果改变大脑。也就是说，在日常生活中，如果我们经常贬低孩子、否定孩子、斥责孩子会影响孩子大脑的发育，如果我们经常肯定孩子、确认孩子的优点，看到孩子的长处，孩子就会充满愉悦感和胜任感，这样就会为大脑建立一个正向的循环轨迹。

精神病学家斯图尔特·布朗用了42年的时间，跟踪采访了6000人，结果发现小时候没有无拘无束玩过的孩子，长大后很难适应新的环境；而那些与大自然亲密接触的孩子，能自由用身体探索的孩子，长大后抗压能力、社交能力、解决问题能力都比较强。这些都是大脑的功能，这也进一步说明感知觉统合能力不足与先天因素有关，也与环境的互动有关，如果在孩子成长的过程中无意限制了孩子的探索，也就需要给一些补偿性训练，那么感知觉统合能力无器械训练法也许是好的选择之一。

大脑是如何发展出智慧与思考的？

孩子一出生，大脑有140亿~160亿个脑细胞，但刚诞生的婴儿没有思考功能，更提不到智慧。是因为孩子刚出生时，他的脑细胞之间还没有建立更多的连接，当然也会有一些最初的特殊连接。随着孩子的成长，摄入丰富感觉刺激的增多，这些脑细胞会长出好多的突出物，称为树突、轴突，如同树木的枝杈，正是有了树突和轴突，脑细胞之间才能彼此交错地连接在一起，形成脑回路，脑细胞之间的连接越多，就意味着脑回路越多，大脑的思考功能越好，也就是更有智慧。如果给脑回路做个形象的比喻，就如同在大脑内修路，快速路和高速公路，路修得多，四通八达，路与路之间互相联系，可以去的地方就越多，功能实现得就越好。因此可以这样说，大脑之所以拥有智慧及思考能力，是因为脑细胞之间能形成极为复杂的脑回路，让单个脑细胞与其他脑细胞之间发生错综复杂的连接。彼此之间连接的关键期可以分为3个阶段：第一个阶段是出生到3岁；第二个阶段是4~7岁；第三个阶段是10岁左右，10岁左右脑细胞彼此连接的过程已基本完成；10~20岁会以非常缓慢的速度增长直至成熟。因此，在大脑快速成长阶段，在脑细胞彼此连接形成脑回路的关键期，有计划地加以训练，给予孩子更多、更丰富的感觉刺激，是智慧发展的重要基础，也是孩子感知觉统合发展的基础。

环境如何影响大脑的发展？

在第二次世界大战以前大多数人相信孩子的聪明才智是天生的，孩子未来的成就及成长环境对他们没有什么影响。著名儿童心理学家皮亚杰经研究发现，孩子与环境的交互作用在孩子生命发展中起着决定性作用。孩子大部分的才智主要是与环境交互后产生的。通过皮亚杰的理论我们可以了解，感知觉统合能力不足的孩子无法对所处环境产生有效、满意的顺应性动作，这与大脑的功能密切相关。

近年来科学研究不断证明，大脑与环境交互作用可改善脑的结构和功能。加州大学的心理学家罗森茨威及其同事做了这样的实验来验证环境与大脑发展的关系。他们将白鼠随机分为 2 群,放在 2 个不同的笼子里,一群可以爬楼梯、踏轮跑动、在毛刷上走动、走迷宫等;另一群居住的笼子没有这些设备,意味着没有内耳前庭觉刺激、触觉刺激、肌肉关节动觉的刺激。通过实验证明,在有设备笼子的白鼠,大脑皮质较重,促进脑健康的化学物质分泌较多,神经递质较丰富,神经连接更复杂。显然,环境的感觉刺激使白鼠大脑发展更好,统合及利用感觉信息的能力更好。同时发现白鼠并不需要成天待在有加强设备的环境里,每天 2 小时,总共 1 个月的时间,大脑就会产生有意义的变化。同时对狗和猴子进行了同样的研究,结果相同。由此得出结论:智慧能力是从无限的机会探测和操作事物,并进一步提出问题当中成长出来的。

要想让大脑的功能发展得更好,就要提供丰富多样的环境,因为大脑的发育取决于基因与环境这两个因素。在大脑的发展中,基因是发动机,而环境则是控制这台发动机的开关和调节器,正是由于丰富的环境给予的刺激,改变了孩子基因的表达,促进了孩子大脑的发育。

一般来说,孩子生活的环境可分为物理环境和人文环境。物理环境既包括儿童成长所需要的物质基础,比如衣食住行,还包括丰富的自然环境。在这样的环境中,可以为孩子提供丰富的感觉刺激,视觉的、听觉的、触觉的、身体运动的、前庭平衡觉的,这些都可以促进孩子大脑的发育。感知觉统合能力无器械训练法的研究正是遵循这一儿童成长规律及生命成长需求,以适龄儿童所需的各感官刺激提炼出来的训练方法。人文环境主要指的是家庭及家庭中、社会中、学校中的人际关系等,这些对大脑的发展来说相当重要。哈佛大学儿童发展中心经长期研究提出了“毒性压力”,指的是孩子接收到来自与人互动产生的不可逆转的负面情绪及随之产生的不良压力,这种毒性压力对儿童的大脑和机体会产生器质性损伤,它会使孩子神经元受损,连接变得更少,这样的生理性病变成为孩子未来发展的限制和阻碍。可以看出,人文环境是否和谐、温暖对孩子大脑的发育影响非常大。

如何理解神经系统的可塑性?

神经系统的可塑性可以持续一生,只是不同的阶段可塑性不一样而已。神经系统的可塑性指的是大脑中枢神经系统根据感觉刺激的不同、感觉动作的不同、认知经验的不同,重新形成神经连接,建立脑回路的能力,这也意味着形成一个新的功能区。如果做一个形象的比喻,就好像泥人张的陶土一样,根据需要可以塑造成任何他想要的形状。神经的可塑性在 3~6 岁最强,9 岁以前也是最好的时机,这就是把这个年龄段称为关键期的原因,因为这个阶段的孩子进入高效能学习阶段,他们对任何事物都会产生浓厚的兴趣,对整个未知世界充满了好奇,开始认知不同的事物,同时也是语言、空间感、安全感、算术能力形成的关键期,更是感知觉统合发展的关键期。

其实在日常生活中,我们都有意无意地使用了神经系统的可塑性,由于这种可塑性形成了新的神经连接,也就是新的大脑回路,这是让我们根据感觉刺激不断调整感觉动作,从而对环境产生顺应性反应。在感知觉统合能力无器械训练中,我们也要善用神经的可塑性,通过不同的、正确的感觉刺激活化新的神经细胞,让神经的突触越来越多,效能越来越好,脑组织的大小也会显著增加,神经突触分布越密集,树突分支越多,分工的能力越好,就如同开通的路越多,就越能促进该区域交通的便利和繁荣。

很多研究表明,孩子主动做具有挑战性活动,主动同具有挑战性的环境互动,导致大脑神经系统改变,形成神经连接,能激发神经可塑性。而被动的暴露在感觉刺激中,在改变大脑的可塑性方面就会弱很多。

大脑的可塑性也是提升感知觉统合能力的基础。孩子无论做任何活动，最开始时他们必须要建立新的脑回路、新的神经连接，然后他们会继续挑战更难的动作，于是这些脑回路、神经连接也会得到调整。如同孩子骑自行车，会根据路况调整骑车的姿势。所以我们不需要过度担心孩子的安全，限制他参与更多的活动，这样就人为地剥夺了孩子生命成长的需求，也切断了孩子通过各种感觉刺激促使自己神经系统形成新的神经连接的机会。

什么是大脑的单侧化？

大脑分为两个半球，右脑负责左肢体，左脑负责右侧肢体，中间由一束最大的连合纤维——胼胝体连接，两侧大脑半球会穿越它进行和维持两个半球的协调工作，如果胼胝体发育不良、刺激不足，轻则出现智力低下、视觉障碍或交叉定位触觉障碍，重则出现精神疾病或者癫痫。胼胝体在孩子 1 岁之前尚未发育，所以他们的左右脑功能尚未得到分化，因此 8 个月左右的孩子大量爬行会对胼胝体的发育起到很好的促进作用，刺激孩子双侧协调活动越来越多，分工越来越明确，从而逐渐实现左右脑的双侧分化，所以爬行量不足甚至不会爬就会走的孩子，由于双侧协调运动缺乏必定会影响孩子左右脑功能的发挥。

大脑单侧化指的是大脑的左脑和右脑不会做完全相同的事，更不会用相同的方法做事，某些功能专门由某一侧半球负责，但复杂的功能还需要大脑两个半球合作。大脑的单侧化会在 3~5 岁完成，其标志是发展出优势手。左脑和右脑完成功能的专责划分，这会使大脑处理的过程和效率全面提高，如果专责划分不清，会影响语言的发展、学习能力的发展，更会提高感知觉统合能力不足的概率，良好的单侧化是正常大脑成熟后的最终产品，空间感、语言、说话、认知、思考都是大脑最复杂的功能，这些活动既需要左脑和右脑完成单侧化分工，更需要非常精确的合作。当大脑单侧化完成，左脑和右脑负责不同的功能，比如左脑负责判断、思考、逻辑、推理等一些与意识有关的内容，右脑负责情绪、创新、空间认知等，而这种单侧化也提高了大脑的工作效率。

大脑单侧化过程及作用有哪些？

随着孩子年龄的增长，大脑逐渐分化为左脑和右脑，左手、左脚的感觉刺激传输到右脑，右手、右脚的感觉刺激传输到左脑，而左右脑分化完成之后，左右脑的信息既分工负责又交互分享彼此的信息并进行统合，然后才能指挥手、脚做出顺应性动作。一般来说，左右脑交叉指挥，发挥功能。孩子每时每刻都生活在一定的环境当中，每个孩子都能为了应对各种环境进行多样化的活动，从而体验生活的快感。感知觉统合是大脑的功能，从某种意义上说，与大脑的分化，即大脑的单侧化是分不开的。

1 岁以前，孩子左右脑的功能上没有分化，左右手也谈不上分工，但孩子的一些基本动作行为开始为大脑分化为左右脑做准备；2 岁时，左右脑的功能开始逐渐分化，孩子习惯用手、脚、眼的倾向开始隐约显现；3~4 岁时，孩子的动作变得更加协调，孩子的平衡感、对身体形象的认识、身体各部位的协调都有了很大的发展，更多动作反应趋于自动化，显示出大脑的分化进一步完成；5 岁左右，孩子左右脑分化开始更为精细，开始发展出各自的功能，比如左脑主宰语言、逻辑、组织，右脑则掌管空间视知觉、想象、创新、旋律等，到了这一阶段，孩子的优势手已经非常明显，同侧肢体协调良好，身体平衡感更好，开始能单脚平衡站立；8 岁时，孩子左右脑的分化趋于完善，合作也达到相当高的效率，这为孩子的学习及体育活动奠定了良好的基础。

一旦孩子大脑分化不完全，那么脑功能专责化就会不完全，这样大脑常常模糊而混乱地指挥身体。比如，这样的孩子在写字、画画的时候，他的头、脖子、肩膀、整个手臂都会一起用力，因此会特别容易疲倦，一般孩子能坚持40分钟听课，但这样的孩子只能坚持20分钟，甚至更少，因为他消耗能量太多，导致体力不足，从而无法专注听课。大脑分化不好的孩子，一般自尊心很强，还爱发脾气，当家长不了解这个原因时，会经常指责、批评孩子，孩子便会觉得委屈。

一旦大脑分化不好，完不成单侧化，感知觉统合功能就会出现问题，感知觉统合能力就会不足。那么如何促进孩子大脑分化呢？可以这样说，爬行是促进大脑功能分化的主要活动，也是重要的过程，对于左右脑功能正常发展而言，是一个强有力的推进力量，在爬行的过程中，左边身体的感觉刺激传入右脑，右边身体的感觉刺激传入左脑，这可以促进大脑分化，可以让孩子双侧肢体进行大量负重刺激与协调训练的爬行动作，对孩子很有利，而一些攀爬的活动、手脚并用的活动，都可以促进大脑的分化。

大脑“用进废退”的原理指的是什么？

用进废退的原理用在感知觉统合理论上指的是孩子的感觉器官及身体经常使用就会变得发达，而不经常使用就会逐渐退化。就像大脑，越是勤思考、勤运用便越灵活；而越是懒惰不动脑，大脑便会像生锈的机器难以正常运转。用进废退这个观点最早是由法国博物学家拉马克提出的，他在《动物哲学》中系统地阐述了他的进化学说，被后人称为“拉马克学说”，有两个法则，一个是用进废退，一个是获得性遗传，并认为这两者既是变异产生的原因，又是适应形成的过程。他提出物种是可以变化的，物种的稳定性只有相对意义。生物进化的原因是环境条件对生物机体的直接影响，认为生物在新环境的直接影响下，习性改变，某些经常使用的器官发达、增大，不经常使用的器官逐渐退化，并认为适应是生物进化的主要过程。

实验证明，大脑皮质中积极活动的部分细胞会变得丰厚，突触形成的连接更多，否则就会逐渐萎缩。那么如何让大脑有积极的活动呢？就是多接受来自不同感官的不同感觉刺激。孩子出生的早期是脑部发展最快的时期，0~3岁，孩子会躺、卧、翻身、坐、爬行、直立、行走、跑、说话、唱歌，都显示出孩子的大脑在迅速地发展。虽然新生儿脑细胞数目接近成人，但他却需要依赖成人的照顾才能存活，这之间的差别在于脑细胞的大小、突触数目不同。突触构成的网络会随着孩子的成长逐渐形成，脑科学研究已经证实脑神经网络的复杂程度，受到遗传和后天环境的交互影响，基因、遗传决定了孩子大脑构造的形成及运作方式，但突触数目的多少或信息传达的种类则受环境的影响，这明确告诉父母们，脑功能在遗传和环境两种因素交互作用下形成，每个神经细胞通过突触与其他的细胞连接起来，形成错综复杂的网络，只有这样才能更好地发挥大脑的功能，而神经的连接更遵循“用尽废退”的原理，如果这个连接不被使用，神经连接就会越来越少、越来越弱，也许会逐渐消失，如果经常使用，神经连接就会越来越紧密，形成的脑回路也会越来越多，孩子会变得越来越聪明，学习能力也会越来越强。

什么是大脑的双层结构？

大脑的生理学研究有一项重大的发现，那就是大脑是由上下两层构成的，孩子刚出生时只有下层脑，又称古皮质或爬行脑。出生以后才逐渐长出上层脑，也就是我们常说的大脑皮质，大约在3岁定型，我们称上层脑为新皮质或哺乳脑。爬行脑掌管本能和智慧，储存着人类几百万年的经验，他的能力是哺乳脑的 50~100 倍。哺乳脑掌管有意识的知识及经验，主要以思考为主。而大脑的双层结构也就是上下层级是有顺序的，哺乳脑受爬行脑的支配和牵制，如果爬行脑出了问题，哺乳脑就不能辅助爬行脑。当爬行脑健全发达时，哺乳脑会发挥惊人的大脑功能。3 岁以前所有的大脑思考活动都在爬行脑，3 岁以后大脑新皮质逐渐成熟，大脑的思考功能逐渐转移到新皮质即哺乳脑，而要发展出更好的思考功能，就需脑内有更多的连接形成，这就涉及感觉刺激和感知觉统合。

左脑对孩子的作用有哪些？

孩子出生至 1 岁之前左右脑的功能尚未分化，左右手也没有分工。2 岁开始左右脑的功能开始分化，4 岁左右分化基本完成，这时孩子会发展出优势手。左右脑分化完成后，交叉指挥左右肢体，也就是左脑指挥右侧肢体，右脑指挥左侧肢体，左右脑的神经体系在前庭神经核附近交叉，也就意味着右半身的刺激回馈左脑，左半身的刺激回馈右脑。在孩子小时候，左右脑交叉成长，7 个月到八九岁，人类的右脑发展优于左脑，也就是 8 岁以后左脑开始占优势，一直持续一生。左脑是理性脑、语言脑、现代脑，它掌管着语言、文字、符号、分析、计算、理解、推理、判断、推论等，是我们读书、计算、写作文时的指挥中心，并直接指挥右侧身体。

左脑最重要的功能就是组织力，通过积累各功能区的感觉信息形成记忆，从而形成我们的知识和技能。而理解能力可以让我们直接面对生活，适应不同的社会环境。

右脑对孩子的作用有哪些？

右脑是图像脑、感性脑、祖先脑，其掌管音乐、声音、绘画、图像、色彩、感情、观念、空间认知、立体认识、想象创新、感性等，并直接指挥左侧肢体。

右脑特别喜欢新生事物，所以右脑的世界永远是新的，而这一切便是创新的本质。右脑是感性脑，所以右脑有无限的想象力和创造力。右脑喜欢图像、色彩、立体认识，而这些又是记忆的重要来源，因为图像、色彩、运动是最容易形成永久记忆的，这就是右脑学习的最大奥秘。

孩子天生就有强烈的好奇心，如果孩子自由探索不足，孩子感觉动作经验不够丰富，往往会害怕挑战、逃避新事物，长此以往会让右脑功能不足，于是右脑交给左脑的任务不多，左脑的经验就比较匮乏。所以要想让孩子更好地应用右脑就要鼓励孩子多接触新奇的刺激，这样孩子就能够使整个大脑参与更多的生活、学习，积累更多的经验，促进右脑和左脑之间的信息的交流，使孩子思维更加活跃，学习能力更强。

神经心理学家高登·博格提出递变理论，他强调，人的大脑之所以跟动物不同，主要表现在知觉与语言两个层面，所以给孩子丰富的感觉刺激、多重的感知觉统合经验十分有必要。左右脑相比，右脑一般情况下会处于劣势，只有在左脑镇静下来之后，右脑才有表现的机会，因为右脑储存着几百万年来人类进化所经历的人和事，具有相当大的潜能，所以“灵感、顿悟”等都是右脑的功能。

如何初步判断自己左脑发达还是右脑发达？

1.遇到困难的时候，你通常会：

认真分析形势及解决方案，三思后行—— B

凭直觉走下一步—— A

2.两个旅游方案，你更偏好：

冒险、富有挑战的路线 ——A

不太喜欢冒险，我会选择另一个—— B

3.在音乐方面：

自小就乐感很好—— A

不是很喜欢音乐—— B

4.在理财方面：

大概清楚自己的日常花销 ——B

经常有“钱都花在哪儿了”的感叹—— A

5.与陌生人初次会面时：

对方的谈吐更让你在意—— B

对方的穿着更让你在意—— A

6.当你在思考的时候：

脑海中出现的大多是一个个语句—— B

脑海中出现的大多是图形—— A

7.在时间管理方面：

做事井井有条，时间分配得当—— B

经常为拖延症感到焦虑和懊恼—— A

8.下面哪项任务更让你感到头痛和束手无策：

做一份数据分析报告—— B

去郊外完成一幅写生—— A

9.看电影的时候经常感动到流泪：

是的—— A

不是—— B

10.你觉得以下哪个词语更符合你的特征是：

沉稳靠谱—— B

灵活有创意—— A

11.以下哪个更符合你的实际情况：

先处理简单的事情，后处理重要的事情—— A

先处理重要的事情，后处理简单的事情—— B

统计方法及结果：分别统计你选择 A 与 B 的个数。

A 多：右脑优势。

右脑主要从事形象思维，是创造力的源泉，又被称作“艺术脑”。右脑优势的人感性，擅长直觉、想象，在美术、音乐等艺术领域有很高的悟性。图像记忆能力强，爱做白日梦，动作协调，行动敏捷。如果你是右脑优势者，那么创作、艺术、开放的环境更能发掘你的潜力。

B 多：左脑优势。

左脑主要从事逻辑思维，负责语言、判断、分析、推理等，又被称作“学术脑”“语言脑”。左脑优势的人理性，说服能力强，对阅读、推理的活动更感兴趣。如果你是左脑优势者，可能是出色的会计师或规划者。世界上大部分人都是左脑优势者，若有意识地发挥右脑优势，你会挖掘出自己更大的潜力，也会在创造力方面有较大的突破。

左右脑协调不好会出现哪些现象？

大脑分左脑和右脑，通过胼胝体相连，这个神经组织负责协调左右脑的信息交流及合作。一旦左右脑分化不好，就会有这样的现象，比如说孩子骑自行车，一般开始姿势会僵硬，熟练后只要轻松地坐着、两手扶住车把就可以了，但左右脑分化不好的孩子已经很熟练了，但依然两只手紧握车把，肩膀一高一低，甚至还要歪着身子骑车；在写作业的时候，明明只要手指和手腕就可以了，但孩子的整个手臂、肩膀、脖子都在用力。除了以上现象，大脑分化不好还对理解力、逻辑能力、将来的成绩和工作方面有着深层的影响，比如说有的孩子看起来很聪明，脑子反应也快，但深入交流后发现其理解不深，条理也不清晰，重点也抓不住，这样在做计划的时候很难有具体可行的细节，轻重缓急分不清楚。大脑分化不好，孩子学习、做事可能很努力，但很难收到满意的效果，而感知觉统合能力训练可促进大脑的进一步分化。

当大脑的两个半球，也就是左脑和右脑不能很好地协调一致时，大脑功能就得不到很好地发挥。左右脑协调的基础是大脑完成单侧化，即左右脑各司其职、相互配合，如果大脑没有完成这种分化，都在做同样的事，比如在语言方面，左右脑都在发展语言，没有分化好各自负责管理语言的不同部分，这就会导致语言、阅读和书写出现困难，同时理解上也会出现偏差。

在孩子大脑分化的关键期即0~6岁以前，孩子没有得到充分的信息刺激，肢体动作及运动体验都会出现左右脑协调不良，严重影响未来的学习状态和学习能力，往往学习成绩不佳。左右脑协调不好直接导致课堂上注意力不能长时间集中，小动作多、平衡能力差、自控力差、听而不闻、视而不见，做任何事情都会表现出心不在焉。在生活中表现自理能力差，做事拖拉磨蹭、马虎，规则意识差、条理性差。在运动方面表现为灵活性差，很难学会跳绳；很难完成跨越类动作，例如做团体操时动作不协调，因此不太热衷参加体育类项目，甚至找借口逃避。由于双侧大脑协调不好，孩子身体两侧的组合和协调常常也会遇到困难，左右手协调做动作时会很难做到，往往很难分辨左右方向。感知力涵盖了生理能力、智力及心理韧性，这些都是孩子成长中不可或缺的能力，而左右脑协调不佳对此影响很大。

我们有必要对孩子进行左脑或右脑开发吗？

经常有人会提出这样的问题：右脑型的孩子更聪明还是左脑型的孩子更聪明？其实这是一个伪命题，因为大脑里有脑桥，脑桥属于脑干的一部分，对整个人体的功能维持起着重要的传导作用，运动时通过大脑发出的指令一步步传到延髓和脊髓，进一步传递给肢体。脑桥是大脑与感觉器官的重要中转站。左脑控制右侧身体，右脑控制左侧身体，我们大多数人使用右手，所以左脑比较发达，因为右脑相对锻炼的机会较少，左利手的人的右脑相对发达，这就是为什么大家会认为左利手的人比较聪明，这其实是一个误区。由此足以证明聪明与否决定于使用频率，这也符合用进废退的原理，所以只能说常用脑最灵活、最聪明。因为左右脑分工不同，大家发现左脑是理性脑，它负责语言、文字、分析、计算、理解、推理、判断、推论；而右脑是感性脑，主要负责音乐、声音、绘画、图形、色彩、感情、空间、认知、想象、创新。所以右脑型的人性格比较活跃，注重新事物，敢于尝试，情感也较丰富，因此人们会认为右脑型的人比较聪明，甚至有人提出右脑潜能说。其实右脑潜能并没有传说中的那么巨大，右脑开发也并不比左脑开发重要很多，因为一个人在思考、判断和语言应用的时候都是协调了左右脑之后共同完成的，因此左右脑平衡发展才是关键。右脑储存的信息量和左脑基本相同，因为两者在形态和结构上是基本相同的。神经细胞的数量和突触接触点的数量也基本在一个数量级的标准，至今为止没有任何科学实验显示，左脑和右脑在信息储存功能上存在着巨大的差别，只是因为图像记忆和运动记忆会使人更容易记住，而记忆更持久，所以很多人误以为右脑型的人更聪明。而左脑型的人往往表现出遇事更理性、更含蓄。

左右脑各司其职，分工不同，所以表现出的状态也不相同，真正的聪明人一定是学会和掌握了左右脑分工合作、密切配合，实现全脑参与及应用，才能使学习或事业一帆风顺。

左右脑密切合作会使人产生无限的创造力，人是不能凭空创造出信息的，所以创造力就是对已有信息进行再加工的过程，假如右脑本身直观的、综合的、形象的思维功能发挥作用，此时左脑以理性的、客观的分析推理发挥其左脑优势，与右脑密切配合才能不断地产生崭新的设想，这就是创造力的源泉。感知觉统合能力的基础也是通过体验及以往经验不断感受、理解、延伸、创新的过程。

从哪些方面来促进孩子大脑的发展？

大脑发展遵循着一定规律，除了年龄因素之外，与环境的互动、获得丰富的感觉刺激也是促进大脑发展的因素之一。为了促进孩子大脑更好地发展，我们可以从以下几个方面来促进孩子大脑更好地发展。

•多感官互动，促进孩子对语言的理解，让孩子观察生活中的各种事物，记忆对应词汇，在游戏过程中了解动词和名词的意义。

•多同孩子进行语言交流，尽可能倾听、理解他说话的意思，引导孩子用精准的语言表达自己的想法和意图。

•满足孩子审美的需要，引导孩子欣赏自身与事物之美，通过音乐及舞动身体，享受听觉、节奏运动的舒畅感。

•多带孩子一起做有利于手部精细动作发展的活动，比如捏面人、拼图、拼插玩具等。

•多从事美术和体育活动，如折纸、绘画、打击乐器、舞蹈、攀爬、跳跃、打球、平衡运动等。

•善用益智玩具，如走迷宫、找不同、拼七巧板等。

•帮助孩子建立生活秩序感，引导孩子收拾自己的物品、整理书桌、衣柜等，尽量引导孩子自己的事情自己做，家里的事情一起做，别人的事情帮着做，多参与集体性公益活动。

强化大脑活动的训练方法有哪些？

训练1：贴纸

训练目的：提升组织力、理解力，增强对概念的理解；强化孩子的大肌肉及小肌肉，提升手眼协调能力及组织结构能力。

材料：胶水、废报纸、过时画报彩页或其他类型废纸均可。

训练方法：指导孩子将纸撕成各种不同的形状，不同的大小，然后让孩子用胶水将纸片按自己的想法贴在图画纸上，让孩子说出他要做的主题、选择颜色和形状的理由。这个训练活动还可以用树叶、花草枝叶排成各种形状，让孩子说明其作品的意义。

训练 2：大力士

训练目的：增进身体协调、理解能力及表达能力，让孩子更好地理解自己身体和感觉变化的各种关系，认识远近、长短及之间的关系。

训练方法：用旧报纸揉成球状纸团，在适当的距离摆上不同颜色的塑料圈，让孩子拿球状纸团向指定圈内投掷，训练师可以先示范，然后让孩子模仿，看看谁丢得远、丢得准。

训练 3：倒水游戏

训练目的：提升孩子建构能力、自理能力，正确判断空间的关系。

材料：矿泉水瓶子 2 个、塑料杯子 2 个。

训练方法：让孩子拿起一个瓶子往另一个瓶子倒水，拿起一个杯子往另一个杯子倒水，然后瓶子倒杯子里，杯子倒瓶子里，最少各 3 组。尽量不要把水倒在外面，最后看谁剩下的水多。还可以用绿豆、大米代替水做这个训练，让孩子听不同物体发出的声音，刺激听觉分辨能力。

训练 4：组合形状

训练目的：提升关系思考及建构思考，强化局部和整体的图形认知，促进左脑组织、推理、判断能力的发展。

材料：若干张 A4 纸或彩色卡纸。

训练方法：将 A4 纸做成长方形、正方形、三角形或其他图形，让孩子将各种大小图形拼成各种各样的形状，例如两个正方形变成一个长方形、两个正三角形可以拼成一个菱形，看谁拼出的形状多。

训练 5：反义词

训练目的：熟悉日常生活概念，刺激左脑语言发展。

训练方法：和孩子一起进行“反义词”游戏，与孩子一起轮流说“冷热、大小、前后、轻重”等反义词，一边配合身体动作，一边进行问答，会很生动有趣。对高年级孩子可以增加难度，把说过的一组反义词变成一句成语，例如忽冷忽热、以大欺小、瞻前顾后、举足轻重。

训练 6：说用途

训练目的：刺激左脑语言发展，强化概念，促进思维。

训练方法：孩子可以做这样的活动，问“什么东西有 4 个轮子？”孩子可以回答“小汽车”。问“雨伞做什么用的？”孩子回答“遮挡风雨、遮挡阳光”。以此类推，一问可以多答。

训练 7：形状创造

训练目的：提升自信心，激发想象力，提升自主和独立能力，培养孩子探索及运动计划能力。

材料：几何钉子板（自行购买教具）。

训练方法：利用几何钉子板和橡皮筋，让孩子在钉子板上做出各种图形。

第一阶段孩子模仿训练师，从简单的几何图形到复杂的图形组合。第二阶段孩子自由创作完整的图画，并指导孩子看着作品讲故事。

训练 8：大风吹

训练目的：强化孩子身体快速反应及应变能力，提高孩子的观察能力。

训练方法：若干人坐在椅子上，其中一个人扮“风”，“风”说“大风吹”，大家一起问“吹什么”？然后“风”要说出某个特征，有那个特征的人起身跑到另一个座位，“风”也跟着抢座位，没有抢到座位的人，继续当“风”，以此类推。

训练 9：自由舞动

训练目的：激发右脑对节奏的感知，促进理解力发展。

训练方法：用手机或其他播放器播放孩子喜欢的音乐，最好是舒缓的巴洛克音乐，孩子可以根据音乐自由舞动身体，只要是自己喜欢的动作就可以，不规定什么动作是正确的，但要跟上音乐的节奏，尽量理解音乐的内涵，从而达到激发右脑和训练节奏感的目的。

训练 10：感知训练

训练目的：通过快速观察及图像记忆促进右脑的发展。

训练方法：给孩子一张 A4 纸，用彩色的笔在纸上无序地画上各种图形，如正方形、长方形、梯形、三角形等，写上数字、字母等，准备好之后开始练习，随便抽出一张纸，快速看一眼上面的图形数量和位置，然后在另一张纸上凭记忆画出你所看到的图形，从简单开始，逐步复杂。

训练 11：冥想训练

训练目的：促进右脑发展，提高孩子的图像记忆能力(同时轻声播放轻音乐)。

训练方法：孩子坐好，双腿分开，与肩同宽，双手放在腿上，或者双手放在桌子上，做 3~5 个深呼吸，轻轻地闭上眼睛，在大脑里出现这样一幅画面——绿绿的草地，五颜六色的小花随风在摇曳，蓝天上飘着几朵白云，远处几匹马悠闲地在小溪边喝水，微风轻轻地吹在脸上，非常舒服。

训练 12：浮想联翩

训练目的：充分发挥右脑的功能，促进孩子联想能力的锻炼。

训练方法：给孩子随意提供几个词，让孩子把这几个词转化成图像，然后让孩子尽情想象，设计故事场景，场景里有提供的词语，通过创造建立动态联系，然后形成一个有意义的故事，并讲出来。

第四章　前庭平衡能力

如何认识前庭系统?

前庭系统是所有感觉系统中发育最早的，一般在妊娠 4 周的时候前庭系统开始发育，在妊娠 9 周时开始发挥作用，直到生命的终止。前庭系统对孩子大脑的发育起着非常重要的作用。

前庭系统也是中枢神经系统之一，由前庭感受器、前庭神经、前庭神经核、7 条神经通路和 3 级中枢（脑干、小脑、皮质）构成。可分为外周前庭系统、中枢前庭系统。前庭系统的接收器位于人体内耳，接收器由半规管和耳石组成，半规管共有 3 对，负责速度、方向等信息的甄别与输入，耳石的主要功能就是侦测地心引力，保持身体平衡，在孩子做各种活动时，随时告诉孩子头和身体的方向，调整身体和头的位置。人类生活在地球上，随时都受到地心引力的影响，而孩子要活动自如、自由、随心所欲，有效协调地心引力的能力更重要，这是前庭系统最重要的功能之一，如果此项能力缺乏甚至前庭功能紊乱，会导致神经与肌肉萎缩，无法行动，也会引起骨质疏松，甚至会影响内脏器官的功能。由此可见，前庭系统对孩子的发育特别重要，因此要求我们一定要重视孩子前庭系统的发育。

地心引力所产生的感觉一般是恒定的，持续不断地输入大脑及中枢神经系统，而孩子的视觉、听觉、触觉等感觉，都要叠加在前庭系统的感觉信息也就是重力感之上。也就是说，前庭系统的感觉信息尤其是重力平衡感，会成为其他感觉判断重要的基本参考标准。由此看出，如果前庭系统不能正常发挥作用，也会影响其他感官能力的正常发挥。因此感知觉统合能力不足的孩子，一般要从前庭系统训练开始。

前庭系统还有一个重要功能，即它是大脑的守护神，负责过滤、分辨和筛选感觉信息的摄入，当刺激信息过多时，它会自动屏蔽无关信息，来保证把最有价值的、重要的信息输入大脑，并做出回应。如果前庭系统功能出现问题，不能有效过滤无关信息，会导致大脑忙于处理无关信息，导致注意力难以专注于目标事件，这也是注意力涣散的原因。

前庭系统的另一项重要功能就是由脊髓锥体神经体系将相关感觉信息传达到身体的不同部分，让肌肉产生共济性收缩，从而产生有意义的动作，以满足适应环境、与环境互动的需要，同时再将活动信息传回前庭系统及小脑，对动作再次进行调整，让动作更精准、协调。

前庭系统中的网状结构可以让大脑保持清醒和警觉状态，注意力保持集中，而前庭系统对于成长中的孩子来说有着更多、更重要的作用。具体表现在：前庭系统可以维持孩子身体的平衡，当孩子在跑、跳或不小心被绊倒的时候，他的身体能迅速地以某种姿势保持平衡，这是前庭系统在密切监视头部位置、身体位置及速度变化所起的作用；前庭系统还可维持孩子正确的姿势，因为它可以维持孩子适当的肌肉张力，尤其是腰肌的肌肉张力，能够将脊柱挺直，不至于弯腰驼背，如果肌肉张力过低，会影响孩子完成动作的标准姿势；前庭系统对于孩子双侧协调发展能力至关重要，当孩子两手、身体两侧共同协调动作的时候，能够自然协调，比如，右手拿剪刀，左手拿纸，两手协调准确地剪纸，在走平衡木的时候，身体也能平衡自如；前庭系统也影响着孩子自尊心、安全感、自信心的构建，因为这些都与孩子的活动成就感有关，如果孩子的前庭系统不成熟，孩子在活动时就会充满不安，可能会出现不安全感或退缩等现象；前庭神经刺激也会影响孩子的睡眠质量，有些孩子会出现入睡困难或在睡眠过程中不自主地调整睡眠位置，动作幅度较大，而良好的睡眠是促进孩子健康成长的重要因素；前庭系统能让眼睛清楚地对焦，当孩子身体移动时，眼睛可以稳定地观察物体，环顾四周，判断地面的高低软硬，避免跌倒或碰撞，而前庭发展不良的孩子则会出现走路跌跌撞撞、触碰障碍物等现象；前庭系统还能维持孩子的听觉和语言的正常发展，因为它可以促进听觉处理能力形成，让听觉神经更成熟，对听觉信息更敏感，反应更恰当，从而提升语言的表达能力和语言的使用频率；前庭系统还会影响认知功能和社会活动，前庭刺激是大脑激活最强烈也是最主要的感觉刺激，如果其功能不良，会造成神经激活障碍，前庭功能不佳会直接影响认知表现和社交活动。

以上可以看出，前庭系统及功能对于孩子发展的重要性，所以在孕期就要重视其发展，也要以适当的运动来促进其发展，孩子出生以后要以轻摇这样简单的方式来促进孩子前庭系统的发展，更要给予适当的、科学的训练。

什么是前庭平衡觉？

前庭平衡觉的感受器在内耳，主要帮助孩子感受重力、旋转、速度及方向，前庭平衡觉的感受器是半规管与耳石，半规管主要感受方向和速度，耳石负责地心引力的感受。前庭平衡觉告诉孩子身体的姿势与地心引力的关系，自己的身体是躺着、坐着还是站着，孩子之所以能够感受到重力的变化、自身的旋转及速度的改变，都是前庭平衡觉在起作用。前庭信息接收体系正好位于身体倒三角形的上方，也就是头重脚轻的头部，是平衡感上面最不平衡的地方，所以前庭系统必须和平衡系统保持协调，才能理解视听信息和身体间的正确关系，进而做出顺应性反应，这指的就是前庭平衡。前庭平衡觉是指对来自前庭系统的信息与平衡能力协调过程中的感觉，包括重力感、平衡感，对头部位置、身体变化的感觉，颈部活动的感觉，旋转、方向和速度的感觉。

什么是前庭平衡能力？

要想了解前庭平衡能力，我们还要了解一些基本的知识点，这样便于我们对这个概念有深入的理解。首先，要知道前庭信息指的是脸的正前方，包括眼睛、耳朵、鼻子、嘴所接收的信息，前庭平衡觉的感觉器在头部，头与身体是通过颈部连接的，如果颈部肌肉共济收缩不好，头部就不稳定，所以前庭信息和平衡能力的协调就显得非常重要。平衡能力指的是身体和地心引力协调的能力，平衡能力依然来自前庭系统的功能，所以前庭信息和平衡能力的有机协调便称为前庭平衡。如果前庭信息与平衡能力协调不良，视觉、听觉、嗅觉、味觉等感觉信息会被扭曲，直接影响感觉信息输入的正确与否，更会影响感知觉统合的功能，表现为孩子平衡能力差、动作不协调、听而不闻、视而不见、语言不清、词不达意、缺乏逻辑思维能力等，在进入学龄阶段会严重影响孩子的注意力和学习能力。

平衡能力从胎位变化就已经开始发展了。孩子出生后，通过翻身、独立坐卧、爬行、站立等练习，达成身体与地心引力的平衡，最终实现直立行走。人类能直立行走，双手不长，没有尾巴，显示出保持身体平衡的工具是欠缺的，但人的行动仍很灵活，这种能力是千万年进化出来的一种能力，通常称为固有感觉。而固有感觉所形成的身体和地心引力的自然协调，我们称为固有平衡。而这种固有平衡是需要靠后天的不断训练而习得的，最终形成身体与地心引力的自然协调，达到固有平衡的水平，才可以让孩子随时和地心引力保持协调的关系，做任何活动的时候，不用特别注意身体、四肢的位置，能很顺畅地做出翻身、站立、走路、跳跃、翻滚、扣扣子、写字等身体各部位协调自如的动作，如果孩子平衡能力先天不足，后天缺少训练，必然导致前庭平衡感缺乏，那么就会出现感知觉统合能力不足的现象。

前庭器官也是大脑中的主要器官，给孩子提供重力感、平衡感、方向感和距离感，前庭器官包括 3 对半规管、耳石、前庭神经核及相关神经体系，这些器官可以让孩子判断头部位置，身体变化与运动、空间的方向，对形状的综合性感觉等。

前庭平衡能力就是孩子的大脑对来自前庭系统的信息与平衡能力紧密协调的能力，这种能力让地心引力的重力信息恒定地输入，能控制方向、速度，调节肌肉张力，控制头部在空间的方位及身体的变化，能让眼睛平顺地移动，对于姿势的形成起重要作用。

前庭平衡觉有哪两种反应状态？

当前庭系统功能出现异常时，孩子对于前庭平衡觉信息反应方式会有两种状态，这两种状态会严重影响孩子的情绪、姿势、行为动作。一种状态是对前庭信息的输入反应不足，称为前庭平衡觉反应迟钝，另一种状态是对前庭信息的输入反应过度，称为前庭平衡觉反应敏感。这如同收音机音量开关，孩子不能有效、自动地控制音量，也就是当前庭平衡觉敏感或迟钝出现的时候，大脑内促进和抑制的力量无法让前庭活动达到均衡，大脑也就不能很好地使用前庭信息及其他感觉信息的输入，于是在动作上就不容易产生顺应性反应，自然导致学习能力不足。

前庭平衡觉敏感与迟钝对孩子来说都不是好现象，迟钝的孩子喜欢旋转和转圈的游戏，并且不会晕，也不害怕，喜欢动个不停，坐不住，孩子经常快速地跑、跳、蹦、爬上爬下、不知道危险，他们在学习的过程中表现为多动、冲动，坐不住，上课走神，难以记住老师讲课的内容。而敏感的孩子则表现为恐高、晕车、晕船，惧怕旋转的游戏，即使头快速移动也会害怕，动作缓慢，喜欢静态的游戏和活动，胆小，经常需要大人保护。

在日常生活中父母如何判断孩子是迟钝还是敏感呢？可以通过让孩子走直线、曲线、回旋运动、身体倾斜等测试孩子，在旋转后观察孩子眼睛震动和变化的情形，正常的孩子眼睛会震动 30 秒左右，低于 5 秒属于迟钝，超过 30 秒则属于敏感，也就是旋转后孩子晕与不晕是判断前庭平衡觉敏感或迟钝的最简单方法。

如何促进前庭平衡觉的发展？

前庭平衡觉是孩子感知觉统合过程中最基本的感觉信息，只有前庭平衡觉的参与才可以让孩子了解身体的姿势与地心引力的关系，才可以判断头部位置和身体变化，才可以明确地感觉自己是在物体的左边还是右边，才可以感受身体在空间上的位置及方向，才可以感受到重力的变化、速度的改变。

孩子最主要的学习工具都在头部，如眼睛、耳朵、鼻子、嘴，这些感觉器官接收到信息，而这些器官所接收的信息就是前庭信息，前庭信息有效地传输到大脑，大脑把前庭信息与其他感觉信息进行统合，身体才会做出顺应性动作，这就是前庭平衡觉的功能。

孩子刚出生，头大、身体小，他的头部承受的压力也比较大，如果颈部的支撑力不够，会影响前庭神经体系的发展。如果孩子出生 1 个月后，颈部仍然无法支撑头部的动作，非常可能导致前庭平衡觉发展受到阻碍。婴儿在母亲体内胎位变化不足导致胎位不正，也可能引起类似问题。剖宫产的孩子由于没有经过产道的挤压与激活，导致触觉和本体感觉受限，出生后颈部活动较差，这也会影响前庭平衡觉的发展。父母可以根据孩子的月龄在婴儿期让孩子做一些俯卧的姿势，引导、促进其颈部发展，还可以配合做视觉、听觉引导，让孩子多活动颈部，可以通过玩具引导他的头左右移动，带动颈部的活动。颈部力量足的孩子会更早翻身，经常翻身的孩子前庭平衡觉发展成熟得比较早。接下来就是爬行，这也是颈部活动最多的阶段，对前庭平衡觉的发展非常重要。研究表明，爬行量在 400~500 小时才足以满足前庭平衡觉发展的需求，这也对孩子未来多种能力的形成有至关重要的作用。

孩子在成长，前庭平衡觉也在发展，不过其发展更需要适当的刺激，随着孩子自由活动能力的提升，你会发现此时的孩子开始有这样的活动，比如上下楼梯、在不平的草地上或沙地上行走、爬上爬下、上床、跨越障碍、荡秋千、滑滑梯、坐跷跷板、在草地上翻滚、爬坡、走平衡木等，这些都会促进前庭平衡觉的发展。如果这个阶段父母担心孩子受到伤害，过度关注、过多代劳、过度保护，人为地剥夺了孩子自由发展的空间，不但不利于孩子前庭平衡觉的发展，也会减少孩子人生最基本的体验，这会影响孩子以后对事物的认识及理解。

前庭平衡能力是如何发展的？

胎儿在母亲体内 20 周后，前庭平衡觉感受器开始发育，孩子在母亲体内可以感受到母亲的运动，如果此时准妈妈适当运动则会促进孩子前庭平衡能力的形成；孩子出生 3 个月左右，前庭平衡觉的感受器就可以接收到来自身体重力的感觉，也能做出基本的顺应性反应，在这个关键阶段，如果适度让孩子做俯趴姿势，孩子会抬头让颈部肌肉产生有力收缩，这是因为当孩子感受到重力时，会产生很强的对抗重力的需要，此时大脑和前庭系统产生关联反应，促使肌肉产生收缩、放松、协调的顺应性反应，从而进一步促进前庭平衡能力的形成；孩子 6 个月左右，可以仅依靠肚子平衡全身，并抬头将胸部、手臂、腿抬离地面，形成“飞机”的姿势，此时孩子已经可以坐起来，也很喜欢摇晃、转身等强烈的重力和移动的感觉，这些都是前庭平衡能力在体现；1 岁左右，孩子可以通过前庭系统来协调身体不同部位的肌肉、关节及其他感知觉，并通过对抗地心引力站立起来，从爬行到站立再到行走，是孩子前庭平衡能力形成的重要标志，如果孩子没有通过爬行就直接行走，会导致前庭平衡能力发展不足；3~6 岁是孩子前庭平衡能力发展更关键的时期，瑞士著名儿童心理学家皮亚杰指出，游戏是儿童发展的内在心理需求，而 3~6 岁是儿童游戏的高峰期，在此阶段孩子会玩大量给予前庭平衡刺激的游戏，比如旋转、爬上爬下、站到高处跳下的游戏，大多数孩子会享受其中的快乐，这些都是前庭平衡能力在起作用、在快速发展。

如何理解前庭系统与其他感觉系统的关系？

前庭系统对于孩子的作用就如同大楼的地基，只有把地基夯实才可以建造大楼，这就说明对于孩子来说，前庭系统功能正常，对前庭平衡觉的感受良好，前庭信息稳定地输入大脑，这是与其他感觉系统协调的基础。这是因为前庭平衡能力与其他感觉系统关系密切、相辅相成、息息相关，如果孩子要做到眼观六路、耳听八方，动如脱兔、静如处子，那么前庭系统就要与其他系统协调，共同发生作用，而只有前庭功能正常，前庭平衡能力才会发展得更好，才能起到地基的作用。

前庭系统与听觉系统的关系：这两个系统的接收器都在内耳，并合并为第 8 对脑神经，由此可以看出，它们在功能上更有相辅相成之效。如果孩子的前庭平衡能力不足，不能有效过滤信息，也会滤掉一些重要的听觉信息，抑制本来要传导听觉信号的神经冲动，这样的结果就是耳朵听到声音，但根本没有传给大脑，这个时候家长就有一个感觉，只有反复说话孩子才能听到，这是因为只有经过反复的刺激，才会被前庭系统所重视。

前庭系统与本体系统的关系：本体系统所提供的信息是对自己身体动与静的感受，这种感觉信息来源于筋骨、肌肉和关节的感受器。前庭系统可以有效地调节肌肉张力，带动筋骨、肌腱、韧带、骨骼关节做出顺应性动作，这是形成运动的基础，所以前庭平衡能力会促进大脑对本体运动的信息整合，会形成更有意义的身体知觉，这个时候的活动更有目的性，更精准、更自由、更灵活，更有可控性。

前庭系统与视觉系统的关系：头部的稳定是产生稳定视觉信息的基础，而这需要前庭系统调节颈部的肌肉张力，当阅读、打球需要眼睛追踪移动目标时，更需要前庭系统作为支撑，因为只有前庭系统功能正常，头颈、眼肌才能协调，才能准确地捕捉到影像，同时前庭系统将地心引力的强弱信息提供给视觉系统，这样才能形成远近、高低、前后、左右、大小、形状、方位等概念，形成空间视知觉适当性反应。

前庭系统与双侧肢体协调的关系：前庭系统的神经体系可以将信息有效地传送到左右脑，而左右脑交叉指挥身体，这对促进身体的双侧肢体统合及协调帮助很大，当孩子学习复杂的动作时，会反应更灵敏，学习更快速，节奏感与韵律性更强。

前庭系统与情绪中枢的关系：前庭信息可以通过前庭神经体系传送到情绪中枢，所以前庭刺激能影响情绪，包括正面与负面的，如兴奋、平静、紧张、恐惧、焦虑等。

前庭平衡能力是如何影响肌肉舒张与收缩的？

前庭平衡能力的一个重要功能就是甄别地心引力，经过大脑和其他感觉信息统合后指挥身体不同部位的肌肉收缩和运动，让身体与地心引力有机协调，保持身体平衡。之所以能实现这个功能，是因为当孩子形成了良好的前庭平衡能力，能让前庭信息经前庭神经核顺利下传到脊髓，配合椎体的信息，影响肌肉何时、如何做收缩动作。前庭体系对肌肉的控制完全是在潜意识层面进行的，前庭神经不间断地将神经信息通过脊髓锥体神经体系传达到身体的不同部位，通知肌肉共济性收缩，特别有助于站立姿势的肌肉。只有前庭系统产生适当的肌肉张力，才不用担心地心引力。如果前庭系统功能不足，肌肉张力不足，形成的前庭平衡能力就不足，于是孩子就很容易疲倦，因此学习困难的孩子坐在椅子上，很难长时间维持抬头挺胸的姿势，常趴在桌子上，身体动来动去，这不是孩子有意而为之，而是不受自身控制的结果，也是受前庭平衡能力不足的影响。

当前庭神经信息经过脊髓传递到肌肉时，也会将肌肉和关节的信息反馈到前庭神经核及小脑，如果前庭神经核和小脑没有把这些肌肉和关节的感觉信息有效地与其他感觉信息统合，孩子在做动作时就会显得笨拙，全身肌肉显得僵硬或者特别松弛，而这种肌肉、关节信息的反馈也可以协助大脑来调节前庭系统，让大脑能更有效地使用前庭刺激的输入，让肌肉的收缩更协调。

前庭平衡能力是如何影响姿势的？

奔跑、跨越、爬楼梯、打羽毛球等活动均需要平衡来维持动作的进行，这是复杂动作得以实现的基础。这些平衡反应包括肌肉自动协调的收缩、身体能够平衡自如地站立、持久的正确坐姿而不感觉疲劳。当需要双手做出协调动作时能自如达到标准；当孩子被无意中撞到或推拉，孩子能迅速反应，保持身体平衡不至于跌倒；当孩子跌倒时，能借力用力迅速站起，这些都需要前庭平衡反应的支持。

前庭平衡能力会影响我们的背景姿势：背景姿势指的是当孩子要完成一个有目的的动作时，身体的不同部位会自动调整姿态，从而支持这个动作能顺利完成。而对于那些需要快速动作的活动，背景姿势的变化和调整就更重要，感知觉统合能力不足的孩子，不懂得去调整他们的背景姿势，不管做什么样的活动，都会显得笨拙，且跟不上韵律节奏，即便勉强跟得上，也会动作僵硬、不自然或慢半拍。孩子在学习的过程中，背景姿势也特别重要，如果前庭平衡能力不足，这样的孩子一般会有学习上的困难，他们在转动头部或写字时，会显得身体僵硬，不能久坐，甚至有的孩子会经常离开座位，这些孩子在做体育运动和课间操时也会慢半拍，动作不标准。

前庭平衡能力会影响共济性收缩：抬头时，所有环绕脖子的肌肉能同时收缩才能稳定地抬头、顺利地移动，这就是共济性收缩。只有环绕身体的肌肉共济性收缩，才能使身体稳定，当被撞一下、脚滑了一下，身体能保持平衡，不跌倒。肩膀、手腕、手指关节等四周肌肉需要同时收缩才能精准拿起工具、使用工具。前庭功能不好的孩子，肌肉共济性收缩不良，会导致身体协调性不足。

前庭平衡能力影响并保护伸展反应：孩子想要维持平衡，先要避免跌倒，当孩子快要跌倒时，前庭系统会迅速发出信息使他赶快把手伸出去保护自己，避免危险。而这种能力不足的孩子不能把身体和重力感觉组织好，跌倒时不会或来不及伸手保护自己，因此在日常生活中会经常有一些小伤害出现。

前庭平衡能力是如何影响空间感的？

前庭平衡能力像指南针，使孩子能辨认上下、左右、前后、东南西北、距离、远近。孩子之所以能有这样的方向感和空间感，是来自前庭系统对重力感的持续输入，大脑也会在同时统合身体的感觉信息及视觉信息，从而促使身体对重力产生感觉。重力是向下的，经过与其他感觉信息的统合才会产生向上的感觉，这是方向、空间感的基础。由此我们可以知道，自己在空间的位置、距离的远近，这样才可以引导骨骼、肌肉系统进行正确的动作反应。如果前庭平衡能力出现问题，孩子在写字时就无法保持字与字之间的适当距离，字体结构会松散或紧凑，大大小小、出格出框、下笔轻重不一。由于对空间、距离判断不准确，孩子做事会缩手缩脚、逃避退缩、不敢尝试新事物，同时也会影响孩子自信心的建立。

当前庭平衡能力异常时，也会影响孩子的人际关系建立，例如，站队总保持不好与其他人的距离及方位，爱出队或冲撞别人，引起冲突，于是孩子会回避与人交往。

空间能力不足可以通过前庭平衡能力训练得到改善，多带领孩子做一些爬上爬下、爬高爬低、搬动物品类的活动，让孩子从中探索，避免对孩子过多关注、一切代劳，给孩子体验和感受的机会。

前庭平衡能力是如何影响学习的？

学习需要听、说、读、写、运算等基本能力，这些基本技能均是感知觉统合的结果。孩子要分辨字母、数字，要区别类似 31 与 13、“马上”与“上马”、“大”和“太”的不同，需要有良好的空间感，而良好的空间感来自大脑能迅速接受前庭系统有关移动和重力的感觉信息，如果大脑不能有效地统合前庭系统移动和重力的感觉，大脑的功能就不能有效地发挥，孩子就没有办法准确记住文字的意思，就会颠三倒四、词不达意，也不能工整地书写这些文字和完整地表达其意，我们经常训斥这样的孩子，说“不用心学习，做事不认真，心不在焉”，但实际上这些孩子即使再用心，也无法做到，因为他们的前庭平衡能力不足必然导致这样的结果，孩子只是力不从心而已。

前庭平衡能力过滤前庭及各种感觉信息，通过分辨、甄别、过滤、筛选把有用信息传入大脑，这样大脑所接受到的只是重要信息，大脑才不会过于忙碌，孩子的注意力才能更集中，而注意力对孩子的学习非常重要，一旦出现注意力不集中，会严重影响孩子的学习效率。

前庭平衡能力可以让孩子有很好的安全感，这种安全感让孩子可以放开手脚做任何事情，否则孩子就会笨手笨脚、缩手缩脚，这也会反映在学习的过程中，比如写作业慢、拖拉，容易疲倦，显得松散，于是孩子更倾向于逃避学习。

阅读的时候需要眼睛追踪文字，要做到这一点颈部肌肉的共济性收缩起着决定性作用，如同三脚架一样给眼睛提供稳定的基础，而眼肌也要协调操纵眼球追踪文字，如果肌肉共济性收缩能力不足，眼睛震颤的频率就会不稳定，导致阅读跳跃、丢字串行，孩子还会在阅读过程中加字、减字，因此前庭平衡能力是学习能力的重要支撑。

前庭平衡能力还影响孩子的空间感、方位感及速度感，如果这些不能有效地建立，孩子在今后学习立体几何、化学、物理等学科时将会产生很大的困难。

网状结构属于前庭系统，它维持大脑的觉醒状态、注意和意识水平，这是有效学习的基础。

前庭平衡能力是如何影响情绪的？

前庭系统有神经纤维连接着情绪中枢，所以前庭刺激能影响情绪，包括正面情绪与负面情绪，如兴奋、紧张、平静、烦躁等，这也就意味着，如果孩子前庭平衡能力不足会影响情绪，导致孩子产生挫败感、自卑、伤心、生气、过激行为等问题。

前庭刺激传入大脑的边缘系统情绪便产生，害怕、生气、难过或高兴、开心、兴奋，这是情绪中枢与刺激信息统合的结果。如果孩子感知觉统合能力良好，会快速进行适当调节。如果孩子缺乏这种良好的感知觉统合能力，不能很好地平衡两者之间的关系，就会出现敌视、攻击、退缩等不良行为。

在人类所有的关系中，最基本、最重要的关系就是与地心引力也就是重力的关系，前庭平衡能力是孩子重力安全的保障。孩子在成长早期，会用好多时间来发展与重力的关系，每一次抬头、每一次翻身，包括爬行、站立、行走，都是对重力的顺应性反应。只有这样前庭系统才能建立良好的重力安全保障，平衡能力才能发展得更好。这对孩子的心理健康也同样重要，孩子在成长过程中会主动寻求前庭刺激，在日常生活中我们都有过这样的体验，婴儿期时父母会抱起孩子轻轻摇晃，其实这也是对孩子进行缓慢的前庭刺激，你会发现孩子会安静下来，不再哭闹。像旋转木马、荡秋千、滑滑梯、坐跷跷板等都会带来前庭刺激，给孩子带来愉快的体验。滑雪、飙车、蹦极等项目即使是成人也会在前庭刺激中得到满足，产生愉悦情绪。由此证明，前庭平衡能力良好可以促进情绪更健康。

前庭平衡能力是如何影响站立的？

因为我们身体成倒三角，头重脚轻，在地心引力的作用下，是不可能稳稳地站在地面上的，但我们有一种神奇的力量，就是平衡感，这种平衡感来自在前庭系统功能良好的基础上发展出的前庭平衡能力。前庭平衡能力发展不健全，就会出现平衡失调，从而影响动作的灵活性和敏捷性。在母亲怀孕5个月的时候，胎位开始变化，胎儿开始旋转，之所以能够有这样的动作是前庭系统在发挥作用，这样的动作也是最早、最初与地心引力协调的最原始能力。所以胎位不正的孩子，出生后前庭平衡能力会先天不足。一般来说，三翻、六坐、八爬是孩子生命成熟和体验的过程，也是在逐渐完善前庭平衡能力。

不难看出，孩子在成长的过程中，前庭平衡能力可以自动地与地心引力协调，形成一种稳定的感觉，让孩子能有安全感地站立、跑跳及做各种动作，而在孩子成长的关键期，通过适宜的训练活动刺激孩子的前庭系统，会更有利于前庭平衡能力的发展，这对孩子未来成长与发展都是不可错失的机会。

如何理解“恐高症”？

恐高症是孩子对来自前庭系统的信息产生过度反应的现象之一，重力的互动是从孕期开始的，孩子出生后更是花费大部分时间进行重力练习，最终与重力和平相处。这种来自重力的安全感是所有情绪和行为形成的基础，与重力的关系比亲子之间的依恋关系还要重要，因为这是孩子生存的基础，也是孩子获得基本安全感的重要来源。而恐高症正是因为孩子对来自前庭的重力信息过度敏感，或者孩子对自己身体没有明确感受，对身体形象不明，因此就会特别害怕姿势的改变，并且对一点点高度就有恐惧感。恐高的孩子通常对身体概念也模糊不清，导致他们常常会误判身体与空间的关系，常常感觉自己快要倒了，快要摔下去了，即使妈妈把他抱在怀里他也会抓住紧紧不放，长期处于紧张状态对孩子的心理发育十分不利。恐高的孩子对于乘电梯或扶梯都会有恐惧感，特别害怕攀爬的游戏，只要双脚离地就会害怕。他们害怕登山、走崎岖的山路，不敢跳跃，会抗拒身体或头部姿势的改变。久而久之，这些孩子的动作会越来越慢，排斥大肢体动作的运动，随着年龄的增长，像游泳、登高、攀爬、跑跳等都很难适应，大大限制了孩子探索环境和与同学互动的机会，由此产生的担心、焦虑、恐惧情绪反应会严重影响孩子的身心健康。而感知觉统合能力无器械训练，可以让“恐高症”得以改善。可通过以下项目来初步评估孩子是否存在“恐高症”。

- 双脚离地时，孩子会很焦虑，会想办法把脚着地，但在信赖人的协助下，他会很配合。
- 对较高位置或有跌落的危险地势显得非常害怕。
- 不喜欢把头倒置，避免翻跟头、打滚儿或打斗的游戏。
- 对游乐设施不感兴趣，也不喜欢移动的玩具。
- 总设法避免从高处跳到低处。
- 对不寻常的移动，如上下车、移动座位、上山或走崎岖道路，动作特别缓慢。
- 上下楼梯时特别慢，总会抓紧栏杆。
- 在进行攀登游戏时，双手虽然可以抓紧，但也不敢独立完成。

- 旋转时会感到失去平衡。
- 行车时转弯太快也会感到恐惧。
- 坐扶梯时会感到恐惧。
- 在人员密集的场所会感到恐惧。
- 总会坐立不安,有风吹草动都会吸引他的注意力,不喜欢荡秋千、走平衡木。

如果这 13 项孩子都存在,则属于重度“恐高症”;如果孩子能做,只是在尝试过程中明显表现出神情不安、紧张、姿势僵硬或哭闹,则属于中度“恐高症”;如果孩子能做一些,但完成过程中总会抓住别人的手或在帮助下才能完成,并表现出不感兴趣,则属于轻度“恐高症”。

前庭平衡能力是如何影响运动的?

前庭系统功能正常则会发展出良好的前庭平衡能力,如果此项能力不好,孩子对任何头部的姿势变化都会感到紧张,因此会不安,容易以小动作或自言自语来抵消这种心理压力,这也是感知觉统合能力不足时多动、多话的原因。前庭平衡能力不足的孩子,在完成动作的过程中缺乏自主性,自动化的过程难以实现,并且动作练习效应往往较差,这就需要大脑随时随地地关注筋骨、肌肉和关节的感觉,这本来是自动在潜意识层面完成的,不需要有意识地去关注,因此大脑的压力会无形地增加,会造成笨手笨脚,身体无法运动自如。前庭平衡能力对平衡感的影响、对重力的影响、对肌肉张力的影响,以及空间方位、方向、速度的影响都会影响孩子的运动效果,如果想有所改善,只能通过训练促使大脑能自动掌握信息,促进前庭体系的成熟,否则会导致孩子在成长过程中遇到种种阻碍,孩子因此会不断地遭受挫折,形成挫败感,导致情绪低落,引发孩子易怒、爱哭、缺乏自信且教育无效。只有各种感觉信息在大脑和神经体系中运行顺畅,身体才能做出正确的行为反应,孩子才能对肢体运动产生正确的认知,才能体验到运动的快乐和成长的快乐。

前庭平衡能力发展不足会产生哪些现象?

①孩子会特别依赖视觉和听觉,一旦看不到、听不到,便陷入极度恐慌;②视觉不稳定,头部动作太多,引发懒惰或不安、乱动的现象;③对音量较大的声音和尖锐声音过分惊慌或厌恶;④不喜欢被别人触摸脸部,周围环境若太拥挤,会感到紧张;⑤做肢体旋转后,眼睛震动幅度非常短,不到 5 秒,且不感到眩晕;⑥很容易被绊倒,明显地无法在站立时保持稳定姿势;⑦难以做舞蹈和律动的游戏;⑧有严重的挑食、偏食现象,因此造成营养不良;⑨在学习、阅读、运算时有困难;⑩不擅长也不喜欢运动,投球、接球有困难;⑪大动作很笨拙,比同龄孩子更容易跌跤,不会伸手保护自己;⑫学写字时常把数字、字体或部首写反。

在生活中仔细观察孩子是否存在前庭平衡能力不足的问题,例如,不能判断距离远近,所以会经常磕碰;分不清左右手、左右脚,辨别方向经常说不对;精细动作能力较差;手脚、手眼、手口、身体协调能力差,所以动作笨拙,常打碎东西、损坏玩具,经常磕磕碰碰、跌倒、撞人;不喜欢被高举,怕搭乘电梯,不喜欢玩秋千;在学校里好动不安,注意力无法集中,上课不专心,爱做小动作,喜欢捉弄人,接老师的话茬儿;容易烦躁,爱发脾气,没有耐心,自信心不足;常写错字、写反字、读反字,丢三落四、挑三拣四,很难与他人分享快乐,也不愿和他人分享玩具和食物;不能考虑别人的感受,人际关系较差;语言发育迟缓,说话晚,语言表达混乱,爱推卸责任,挑别人毛病等。

前庭平衡能力的训练方法有哪些?

训练1:平衡训练

训练目的:改善前庭平衡觉,提升前庭平衡能力。

训练方法1:长4~8米、宽5~7厘米的红色或白色扁带,拉直铺于地面。孩子双手打开,保持平衡,脚尖抵着脚跟向前走,往返为一组。每天训练量根据孩子的能力状况而定。

训练方法2:长8米、宽10~15厘米的木条一根,距离地面20厘米,孩子在上面行走时脱掉鞋子。孩子双手打开,保持平衡,眼睛看前方,脚尖抵着脚跟向前走,往返为一组,每天训练根据孩子的能力状况而定。

特别提示:如果用平衡木,可以给孩子安全的辅助,拉着孩子的一只手;也可以用马路牙子代替;在地上画一条线,孩子踮着脚尖踩线行走也可以。

训练2:跳台阶

训练目的:提升前庭平衡能力,锻炼运动计划能力,提高双脚协调能力。

训练方法:双手背后,起跳时双脚交替踩到台阶的标识点,边跳边数,左右脚交替为1次,每组30~50次,然后根据训练进展及孩子的能力可以适当增加每组跳动次数,每天训练3~10组。

特别提示:跳台阶时保持身体平衡,上身保持直立。

训练3:爬楼梯

训练目的:提升前庭平衡能力,锻炼运动计划能力,提高注意力、双腿协调能力。

训练方法:孩子上楼时每次上2级台阶,左脚上,右脚跟上,但不向前跨;下楼梯时每次下2级台阶,右脚下左脚跟上,但不向下迈。上楼尽量不扶扶手,初期下楼可以扶扶手,熟练后脱离扶手,一上一下为1组,每做完1组左右脚交换。每天10组,一层楼的距离即可。

特别提示:刚开始训练时家长可以站在楼梯中部进行虚拟保护,以免孩子恐惧,如果孩子小可以上或下一级台阶。

训练4:贴鼻子

训练目的:提高前庭平衡能力,锻炼计划运动能力,提升方向感、平衡感。

训练方法:画一个小人儿,没有鼻子,孩子站到离小人儿一定距离之外,戴上眼罩,孩子踮脚尖走到小人儿处,给小人儿贴上鼻子,再用同样的方式返回。

特别提示:踮脚尖时腿一定要伸直,距离为3~6米,往返为1组,每天3~5组,完成后要鼓励孩子。

训练5:前滚翻

训练目的:提升协调及前庭平衡能力,提供刺激身体感受性。

训练方法:进行前滚翻时,双腿分开并做微蹲姿势,双手放于双脚内侧,尽量低头向胯下靠近,双腿同时用力,需要保护孩子颈部,不要让孩子额头着地,以免颈椎受伤,前滚翻3~8个为1组,根据孩子的具体情况确定训练量。

特别提示:在训练初期一定要用左手掌保护好孩子的颈部,右手掌微微用力托起孩子的臀部,等熟练后再让孩子自己做。

训练 6：抓老鼠

训练目的：提升四肢协调性及动作反应速度，促进空间感，发展前庭平衡能力。

训练方法：准备 1 条绳子，绳子的一头拴 1 个小老鼠玩具或者其他孩子喜欢的小玩具，父母或训练师拉着绳子走，多变换路径，让孩子快速爬行，双手或单手抓玩具。

特别提示：孩子在爬行中必须双手和膝盖着地，只可以用手抓玩具，可以加快速度、转圈等。

训练 7：跳格子

训练目的：思维支配行为综合性协调训练。

训练方法：准备不同颜色的圆形塑料圈，按单圈、双圈顺序摆放，单脚、双脚交替跳格子，单脚换双脚时要同时起跳、同时落地。

A、B、C 是口诀，要求孩子边说边做。

A.左—分—右—分—左—分，换脚再做。

B.左—合—右—合—左—合，换脚再做。

C.合—分—合—退—合—分—合—退—合—分—合—退。

特别提示：一定要求孩子边说边做，即使开始做不到，多做几次就会适应。对协调性不好的孩子，要做好保护。

训练 8：不倒翁

训练目的：提升前庭平衡能力、运动计划能力，促进平衡感，促进力量提升。

训练方法：双腿盘坐在垫子上，双手分别抓住双脚，固定好后不松手，然后身体自然向一侧倒，顺势后仰，向另一侧滚动，再向前，靠四肢和腰部的力量把身体撑住，坐起。以此类推，训练个数根据孩子情况而定。

特别提示：训练时孩子会头晕，这属于正常现象，或者停止，或者休息片刻，坚持一两天这种情况就会消失。

训练 9：金鸡独立

训练目的：构建平衡感，促进前庭平衡能力形成。

训练方法：先原地转 3 圈，然后开始单腿站立，双手平伸掌握平衡，同时数秒，看坚持的时间，然后换脚训练。也可以在头顶放 1 本书或 1 个沙包，不让其掉下来（增加难度）。

特别提示：选择宽敞的地方，训练时间自行掌握，不要让孩子太累。

训练 10：钻爬跑跳

训练目的：训练动作的协调性，改善前庭平衡觉，促进前庭平衡能力形成。

训练方法：准备 1 个旧轮胎或呼啦圈、1 副手套、1 根皮筋。孩子先戴上手套，四肢爬行 3~5 米，然后钻入准备好的轮胎或呼啦圈，身体尽量不碰到它，爬出去开始助跑，在 3 米左右跨过橡皮筋障碍，橡皮筋根据孩子的身高和能力调节高度。

特别提示：根据孩子的具体能力及水平，可以先单项进行，然后连起来进行。

训练 11：直升机

训练目的：提高前庭刺激，促进前庭平衡能力形成，提升肢体运用及两侧协调。

训练方法：孩子腹部趴在滑板上，原地转圈，愈快愈好（或者匀速），头晕就停止，休息后反方向转，至少 5 圈，或者观察孩子的反应决定旋转圈数。

特别提示：维持头脚离开地面，两手有效运用，或者父母、训练师辅助旋转。

训练 12：摇摇船

训练目的：提供前庭及本体刺激，促进前庭平衡能力发展，建立身体形象，协调四肢。

训练方法：孩子躺在垫子上，双手抱膝，身体屈成球状，前后摇动 20 下，左右摇动20下。

特别提示：可以趴着，两手向后抓住双脚脚踝，头部抬起，前后摇动 20 下。

训练 13：转轮盘

训练目的：提供前庭刺激，促进前庭平衡能力发展。

训练方法：孩子围坐一圈，圆心的孩子趴在滑板上，训练师拨动孩子的手或脚，让他旋转，停下来头对着谁谁就出来转，旋转约 10 秒。

特别提示：量力而行，适度训练，如有不适，休息一会儿再进行。

训练 14：椅子游戏

训练目的：强化身体协调、固有平衡、运动协调能力，增加自信，平稳情绪。

训练方法：将椅子两排相对摆放，左右各 10 把椅子，让孩子通过；将靠背椅 10 把同方向排成一排，让孩子通过；10 把椅子不规则摆放，让孩子通过；10 把椅子，背靠背摆放，让孩子跨越通过；将靠背椅 10 把同方向摆放，孩子跨越通过。

特别提示：做好安全保护，或在垫子上进行。

训练 15：你来我往

训练目的：提供前庭刺激，强化脊髓神经、四肢和大肌肉的协调活动能力；增强四肢的灵活性，让孩子视觉空间更好。

训练方法：父母（或孩子搭档）和孩子面对面坐在垫子上，双脚互相抵住，手拉手伸直，一人躺下时，一人保持坐姿，交替进行，20~40 个为一组。

特别提示：腰部损伤者慎重做，同时也要避免肌肉拉伤，随着孩子能力的提升可以增加训练个数。

训练 16：翻滚投沙包

训练目的：提供前庭刺激，促进前庭平衡能力发展，调节触觉分辨能力，增强动作计划能力。

训练方法：双腿并拢，双手五指相扣，夹住头部，连续翻滚，来回为 1 组，至少 10 组。也可以根据孩子的情况灵活调节，每次回到起点，拿起沙包，头部扬起，将沙包投掷到纸箱里。

特别提示：翻滚保持直线，头晕无法持续时就休息，减少训练组数。

训练 17：气排球

训练目的：刺激前庭，调节肌肉张力，加强准确、快速反应能力，促进身体协调及背景姿势的建立。

训练方法：充气气球 1 个，4~6 个孩子，分组各占一方，中间画一条线为界。规则是不越线击球，发球不可以扣球，打球、运球时只能单手，寻找机会向对方界内扣球，球落在对方地面为赢，落地 6 个球为 1 局，交换场地再次进行。

特别提示：做好安全防护，训练量根据实际情况而定。

训练 18：作茧自缚

训练目的：提供前庭及触觉刺激，改善动作计划能力。

训练方法：孩子躺在毛毯的一端，用手拉住毛毯，再向另一端滚动，让毛毯把自己裹起来，然后再滚回原处，或训练师将毛毯一端拉高，让孩子滚回原处。

特别提示：如果孩子抗拒、害怕，可以协助孩子完成，训练师可以先做示范。

训练 19：糊壁纸

训练目的：提供前庭及触觉刺激，改善动作计划能力。

训练方法：靠墙壁站立，把身体当作壁纸筒滚动，好像在糊壁纸，先向一个方向转动，然后再向另一个方向转动，距离根据训练场地及孩子适应状况而定。

特别提示：孩子的头不要去撞墙，适时、适度，尊重、引导，要注意安全。

第五章　触觉分辨能力

如何认识触觉？

触觉是人类在生存过程中探索环境的重要感觉器官之一，它可以保护身体，让我们免受伤害，触觉也是安抚我们情绪的重要来源。我们身体的表面都覆盖着皮肤，皮肤的厚度一般为 0.5~4 毫米，皮肤内部存在着大量触觉感受器，这些感受器分散于表皮层、真皮层及皮下组织。通过这些感受器才可以感知自己的身体信息，感受外在环境。身体信息包括身体形象、肢体位置、饱感、尿感等，外在环境信息包括感知冷热痛痒，识别软硬、干湿、纹理质地的感觉，碰触的位置感觉。由于皮肤是人体最大的感觉器官，因此触觉系统也是最大的感觉神经系统。

触觉系统更是发展最早、最基本、影响力最大的系统，并且在神经系统中也扮演着最原始的角色。触觉系统的发展对儿童一生的发展都具有特别重要的意义。婴儿对触觉的反应具有保护生命和生存的意义，比如，在哺乳期他的嘴唇受到触觉刺激，会转动头部，顺利地找到乳头开始吮吸，当尿布湿了、热了，他会感到不舒服而做出行为反应，当妈妈怀抱、抚摸、亲吻时，他会觉得非常开心，这些都是触觉在起作用。随着孩子的长大，对触觉也开始了主动、有意义、有目的的反应，这对于孩子以后完成学习、使用工具、稳定情绪都有特别重要的意义。

触觉是指孩子通过全身皮肤上的触觉感受器来接收身体内外的刺激信息，尤其是外界湿度、温度、压力、痛痒、物体质感等刺激，经过大脑统合产生的感觉。所以说触觉是皮肤上触摸感觉的总称，它具有保护身体和辨别周围信息的双重功能。

什么是触觉分辨能力？

触觉是大脑对外界反应的基础，这是建立在大脑对触觉信息良好分辨的能力上，人的皮肤对触觉刺激的分辨能力最为多元化，这也是人类大脑特有的分辨、分析及组织能力的基础。人类之所以有广泛细腻的学习能力，这与触觉信息的多元化及复杂化有密切关系。

胚胎有三层，内胚层发展成肝、胰等器官的上皮，中胚层发展成为骨骼、肌肉等，外胚层形成皮肤和神经系统，这说明皮肤与神经系统关系最紧密，而来自皮肤触觉信息更是神经组织中最重要的营养，并且触觉的敏锐程度会影响大脑的分辨力，而大脑分辨力的好坏会影响身体的灵活、情绪的稳定及表达。

触觉信息最为复杂，于是大脑处理触觉信息的相关功能区也最多，当触觉神经和触觉刺激信息协调不足时，会影响大脑对外界的认知和应变。但是由于不断进化的关系，当孩子感受到触觉刺激时，大脑会做出压抑、迎战或逃命的原始反应，这需要先对触觉刺激的性质加以分辨，了解其意义后再做出反应。对触觉刺激的反应有以下两种，即防御性反应和识别性反应。防御性反应是保护自己免受伤害的单纯自然反应，识别性反应是大脑进行精密触觉辨识后的反应。

触觉分辨能力是在触觉刺激、触觉神经及大脑相互协调的基础上形成的一种能力，触觉分辨能力可以提升大脑的分辨力，使孩子通过对触觉信息进行分辨，有效分辨出环境中各种物体的质地、形状、大小，分辨冷热痛痒，辨识触摸位置，平衡情绪表达，促进动作精准能力的发育。只有触觉分辨能力良好，孩子才会清晰知道正在触摸的物品是方还是圆，是软是硬，是热还是冷。通过触觉分辨能力大脑能辨别出是谁在触碰什么位置，甚至可以判断，这个触碰是友善的还是恶意的，所以良好的触觉分辨能力对于孩子的生活、学习至关重要。

触觉分辨能力不足的两种常见反应方式是什么？

触觉信息是各种感觉信息中最为广泛的，它与大脑特有的分辨能力、分析能力及统合能力密切相关，如果大脑与触觉神经协调不良，就会影响大脑对外界环境的认知和应变，会导致触觉分辨能力不足，于是就会产生两种常见的现象：一是触觉敏感，也被称为触觉防御过当；二是触觉迟钝，也被称为触觉防御不足。

触觉敏感是因为触觉系统发育不成熟和大脑不协调，对外界刺激的辨别力不足导致混乱。触觉防御功能本来是人为了保护自己免受伤害的一种自然反应，是大脑对触觉系统传来的感觉信息进行多次的组织、分析、处理做出的正确决策，从而能顺应环境，但触觉敏感的孩子其大脑对感觉信息在统合过程中发生偏差，往往接收到或传递给大脑的触觉信息可能是错误的，于是会做出错误的判断，导致孩子表现出不恰当的行为。由于触觉系统遍布全身，所以在感觉系统中，它的面积最大，而触觉敏感的孩子表现形式也不尽相同。比如，孩子会表现出刻板行为、挑食、偏食或洁癖倾向；不喜欢洗脸；不愿意让人触碰他的头部；好动不安；怕和陌生人接触；经常推搡别人；容易黏固定的人，比如在家中黏母亲，在幼儿园黏某一位老师或者小朋友；不愿意参加集体活动；上课时会乱走动；经常触摸别人，却不喜欢别人触碰自己，会主动去抱别人而不喜欢别人抱自己；讨厌拥挤的环境或狭小的空间；缺乏自信；不愿意接受新的事物；和他人相处时容易发生矛盾，伙伴关系较差，缺少朋友；说话冲动，或讲个不停；学习容易分心，尤其学习新东西不专心；怕到人多的地方；胆小怕黑；有吃手、咬指甲、咬嘴唇，甚至咬人的行为；到处摸个不停，有摸生殖器的表现；情绪不稳定，容易紧张、爱哭，性格比较孤僻；做事没常性，缺乏耐心和恒心。

触觉迟钝是由于皮肤的感受器敏感性较低，接受外界的信息反应迟钝，对一些触觉信息的觉察整合能力不足，触觉系统发展不成熟和大脑不协调，对外界刺激的辨别力不足所导致。触觉迟钝的孩子往往表现对自己的身体形象认识不足；利用手的触觉来辨识物品及环境的能力较差；学习新动作时反应比较慢，笨手笨脚，动作不灵活；运动时显得动作笨拙；缺少自我意识；缺乏自我保护能力，经常会出现磕碰而受伤的情况；学习能力发展不足；说话晚，说话的时候发音不清晰，或者部分发音不标准。触觉迟钝还会影响孩子的注意力范围，导致注意力范围比较窄，只能注意到眼前的小范围，而对身边事物或者环境的改变觉察不到或者觉察得比较慢；孩子安全意识低，什么都不怕，看到任何东西都想摸摸玩玩，对陌生的环境或人多的地方，也表现为胆子特别大，不怕生，跑来跑去；动作力度控制不好，经常会和伙伴发生冲撞。

触觉敏感和触觉迟钝现象有可能在孩子身上同时出现，这会严重影响孩子身心的健康发展，作为父母绝对不能忽视。

触觉分辨能力不足的原因有哪些？

随着社会的发展，出生方式、养育方式、成长环境等发生了变化，触觉分辨能力不足的孩子越来越多，这严重影响了孩子的生活体验和学习质量，更为严重的是，触觉分辨能力不足会给孩子带来极低的学习和生活体验,缺少正向体验,孩子在成长中会缺少快乐感。为了让更多的父母进一步了解孩子为什么会出现触觉分辨能力不足,引起家长高度重视,在孩子成长的过程中知道如何促进孩子触觉分辨能力的发展,所以有必要了解触觉分辨能力不足产生的原因。

触觉是最早发展的感觉系统之一,在胎儿期触觉就开始发展了,胎儿在母体的子宫内长大、成熟需要一定的养分,而大脑的发育消耗的养分更多。胎儿发育需要的氧气及养分由脐带负责输送,只要脐带能正常传送,大脑的功能就会正常发育脐带由无数微细血管和毛细血管组成,细而狭小,它们运送的氧气及养分是有限的。而现在大多数准妈妈都有自己的工作,面临着巨大的工作压力,情绪不稳定,经常加班、熬夜、久坐不动,有的人还会经常喝咖啡、浓茶,甚至饮酒,这样就会造成脐带毛细血管萎缩,传送的氧气及养分开始减少,因此胎儿大脑细胞获得的养分不足,大脑功能发展受阻,因为触觉也是大脑的功能之一,因此孩子在出生前就已经种下了触觉敏感与触觉迟钝的种子。

随着物资的丰富和生活水平的提高,很多准妈妈怀孕后,会倾向于注重营养和静养,忽略了适当运动与活动,其实当准妈妈适当运动或活动时,随着母体移动,子宫会随着身体移动,也会产生轻微震动,这时羊水也会以不同的方式冲刷着孩子的皮肤,而这种冲刷可以刺激触觉感受器的发育,更是大脑神经细胞的营养,同时可以促进孩子触觉发展,如果少了这些,会导致日后孩子触觉敏感与触觉迟钝。

凡是剖宫产、早产、急产出生的孩子,都会导致触觉发展不足。就剖宫产来说,这样的出生方式违背自然法则,孩子的头部、骨骼、肌肉、皮肤都缺少了产道强而有力的挤压,这就导致触觉系统没有被激活。因为剖宫产是医生把孩子从母体里取出,孩子缺少了最原始的触觉体验,也会导致触觉敏感与触觉迟钝的发生。早产指的是胎儿发育还没有到该出生的时间,不足月即出生,“瓜熟蒂落”“十月怀胎一朝分娩”这些都在说明一个问题,就是生命周期,早产儿没有完成这个生命周期就降临了,所以早产儿某个方面的营养会缺乏,器官的成熟度也会有所欠缺,这就需要后天大量的补偿方式来弥补先天不足。而急产儿指的是从阵痛到分娩时间不足 6 小时,甚至更短的孩子。因为子宫收缩的过程是梳理和挤压孩子各项感知器官的一个重要过程,而缺少这个过程所导致的后果是显而易见的。

孩子呱呱落地,不仅仅需要吃饱穿暖,还有一个容易被父母忽视的需要,那就是满足孩子“皮肤饥饿”,这是一种本能的需要,要求父母尤其是母亲在婴儿期给孩子提供足够的搂抱、抚摸、轻拍等触觉刺激,否则就会导致孩子的触觉敏感与触觉迟钝的发生。

孩子出生之后,每个家庭对孩子都特别重视,于是给了孩子更好的保护,怕孩子受到伤害,这样的结果就是孩子的身体与外界接触的机会越来越少,孩子自由游戏的机会开始变少了,玩沙子、玩泥土、玩水、在草地上自由地追逐打闹、身体的自由碰撞,这样通过触碰表达的机会自然也会减少,在乐趣减少的同时,触觉刺激及学习严重不足。同时由于有了空调,孩子大多是在恒温状态下生存,缺少了春、夏、秋、冬的气温变化对皮肤的刺激,晒太阳、吹风、淋雨的机会变得更少,这些都是造成孩子触觉敏感或迟钝的原因。

由于物质条件的变好,大多数家长会认为孩子的皮肤稚嫩,所以尽量为孩子提供质地非常细腻柔软的衣物及床上用品,对皮肤刺激雷同,缺少了多样性变化,这都会导致孩子的触觉感受缺乏、触觉分辨能力不足。

如何理解触觉分辨能力的分辨功能与保护功能？

一般来说，孩子都可以通过皮肤上的感受器去接受外界各种与其相关的刺激，比如轻触、冷、热、压力、痒、疼、风、震动等，而触觉系统准确地识别这些信息对孩子有很好的保护作用，这是因为孩子只有对触觉刺激进行识别，才能实现对自己很好的保护。触觉是孩子的第一语言，在没有语言或语言发展还不够好、肢体语言还不够丰富、认知技巧还不足的时候，孩子一般都是通过触觉表达自己的需求，与外界的环境互动，并获得维持生命发展所需要的一些营养。之所以能起到如此重要的作用，是因为触觉系统分为两个大系统，这与神经系统有关，也就是后内侧丘系系统和前外侧系统，这两个系统分别对应着触觉两个最重要的功能，那就是后内侧丘系系统是分辨性触觉神经的基础，也就是触觉的识别分辨功能，前侧系统是保护性触觉神经的基础，也就是触觉的保护功能，简单来说就是触觉有分辨性触觉与保护性触觉。

分辨性触觉是指孩子能分辨两个不同点的触觉刺激，分辨自己什么部位被触摸，通过触觉能分辨物体的形状、质地和大小，分辨压力觉和振动觉，分辨冷热痛痒。触觉分辨能力是孩子精细动作发展的基础，更是孩子动作计划能力发展最重要的基础之一，动作计划能力就是孩子如何实施一个新活动的能力，他要观察自己身体和目标的关系，然后经过思考，有目的、有计划、有效率地完成一系列的动作，使目标得以实现。当孩子分辨性触觉不良，孩子主动探索的动作、注意力和定向的能力都会受到很大的影响。不仅如此，分辨性触觉不佳，孩子操作物体和使用工具的能力，比如说拿汤勺吃饭、写字、做手工也会受到较大的影响，他们的精细动作会变得不协调，因为当孩子无法靠触觉去辨别物体及形状、大小时，就没有办法很好地操作或使用该物体，当孩子不能通过触觉辨别手指之间、手指与其他平面之间的关系时，会严重影响手部的精细动作，比如说握笔姿势不正确、写字时力度不稳定等。

分辨性触觉可以帮助孩子去分辨物体的形状，辨别物体的特性，可以建立起良好的手部操作技巧。我们会发现小孩子在玩玩具的时候，一边看、一边摸，这是他们在整合触觉信息。他们还可以通过对自己身体部位的触摸，形成正常的身体概念，以及自己身体和空间的关系。从感知觉统合的角度来分析，触觉系统功能也会影响儿童产生顺应性反应，当孩子的触觉分辨能力不足时，会影响孩子的生活自理能力，孩子不能有效地操作物体、使用工具，会影响他在学校的学习。对触觉刺激不能正确地理解、分辨、解释，例如同学只是轻轻地碰了他一下，他会将它解释为一种具有威胁性的感觉刺激，从而做出攻击行为，这会影响他的人际关系。

保护性触觉是指当孩子接收相应触觉刺激，比如疼痛程度、温度高低、瘙痒程度等刺激，能做出相应的动作反应来保护自己免受伤害。保护性触觉刺激常会诱发特定的情绪反应。身体疼痛时心情会低落，比较容易发怒，痒得厉害会让孩子烦躁。当孩子沮丧时，来自朋友及家人的轻拍会让孩子得到很大安慰。而不舒服的触觉，比如用力地捏和打会让孩子生气和愤怒，然后做出反应保护自己。妈妈在带孩子的时候，可利用轻拍、抚触来减少孩子情绪的躁动不安，帮助他们入睡。不管大人还是孩子，都会利用触觉的保护性来安抚自己，所以一般情况下都会鼓励爸爸、妈妈多拥抱孩子，因为通过拥抱带来的触觉刺激会给孩子带来安全感，这是保护性触觉带来的妙用。同时让孩子和父母建立起亲密的依恋关系、依附关系，这样的关系会泛化到与他人的关系，从而影响人际互动、情绪发展、形成学习能力等。

人是群体动物,人与人之间经过触碰来传递感情,如拥抱、握手、亲吻等,因此触觉对孩子人际关系的发展非常重要。一般孩子总喜欢和同学、同伴打打闹闹,下课的时间孩子总喜欢聚集性活动。而触觉敏感的孩子,对触觉保护的需要过于强烈,会产生触觉敏感的现象,他会与别人保持距离,避免去人多的地方,对同学之间拥挤、触碰极力回避,久而久之,这样的孩子会给人不合群、孤僻的印象,进而影响他未来的人际关系和社会交往能力的强弱。

孩子刚出生及早期的时候,保护性触觉占优势,随着神经发育的不断成熟,逐渐发展触觉的分辨能力,转折点大约在 2 岁,2 岁之后触觉保护的意识逐渐降低,触觉分辨的能力逐渐占优势,这两者之间应该是动态平衡,这样孩子才会发展出更加精细的动作,形成出更好的认知。

触觉分辨能力为什么能安抚情绪?

大脑的顶叶负责触觉信息的处理,低层次的部分负责感知冷热及压力,高层次的部分负责触觉的分辨,如皮肤什么地方被触碰、被触碰两点的位置的分辨、形状,以及物体质感的分辨等。

触觉刺激是孩子情绪稳定最主要的来源之一, 也是影响孩子情绪的深层原因之一,这是经常被忽视的,大多数人只注意社会心理层面的原因,最原始的部分却很少有人知道。触觉信息对孩子的心理发育和社会化的发展特别重要,良好的触觉分辨能力能给人安全感,能稳定情绪,这是因为触觉信息能给人提供有关周围环境安全和危险的信息,当孩子能有效识别并能做出顺应性反应时,内心就会感到安全,情绪就会稳定。另外,良好的触觉分辨能力使孩子建立了自身与外界的界限,通过皮肤将个体与外界分开,于是孩子认识到了自己的存在,知道自己是独特的、与众不同的,从而产生更高级的归属感,这是更高级的情感,也是发展其良好人际关系的基础。有了稳定的情绪对孩子一生的发展都很重要,因为识别情绪、利用情绪、管理情绪是孩子情商的一部分,如果孩子情绪不稳定,内心就会不安,这会影响孩子的情商。

为了研究触觉分辨能力与情绪、社会功能之间的关系,美国心理学家哈洛及其同事用恒河猴做了一个实验,他们让刚出生的小猴子离开猴妈妈,并用铁丝、绒布做了两个人工妈妈,与猴子相处。哈洛发现小猴子会依附在绒布妈妈身边,好像绒布妈妈是真的妈妈一样,对绒布妈妈有了情绪依恋。触摸绒布妈妈的时候让小猴子产生自信去探索环境,当有害怕情绪的时候,触摸绒布妈妈会使他安静下来。可是跟铁丝妈妈生活在一起的小猴子没有发展出情绪依恋及安全感,即使铁丝妈妈拿着奶瓶也没有起到作用,因为铁丝妈妈摸起来冰冷不舒服,不能满足小猴子的情绪需要。于是哈洛得出了结论,在婴儿对母亲的情绪依恋中,舒适的触觉是一个关键性因素,舒服的触觉刺激是孩子对母亲产生依附情绪的重要原因,因为这种感觉,带给小猴子自信,去探索外界新的、不熟悉的环境,让他们能在恐惧中安定下来。哈洛的结论适用于人类,孩子出生后,需要很长一段时间依靠父母的照料,在这段时间里,孩子需要大量的触觉刺激来奠定今后独立自主发展所需要的情绪安全感。也有人说,可以任凭孩子去哭,不要去抱他,理由是一哭就抱起来会宠坏了孩子,会让孩子太依赖妈妈。其实这是不懂得感知觉统合的原理,我们拥抱、爱抚孩子,能帮助他们发展并整合大脑的情绪过程,有了足够的安全感和稳定的情绪才真正能使他们成长为独立自主的人。

另外,对孩子皮肤的抚触会使血清素活性分泌增加,肾上腺皮质激素分泌降低,带给身体的舒适感，同时还可以降低压力，让情绪得到舒缓。

触觉分辨能力与情绪的关系是什么？

触觉系统不但发育得较早，而且还是人体中最大的感觉系统，并且触觉分辨能力对孩子情绪有相当大的影响。对触觉刺激的反应有两种：一是保护性触觉，为了保护自己不受伤害；二是分辨性触觉，就是对物体进行辨别。而当触觉神经系统不够成熟，同大脑之间不够协调，就会产生过度保护或者保护反应迟钝，这都会导致孩子情绪不稳定，因为孩子为了保护自己，忙于应付各种外来的触觉刺激，无法集中注意力，无法有效完成自己的目标动作，当然会影响情绪。另外，触觉分辨能力不足会影响大脑的辨识度，如果在孩子无法辨识周围环境是否安全的情况下，特别容易产生紧张、焦虑的情绪，而长期处于这种情绪当中，孩子会变得胆小、爱哭，容易暴躁。

触觉敏感的孩子对触觉的实际感受跟正常孩子不一样，正常孩子感觉是好的，但触觉分辨能力不足的孩子很可能会被激怒，他们认为手臂上的触碰及身体部位的触碰就是很大的威胁。这样的孩子因为触觉分辨能力差，并没有有效地分辨、理解其意义，只感受到不舒服、不安全，别人让他生气而已，因为触觉信息的处理在大脑半球的潜意识中，不在意识层面，所以情绪反应常常被我们不理解。

一般孩子在保护性触觉和分辨性触觉之间能保持适当的平衡，如果平衡被打破，孩子识别反应不够，防御保护的反应活动太多，则孩子的触觉反应敏感，很容易让脑神经系统处于精神紧张、不安的状态，因此，这样的孩子容易生气，总是在迎战或逃避的反应当中，他们不喜欢被人碰头、碰脸及身体，他们脾气暴躁，对陌生的触觉不舒服，在排队游戏时，特别担心别人会碰到他、会打到他使他难堪，这都给精神带来很大的压力，引起烦躁不安，要么逃避，要么跟同学吵起来。触觉分辨能力不足的孩子需要更多的触觉刺激，因此有些孩子到处摸个不停，总往父母身上靠，搂抱父母，非常好动不安，当孩子的触觉安抚需要没有被满足时，自然会影响孩子的情绪。

触觉分辨能力与孩子成长的关系是什么？

因为触觉系统是孩子发展最早、最基本的感觉系统，也是最大的感觉系统。良好的触觉有助于动作及认知的形成，而动作和认知是孩子成长过程中必需具备的能力。

手部的触觉，尤其是分辨性触觉，有利于孩子精细动作的发展，而精细动作在孩子成长过程中是必要的生活技能，更是学习的技能，如果少了精细动作，孩子很多生活与学习中的事情都不能很好地完成，比如穿脱衣服会有些困难、系扣子对错扣眼、系鞋带不知道怎么做、写字时握笔姿势不正确、自理能力较差等。

孩子获得足够的触觉刺激滋养，会使迷走神经更加活跃，从而刺激生长激素、胰岛素的分泌，帮助营养吸收，会使身体及身高快速成长。

触觉分辨能力不足常常导致孩子挑食、偏食，这样的孩子饮食单一，一般会导致孩子营养不足，而充足的营养是孩子生理与心理发展的基础，一旦营养不良会影响孩子身体的发育，经过训练，孩子有了正常的饮食，营养开始变得充足，孩子的成长自然是水到渠成的事情。

触觉分辨能力与视知觉的关系是什么？

当孩子出生时，视觉是模糊的，因为他们的视觉焦距还没有形成，清晰看物体的能力还不具备。而触觉系统发育早，出生后就已经具备了一定的基础，孩子可以通过触觉与外界交流互动，表达需求。而累积丰富的触觉经验，可以帮助孩子建立更正确的视知觉反应，比如，孩子有效地判断物体的大小及形状、距离远近等。然而，孩子要更准确地在空间活动或者移动身体，伸手抓握东西，除了视觉引导外，还必须有触觉系统的参与，才能够给大脑提供更准确的信息，从而促进在视知觉引导下对环境反应的准确性，所以孩子的成长一定离不开视觉信息与触觉信息的联动，这种联动是生命成长所必需的。

拿写字来说，就需要孩子有很好的触觉分辨能力，知道铅笔在手中的位置，知道铅笔的形状、长短及质感。当大脑能对这些信息做出正确的解释和反应时，孩子不用眼睛看，也能使用铅笔写字、画画及做相关活动。这需要触觉信息准确地传入大脑，大脑统合后迅速做出正确的反应，反应后再反馈给大脑，这样配合之下才能完成这个动作。如果大脑对触觉信息解释出现问题，不能有效地把触觉信息、视觉信息及其他感觉信息进行统合，孩子在写字上就会表现得特别差，同样，在体育、肢体活动方面也会表现得比较笨拙。如果家长或老师不能认清楚这个问题的实质，就会认为孩子写字不专心，就会罚他多写字。在这里我要说的是，如果孩子基本的触觉分辨能力没有改善，再多的练习对他而言，只会增加其心理负担、体力负担，如果这样的事情经常发生，会给孩子造成心理创伤，所以触觉信息可以有效地助力视觉，让孩子更省力，这样做事时不用所有的事都用眼睛盯着才能完成，也更利于练习效应的形成。

触觉分辨能力与动作的关系是什么？

如果孩子要做一个有目的的动作，那就要计划如何实施这个动作，也就是怎样才能做成、做好，这必须有完整的感觉信息输入。而良好的触觉分辨能力为孩子动作的实施，尤其是精细动作，提供了良好的支持。随着孩子的成长，大脑分化逐步完成开始并变得成熟，触觉神经也开始变得更加协调，这时孩子可以分辨被触碰的位置，而且会根据这个位置产生自主性反应。同时孩子也可以通过触碰外界事物后所得到的感觉反馈来认识自己身体的存在，建立边界，形成对身体的认知，于是学习使用工具、认识物体形状的能力进一步发展，发展出成熟的动作计划能力，也就是这个时刻孩子的动作更加灵活精准，知道如何使用工具了。

大多数感知觉统合能力不足的孩子，都会有触觉系统发育不良的现象，也就是触觉分辨能力都会出现不足，只是程度不同而已，这样的孩子最常见的问题是他们对触觉刺激辨别能力差，因为他们的大脑统合功能不好，不能对触觉刺激做出正确的解释，也不能正确分辨被触碰的位置，不能解释及理解刺激的性质和意义，也就是对自己所触碰的东西，或者外界触碰他的东西难以区分，分辨能力发生了偏差，导致动作计划失败或动作灵活性降低。

适宜的触觉刺激可以影响运动神经的状态，可以提高手掌辨识的敏锐度，让手部的精细动作更协调、准确，所以对手部的触觉刺激相当重要，因为大多数动作都需要通过手来完成，因此我们需要为孩子多提供一些手部触觉刺激活动。

手掌按摩：

- 从指根到指尖从下向上按摩，每根手指按摩 10 次。
- 父母用拇指和食指，从指根到指尖轻揉孩子手指两侧，每根手指按摩 3~5 秒即可。
- 轻揉指肚，每根手指揉 3~5 秒。
- 推手指尖从左至右或从右至左均可，每个指尖推 10 次。

• 轻拍手掌，由掌根向指尖方向进行拍打，每天 10 次。

• 拍打后顺势攥住孩子的手，深握 3~5 秒后迅速放开，一只手反复握 5 次。

手背按摩：从手腕处到指尖处滑动抚触，10~15 次。

手腕按摩：一只手握住孩子的手腕，另一只手握住手掌，顺时针转动 10 圈，逆时针转动 10 圈，此时幼儿要放松，以防扭伤手腕。

如何理解触觉分辨能力训练？

皮肤下面分布着大量的感受器，可感受与触觉有关的各种感觉刺激，触觉分辨能力能对各种触觉信息进行分辨，而对于各种触觉信息分辨得是否正确，决定了对该触觉刺激是进行防御保护还是进行触觉识别。一般来说，对疼痛的分辨会引发更多的保护性反应。例如，我们都有过这样的经验，孩子在打针的时候，针还没有触碰到他们的皮肤，孩子就已经表现出过度的抗拒性反应，大哭大闹，甚至试图挣脱、逃离，打完针后也会哭闹很久，这是典型的触觉敏感表现，同时也是触觉和视觉联动性反应。而触觉迟钝的孩子表现则截然不同，打针都不哭，对外界的痛感刺激反应迟钝。例如，在与孩子进行抓痒游戏时，触觉敏感的孩子表现的反应过于强烈，甚至手还没有触碰到他的皮肤，只是刚做出抓痒动作他就开始笑个不停；而触觉迟钝的孩子则没有任何反应，甚至抓痒和打闹分辨不清。因此我们可以用同样的原则对孩子进行反复的触碰刺激，来调整孩子的触觉顺应性反应。

触觉敏感的孩子有强烈的触觉防御保护能力，却因此而忽略对刺激的分辨性处理，造成触觉分辨能力不足，导致对一些触觉刺激无法分辨其确实的含义，无法理解正确的意义，所以大多数孩子会以迎战或逃避的方式应对。研究表明，这时大脑会自动使用其他感觉信息，比如前庭平衡觉和肌肉、关节的信息进行感觉，以平衡保护性和分辨性触觉，这就是各感觉器官之间的代偿作用。所以说感知觉不是独立存在于某一感觉器官，它们之间是相互作用的。因此在感知觉统合能力无器械训练研究的过程及训练方法的制订中，均采用多感官联动训练来提升孩子的综合能力水平。

脸部触觉感受器最多，这对孩子的生存很重要，因此，一般孩子的脸部和五官保护性更强，所以他们特别不愿意洗脸，这也是触觉神经系统不平衡所致。有触觉防御性保护的孩子，他们不愿意洗头或理发，这是因为洗头或理发时会唤醒全身防御系统，使孩子不安，本来孩子的这种不舒服感应该得到理解，但更多家长会通过训斥、命令或责骂控制孩子的不安情绪，实践也证明这一点并没有长期效果。依据触觉分辨的原理，可行的做法是父母经常给孩子进行头皮按摩，提升孩子的触觉顺应性反应，在洗头或理发时可以减少不舒服的感觉，这样的做法有调整触觉敏感的作用。

自己碰到自己与别人碰到自己，大脑的解释不一样，自己碰自己不需要保护和防御，因为威胁和危险总是来自别人。一般来说，母亲的触碰让孩子舒服，陌生人的触碰让孩子最不舒服，因此，在训练时，训练师一定要赢得孩子的信任，建立良好的关系，才会得到触碰的默许。

训练时通过活动的设计给孩子全身的部位以触觉刺激，而神经系统会根据触觉感受器传来的信息，进行分辨与统合，充分调动孩子的内驱力，让他们主动寻找最适合自己的刺激，来适应神经系统的需求。这就需要训练师将语言性引导和趣味性方法相结合，调动孩子自身的意愿，我们可以用游戏的方式与孩子进行触觉训练，可以用剪刀、石头、布的游戏将训练自然带入，例如输的孩子就要被毛刷刷身体，孩子在玩的过程中趣味性会大大降低孩子的紧张情绪，使训练效果事半功倍。我们还可以用各种质地的布缠在手上抚触孩子身体各部位，同时可以蒙上孩子的眼睛让他感受我们是用哪一种布在抚触，以此来提升孩子的触觉分辨能力。

观察哪些现象可判断触觉分辨能力不足？

触觉分辨能力不足在生活、学习中会表现出的一些现象在前文已经有了很多阐述，下面特提供一个简易观察项目表，供家长及老师使用。每个项目请与同年龄的孩子做比较，观察是否有异常，该表仅供粗略判断参考，精确诊断需通过专业人员进行。

- 对温度如气温、洗澡水温度或食物温度的变化极为敏感。
- 不喜欢光着脚在草地或沙滩上行走。
- 洗脸、洗头或理发时非常不配合。
- 不喜欢穿毛料或是质地较粗的衣服。
- 相当怕痒。
- 不喜欢被父母以外的人触碰、抚摸或拥抱。
- 被别人触摸后习惯去抓或轻揉该处。
- 被别人突然触碰时极易发怒。
- 喜欢某几件衣服。
- 被别人触摸时不易觉察。
- 碰撞瘀血或流血时自己常未觉察。
- 对疼痛不敏感，打针没有感觉。
- 天气变冷或变热时不能敏感地觉察。
- 拿东西时常掉在地上。
- 吮吸手指、啃指甲。
- 过分依赖自己专用的棉被或其他用品。
- 过分喜欢摸别人或某些物品。
- 需要父母特别多的抚摸。

如果以上现象孩子具备 8 条以上，就需要家长提起注意，需要给孩子更专业的评估，以促进孩子触觉分辨能力的提升。

触觉分辨能力对孩子的重要作用是什么？

由于人类的进化皮肤表面没有了绒毛，皮肤的触觉感受器却更加丰富，所以孩子对触觉刺激的分辨能力最为多元，对触觉刺激分辨、分析及组织也是大脑特有的功能。在所有感觉信息中，触觉信息的频率最高，每天都有无数不断的触觉信息输入，脑干将这些信息加以过滤，重要的信息进入大脑，所以说触觉分辨能力对孩子有重要的意义。

触觉分辨能力能够调节孩子的情绪，促进与同伴的交往和沟通，通过触觉来表达安慰、爱意，并且孩子的情绪控制和情绪发展都与触觉系统关系紧密，因为触觉刺激输入会使血清素分泌增加，肾上腺皮质激素分泌降低，给身体及心理带来舒适感，同时降低压力，舒缓情绪。孩子能与妈妈建立依恋关系与触觉刺激相关，是孩子与妈妈建立依附关系的重要感觉系统，当孩子被妈妈抱起、用手轻拍、给孩子按摩等触觉刺激，会帮助孩子建立心理安全感，建立亲子依恋关系，这是孩子形成的一种很重要的关系，也是孩子安全感的重要来源，否则孩子容易陷入抑郁或绝望。

触觉分辨能力能让孩子清晰地建立身体形象，动作更灵活，孩子的皮肤分布大量的触觉感受器，接收到的触觉信息传送到大脑，经过大脑的分析、统合，告知孩子身体在触碰什么，同时也知道了身体的姿势及位置，建立与外界的边界，所以与本体系统相结合，帮助孩子建立对身体的清晰认知，形成身体地图。另外，触觉系统也会影响运动神经的反应，所以良好的触觉分辨能力会强化手部的精细动作、增强动作的协调性，如果加强触觉训练，则分辨能力的敏锐度及精细动作能力都会大幅提升。

触觉分辨能力促进孩子语言的发展，孩子出生以后是用嘴在认识周围的环境，随着手功能的完善，所有他能拿到的物品都会通过嘴来认识，包括孩子会经常地把手放在嘴里，津津有味地进行吮吸，这对孩子来说很重要，不但可以促进口、舌、唇部触觉的发展，更可以奠定口腔表达的语言功能，如果在这个时期，父母怕孩子把物品放入口中不卫生，这就剥夺了孩子最早期的自我触觉训练，会影响孩子语言的发展。因为研究表明，身体的某部位获得的刺激增加时，脑部对应的感觉区就会增强，反之机会减少。这个研究表明，触觉训练可以增强孩子大脑的相应感觉区活动，从而提升对触觉信息分辨的精准度。

触觉分辨能力可以促进孩子快速成长，感觉刺激是大脑中枢神经系统的营养，而触觉是最重要的营养，孩子获得的触觉滋养越多，迷走神经就会越活跃，迷走神经支配呼吸系统和消化系统的绝大部分器官，刺激生长激素、胰岛素的分泌，帮助消化吸收，让孩子体重和身高都能快速增加。研究表明，如果孩子缺少抚摸、拥抱等触觉刺激，将导致孩子脑部生长激素减少。动物研究显示，缺少抚摸者脑部神经死亡率是正常人的 2 倍，可见提供丰富的触觉刺激对于孩子成长的重要性。

触觉分辨能力促使孩子建立自我保护的能力，触觉系统让孩子能抵挡外界产生的危险，孩子热了会出汗，冷了会穿衣，被火烤到会迅速把手移开，这都是触觉防备的保护功能，因为触觉刺激帮助孩子建立起了反射及身体的自我保护机制，在受到痛、烫、刺、蜇等危险刺激时，为了保护自己免受伤害建立了本能的逃避反应。

触觉分辨能力不足的表现有哪些？

孩子触觉分辨能力不足的时候会出现触觉敏感和触觉迟钝两种现象。一般来说，当孩子触觉敏感，同时伴随出现安全感不足，也就是防御性过强的时候，会出现以下的现象：睡觉时喜欢咬被角，抓住妈妈的手或抱着毛绒玩具；喜欢咬指甲，吮吸大拇指或咬衣领、袖口、铅笔头、嘴唇等；剪指甲、掏耳朵、理发时容易紧张，产生反抗；在熟悉的环境中，与家人和熟人互动时说话多，但常常言不达意；在家和外面判若两人；容易发脾气，尤其对亲近的人特别粗暴，做错事常常强词夺理；以自我为中心，不容易与人合作；对某些材质的物品不敢触碰，例如毛绒玩具，有洁癖；情绪转换困难，有理讲不通，特别不成熟，对突发的情况应变能力差；爱打人、咬人，容易有不必要的动作；喜欢依偎在父母怀里，在父母身上蹭，个头已长高了，还像个小孩儿；讨厌进入封闭的空间如电梯、隧道等；对轻微小伤特别敏感，碰的力度不大，却反应很疼，轻微的破皮过了很久还喊疼；挑食、偏食，对没有尝试过的食物抗拒，喜欢吃的食物不节制，容易对某些食物过敏；对改变很难适应，生活中的任何改变都可能使其烦躁不安；对陌生的环境安全感建立缓慢，比如生病请假，恢复健康后仍找很多借口不去上学，上学后会重新出现新入学时的紧张、哭闹；容易出现突发的激烈情绪；对计划或结构的改变很难忍受；对衣服布料特别挑剔，喜欢穿宽松的衣服，不冷也喜欢穿长袖衣服；喜欢跟人讲话，却不喜欢跟人身体接触；害怕独处或特别怕黑，在公共场合，总担心有人从后面碰到他；对大的声响异常害怕和恐惧，比如打雷声、机器声、鞭炮声；看电视或听故事时容易动情，即使已经重复看过、听过，仍然会重复出现伤感或兴奋的情绪。

触觉迟钝的孩子会有下面的表现：打针不哭，摔跤不觉得疼；轻微地触碰时孩子感觉不到；喜欢到处摸个不停，容易打翻桌上的物品，经常毁坏玩具，撕毁书本；顽固偏执，一直坚持自己的方式做事，没有灵活性；不怕到陌生的环境或人多的地方，胆子特别大，没有安全意识；看到孩子多或觉得好玩的地方，容易兴奋、尖叫；在与同伴互动时，很难控制自己的力度，容易出手伤人或因推拽玩伴而产生矛盾，经过提醒不起作用；只能注意到眼前看得见小范围的环境状态，对身边的其他人或事物的情况无法感受而有所反应，比如只看着掉在地上摔坏的玩具伤心，无法注意往来的车辆对自己身体可能造成的危险；不停地走动，爱搬动玩具或家具；看似不修边幅，对很多事情无所谓，其实感觉不到哪里不妥或不舒服；会自己打自己的头，严重时会用头或身体撞墙壁，爱在地上打滚儿；胃口不错，甚至食不知量，容易消化不良；容易坚持某个固定的姿势和固定的方法和程序，即使身体劳累或方法失效，也不知道变换；不易觉察环境的变化，所以反应与变化不合拍。

触觉分辨能力的训练方法有哪些？

触觉和神经系统紧密相关，触觉的敏锐度会影响大脑的分辨能力、身体的灵活度及情绪。触觉训练可以强化辨识的感觉层次，调整大脑及感觉神经的敏感性。以下训练方法将对触觉分辨能力敏感或迟钝的孩子有效，可以有效改善孩子爱哭、胆小、情绪化、怕生、笨手笨脚、怕人触摸、发音不正确、偏食挑食、注意力差、体弱多病、自伤、反应慢、整天摔跤、无法保护自己、说话晚、口齿不清、发音不准等。

训练 1：抓痒

训练目的：反复刺激孩子的触觉神经，调整触觉神经及大脑的分辨能力，适应外界刺激。

训练方法：可在沙发或者垫子上，用双手五指给孩子抓痒，给孩子以皮肤触觉刺激，观察孩子的具体反应随时调整力度。孩子在翻滚中身体与沙发或垫子的触碰可以起到双重的触觉刺激作用。

特别提示：尽量穿贴身衣服；安全把控，确保孩子翻滚、挣扎时的安全；训练时长应根据孩子的耐受性而定；不可强制抓痒。

训练 2：冷热水交替

训练目的：提高对温度的辨识能力，促进感觉神经的发展。

训练方法：洗澡时准备两盆清水，一盆稍低于体温，一盆稍高于体温，用毛巾将两种水交替擦拭孩子身体。

特别提示：水温不宜过低，温度不同的水交替擦拭。尽量全身，主要部位为大腿、胳膊的内外侧。夏天每周 3~4 次，冬天每周 1~2 次。还可以用吹风机吹孩子的四肢外侧，冷、热风各扫一遍，注意热温时与孩子身体保持距离，防止烫伤。

训练 3：头皮刺激

头皮上的刺激信息很容易传入大脑，经常按摩头皮使大脑皮质的工作效率会提高，兴奋和抑制过程更平衡，全身能更好地适应外界环境，大脑的功能增强了，身体各器官的协调功能就会增强。

训练目的：使耐受神经稳定，降低敏感性；提高大脑的工作效率，增强生命力。

训练方法：梳理孩子头部、后脑、头顶及耳朵上方，到头部发热为宜。

特别提示：要根据孩子头皮的敏感性选择器具，可以先用手指梳理，一段时间后改为梳子。先顺后逆，先轻然后慢慢加重。孩子闭眼，全身放松。此训练方法适用于 1 岁半以上的儿童。

训练 4：足底刺激

训练目的：放松身心，改善触觉系统，调节睡眠，调节身体平衡能力，缓解紧张情绪。

训练方法：让孩子在指压板上行走，沿一个方向走到头，再走回来，当孩子熟练之后可以蒙眼走。每天不低于 200 步，边走边数步数，要做到嘴与腿一致。

特别提示：触觉敏感的孩子可以穿袜子，迟钝的孩子赤足行走更好一些。

训练 5：拧螺丝

训练目的：训练手指精细动作，提高手指触觉分辨能力，达到准确、迅速的效果，提高手的灵巧性。

训练方法：给孩子准备 4×80 的螺丝 10 组，然后让孩子把螺母从顶端拧到底端，再逐一将螺母拧下来。

特别提示：食指和拇指匀速拧动螺母，不得追求速度而采用其他方式。每拧完 1 个换手 1 次，50 个为 1 次的量，每天 1 次。

训练 6：捡豆子

训练目的：锻炼手指精细动作，促进手眼协调，提升动作的准确性及稳定性，提升孩子的视觉注意力和视觉分辨能力。

训练方法：将 3~4 种豆子混合放入容器，每次只能取 1 种豆子，一个一个地放入另一个容器，50 个为 1 组。

特别提示：每捡出 1 颗豆子，嘴里说出相应的数字，然后放入容器。每次不可多抓或倾倒；捡出豆子的数量根据孩子年龄确定。

训练 7：乘风破浪

训练目的：针对触觉敏感的孩子，改善胆小、逃避、怕黑的现象。

训练方法：准备一个家用床单，家长各自提着床单的两个角，在离地面 20 厘米高的距离用力抖动形成波浪状，孩子尽量穿的单薄一些。准备就绪，孩子通过爬行迅速钻过床单，限时 5 秒，数 5 个数，孩子成功钻出，家长可以用床单将孩子裹住，同时进行抓痒。

特别提示：在此项活动前，要给孩子讲好规则，促进孩子快速爬行并有心理准备应对暂时的黑暗和抓痒。因为特定的趣味性和环境，孩子会保持放松的状态，在快乐的训练活动中触觉会不知不觉地得到改善。抓痒时间不宜过长，根据孩子的耐受程度确定。

训练 8：吸引力法

训练目的：增强孩子对触觉刺激的感受力，提升大脑的分辨能力，激活神经反射能力。

训练方法：使用干净的小功率吸尘器，用纱布包住吸尘口，在孩子大腿外侧、双臂内侧紧紧贴皮肤进行移动吸附，让孩子感受震动和吸附力。

特别提示：此训练方法只适用于 6 岁以上的孩子。

训练 9：穴位刺激

训练目的：促进孩子大脑和神经系统的发育，提高触觉感受力，稳定情绪，改善睡眠，抑制多动，提升专注力。

训练方法：直接用手指或木梳顺着孩子的发际线向后推，直至推到颈部。从孩子太阳穴双侧向后推，沿着孩子耳朵上方向后推，直至孩子的颈部。从孩子尾骨沿着脊椎外侧两指由下向上用手掌推,感受骨膜与皮下脂肪之间的位置,先轻揉,根据孩子的耐受力逐渐加大力度进行推揉,根据孩子的耐受力逐渐增加提拉动作。让孩子侧卧,训练师用小臂顺上而下按孩子大腿外侧,孩子感到敏感部位可加大力度进行点压,每个点5次即可,换腿。按摩大脚趾根部,可以先轻揉,根据孩子的耐受力适当加大力度。

特别提示:先把手搓热,让孩子完全放松。要有耐心,温和引导,不可强制进行,持之以恒才会有效果。

训练10:摇啊摇

训练目的:提供触觉刺激、促进肌肉收缩,梳理全身,增强身体的自我控制能力,训练平衡能力。

训练方法:孩子盘腿坐在垫子上,双手握住自己的脚尖,身体前后摇摆,以臀部为支点,向后仰,背部及后脑着地;以臀部为支点,腰部用力,向前倾,额头点地,前后摇摆为1次完整动作,根据孩子的身体情况确定训练次数。

特别提示:安全把控,确保地面无硬物,防止碰伤。

训练11:滚地板

训练目的:提供全身触觉刺激,保持机体平衡,提高对机体的控制。

训练方法:平躺于垫子上,双手掌心相对,双臂夹紧头部,腰部、腿部绷直,用身体的力量进行侧向翻滚,往返1次为1组,训练量根据孩子的身体情况确定。

特别提示:3~8米,在滚动过程中出现侧偏时,让孩子靠身体力量自行调整。出现头晕或轻微头痛属于整健反应,随着训练会消失。

训练12:指尖刺激

训练目的:增加孩子触觉神经敏感度,提升精细动作的准确性。

训练方法:孩子闭上眼睛,同时孩子左右手指捏合成集中状,然后用不同物品碰触孩子的手指尖、手指肚、指甲,孩子迅速说出刺到了哪一个手指,或动一下被触碰的手指。

特别提示:给孩子戴眼罩或让孩子闭眼效果才好。力度先重后轻,可以使用各种物品刺激孩子的手指。

训练13:掌心书写法

训练目的:提高孩子手掌的触觉辨识能力,提高孩子的动手能力。

训练方法:孩子戴眼罩,分别在孩子的左右掌心书写文字,文字尽量简单易于分辨,让孩子完全靠感觉去判断写的什么字,尽快说出,左右手交替进行。也可以在孩子的后背、胳膊、腿部写字,让孩子分辨。

特别提示:可用不同物品,增加触觉的多样性。

训练14:挑战米其林

训练目的:锻炼各部分肌肉协调运动,提高动作灵活性,克服胆小怕黑和适应狭小空间。

训练方法:5组轮胎组成轮胎柱,当孩子攀爬进入轮胎中后,用纸板遮住轮胎口,迅速提问题,如日字加一笔变成什么字。如回答正确,则撤掉纸板,让孩子自行爬出。

特别提示:根据孩子的年龄调整轮胎的个数及高度。控制好纸板移动的时间,训练师要灵活掌握,避免孩子产生恐惧感。根据孩子的能力和年龄制定提问的难易程度,一定要知道我们提问不是为了难住孩子,而是借助提问降低孩子对狭小空间及黑暗的恐惧。

训练 15：身体摩擦

训练目的：强化触觉学习，激活身体感觉器敏感度；缓解孩子的焦虑情绪；提高注意力，增强感受力，促进控制力，提升触觉记忆。

训练方法：用不同质地的干布及小毛刷擦拭孩子的手臂、手背、手掌、腿、脚底、脖子、脸部，力度根据孩子的承受力而定，干布或小毛刷的质地根据孩子的反应而定，原则是不引起孩子过度保护性反应。

特别提示：为了活跃气氛，在这个过程中可以配合孩子爱听的音乐，也可以蒙上孩子的眼睛，让其辨识用的是哪种物品。可提前让孩子给物品编上号，直接记住和说出是几号物品。

训练 16：触觉球压身

训练目的：强化触觉神经及辨识能力，促进小肌肉发展。

训练方法：触觉球上的颗粒可以有效刺激孩子的触觉神经，让孩子俯卧或仰卧，然后用触觉球在孩子身上滚动挤压，特别是脸部、颈部、手掌、手臂等处，对触觉的复苏帮助很大。

特别提示：触觉球有软、硬两种，根据孩子的情况选择，对于敏感的孩子选择软球更好。

训练 17：摸摸乐

训练目的：增强触觉刺激及触觉分辨的能力，增强图像记忆能力，提升注意力。

训练方法：准备 1 个小纸箱子，把日常用品放进箱子中，在箱子上留 1 个手可以伸进去的洞，让孩子把手伸进去，摸箱子中的物品。往箱子里放入铅笔、橡皮、硬币、糖果、钥匙、各种玩具、数字模型等各种物品。

特别提示：如果孩子不能很好地认识各种物品，可以先让孩子了解物品的名称，当孩子摸到物品后，让他说出是什么物品，然后打开箱子进行验证。注意：箱子中避免放尖锐的物品，以免伤害到孩子。

训练 18：作茧自缚

训练目的：提供触觉刺激，改善孩子的动作灵活性，调整孩子的前庭功能，训练孩子的平衡能力。

训练方法：让孩子躺在毛毯的一端，将毛毯裹到身上，向另一端滚动，用毛毯将自己裹起来，然后训练师拉起毛毯，让孩子顺势滚回原处，打开毛毯，孩子站起来。

特别提示：可以用床单、薄被等代替毛毯使用，不同的刺激效果更好。

训练 19：泥土游戏

训练目的：对孩子进行触觉刺激，提高对触觉的识别，稳定孩子的情绪。

训练方法：给孩子准备泥土、清水、1 个塑料盆，指导孩子和好泥土，软硬适中，然后让孩子捏出各种造型，比如小狗、小房子、小汽车、轮子、三角形、长方形等，然后进行晾晒。

特别提示：选择有黏性的泥土，不苛责孩子做得不够好，多用鼓励性语言，形状可以指定，最好是孩子自由创作。

训练 20：触觉想象

训练目的：提升手掌触觉的敏感度及辨识度，提高孩子的触觉判断力及想象力。

训练方法：把一些不同形状、有些棱角的物品随意放在桌子上，让孩子闭上眼睛或戴上眼罩，让孩子任意抓一样物品，仔细触摸并在大脑里描绘它的大致形状，指导孩子触摸时留意物品的面、线、角、长度、质地等特征，然后睁开眼睛，让孩子观察真实的物品与想象的有何差别。

特别提示：当孩子熟悉物品后可更换新的，可以让孩子用语言描述其特征。

训练21：衣服训练

训练目的：提高孩子的辨识能力，增强孩子辨识的敏感度。

训练方法：从衣柜挑选不同布料的衣服，如麻布、棉布、丝绸等，让孩子左右手轮流触摸这些衣服，保持专注，让孩子静静地感受每种衣料的质地和触感，反复练习。

特别提示：可以让孩子说出衣服的布料，还可以说出布料的特性。

第六章　本体控制能力

▶什么是本体控制觉?

孩子最重要的生活、学习的工具就是身体,他们通过身体这个工具与外界互动,在这样不断的互动中,进一步促进孩子对自己身体的了解,知道自己可以做出什么样的动作,逐渐对自己身体形象有了初步的认知,也如同大脑中的一张地图,非常清楚自己身体的位置、动作的程度,因此能行动自如。如果少了对身体这样的感觉及认知,孩子会在生活中出现很多困扰。只有当孩子对自己身体有良好的认识,形成身体地图,才有灵活、精准、顺应的动作,这来自孩子对身体控制感觉即本体控制觉。通俗来讲,本体控制觉是孩子对自己身体的感觉,孩子的身体无论是静态的还是动态的,都会有大量关于身体的感觉信息传到大脑,只有大脑对这些来自身体感觉信息做出正确的解释,才能让孩子的动作更趋于精准完整,否则很容易出现手足无措。本体控制觉是大脑接受来自皮肤、肌肉、肌腱、关节、韧带、骨骼等传来的身体感觉信息,根据这些感觉信息,控制身体做出目标动作,同时动作执行状况信息再次回馈大脑,大脑会根据回馈信息反复调整动作,也就是大脑会统合来自身体的信息及回馈信息,从而控制身体做出顺应环境要求的动作。

可以看出,本体控制觉是孩子对自己身体的感觉,这种感觉不是天生的,而是在孩子出生以后不断与周围的人、事、物互动逐步发展而来的。孩子以视、听、嗅、味、触及平衡感信息交互为基础,再加上正常的前庭平衡觉,中枢神经就可以把身体各部分完全地理解和掌控,本体控制觉才得以发展。这就告诉各位父母本体控制觉的发展最重要的是有足够的身体练习,也就是用身体这个工具自由与周围环境互动的机会,如果这种感觉学习不够,本体控制觉发展一定不好。随着社会的发展,现代父母大多重视孩子的智力教育,让孩子死记硬背一些他们不理解的知识,填鸭式地给孩子灌输一大堆知识,可最重要的基础训练却很少,而身体智能的教育更少。身体智能教育就是通过身体的多种动作练习来实现对身体的掌控,这种感觉教育就是在视、听、嗅、味、触、平衡感的基础上进行的教育,也就是让孩子多接受这些感觉刺激,多以此做出相应的动作反应,在此基础上形成一种自律性神经组织,如果缺少了这样的机会,孩子的本体控制觉发展就会缓慢或不足,导致孩子的动作不精准,这会影响孩子心理感觉,导致自我评价降低。

本体控制觉让孩子随时感到身体的动作状态,一伸手、一抬腿就会立刻感知到这个过程,可以看出,本体控制感觉一旦不足,孩子的身体就会少很多练习效应,因为没有回馈信息,也就不能对动作进行更好的调整。

视觉的感受器是眼睛,听觉的感受器是耳朵,这个很好理解,前庭平衡觉的感受器在内耳,相当于人体的雷达系统,触觉的感受器是皮肤,那么“本体控制觉”的“感受器”在哪里呢? 大部分本体控制觉信息来自肌肉层,部分来自皮肤和关节,简单理解就是来自肌肉、皮肤、肌腱、关节。本体控制觉的主要感受器在肌肉层,肌肉内有叫作“肌梭”的组织,“肌梭”就像一把可以传输信息的智能尺子,这把尺子被很多肌肉纤维包裹着,当孩子的肌肉受到牵拉时,这把智能尺子能立刻测量出肌肉纤维变长了,于是马上传输指令给“大脑”,“大脑”得到“智能尺子”传回来的变化感觉信息,这些感觉信息告知大脑肌肉纤维的牵拉速度与长度。

肌肉的任何变化都会被反馈到“肌梭”这把尺子中，由肌梭探测完之后选择合适的信息传递给大脑。例如，当你抬起胳膊时，由于空气的阻力和地心引力，胳膊在上抬过程中受到了阻力，于是被拉扯了，这时肌肉中的“肌梭”立刻捕捉到了这个信息，传递给了大脑，大脑立刻会做出反应；再比如你弯臂举着手，突然手里放入一颗铅球，整个臂膀的肌肉突然遭受重物的下坠，造成了大面积肌肉的牵拉，于是“肌梭”又感应到了，立刻通知了出去，这里有情况，很重啊，于是大脑发出信息给脊髓神经，告诉“肌梭”周围的组织：“要给我挺住啊！”这时候，你的前臂肌肉会得到指令收缩，收缩的力量让你可以托住这颗铅球，而在旁边的人看来，你就是接住了一个球而已，其实这背后有一个相当复杂的感知过程。

以上的“本体控制觉”感受器的讲述对我们理解本体控制觉还是很有意义的，因为原理表达了我到底是谁，让我们知道了我们在干什么，不仅是肌肉，我们皮肤、肌腱、关节也有类似功能，也可以帮助我们反馈“本体控制感”，本体控制觉的发展顺利孩子就能知道肢体精确的位置，本体控制觉可分为 3 个等级：

一级：肌肉、肌腱、韧带及关节的位置感觉、运动感觉、负重感觉。

二级：前庭的平衡感觉和小脑的运动协调感觉。

三级：大脑皮质综合运动感觉即信息的传递过程。

这么一来，一个人才能有效地控制好自己的肢体，随心所欲地运用肢体并表现得流畅完美。

人体的每一处肌肉、关节、筋膜上都有本体控制觉的感受器，每当肢体做出一个动作，这些感受到运动的感受器都会立刻传送信息到脊髓并上报大脑，由大脑做出判断后回传指令，整合人体肌肉、关节与骨架等深层组织，得知身体各部位的状态，并且平衡而流畅地做出动作。

这种感觉可以让孩子很自然、灵活、精准地操纵自己的身体与环境正确互动，同时会促进人格健全地发展。孩子的身体是学习知识最重要的工具，学习了知识还要理解知识、应用知识、传播知识，这才是最大的智慧，而良好的本体控制觉便是这种智慧能力的基础之一。

如果再说的详细一些就是，良好的本体控制觉可以让孩子获得关节位置觉，可以辨别和感知关节的空间位置；运动觉可以辨别和感知关节运动方向和速度；抵抗觉可以辨别和感知作用在关节上的力或关节内产生的力。这种能力会参与到其他各感知器官并与之相互作用，从而使自己的行为更规范、动作更精准、反应更迅速，参与各项活动及学习都会有更多的成功体验。

什么是本体控制能力？

本体控制能力是在本体控制觉的基础上，在身体不断的练习中，孩子逐步了解、认识自己的身体，控制自己的身体做出目标动作的能力。这种能力可以让孩子知道自己身体、肢体的相对位置和空间位置；了解身体部位在空间的运动状态，同时在接收回馈信息，对动作进行微调，让动作更精准；觉察动作的方向、速度和大小，以正确的时间点产生动作；知道肌肉用力的大小，帮助孩子决定用多大的力气去抓握和举起物体；感受到肌肉被牵拉的力量、大小与速度，避免肌肉拉伤。

本体控制能力是在本体控制觉的基础上逐步发展出的一种能力。而孩子的感觉系统分为两种，外部感觉和内部感觉，外部感觉主要接受来自体外的感觉信息，包括视觉、听觉、嗅觉、味觉、触觉，内部感觉就是以身体为中心的感觉，包括内脏感、前庭平衡觉、本体控制觉。研究表明，触觉、前庭平衡觉、本体控制觉 3 种基本感觉是孩子发展的基础，由 3 种基本感觉发展出的能力更是孩子必不可少的能力，由此可见，本体控制能力对孩子非常重要。

良好的本体控制能力可以促进身体知觉和身体概念更好地形成，一旦本体控制能力不足，孩子只能在眼睛的辅助下做出动作，例如上下楼梯，本体能力发展良好的孩子，不用看就能顺利地上下楼，而本体控制能力不好的孩子，即使看着也会出现磕碰或被绊倒，所以一般上下楼梯时都会紧紧抓住扶手，这是因为孩子身体控制能力发展不足，导致无法根据环境的要求指挥身体完成有效的动作。我们还发现，有些孩子在夹菜时，如果眼睛不看着筷子，菜就会掉落，或者夹到的菜不能放进嘴里。

良好的本体控制能力能维持孩子的姿势、肌肉的张力及面部的表情，孩子本体控制能力良好，可以坐在书桌上写作业并能够维持端正的姿势，双手稳定地握笔、专心地完成作业，并且说话能调整声音的抑扬顿挫、强弱分明，面部的喜怒哀乐也会表现得相当明确。本体控制能力较弱的孩子会出现坐不住，坐无坐相、站无站相，松松散散，甚至在课堂上随意离开座位或桌椅总是发出声响，影响课堂纪律。

良好的本体控制能力可让孩子的大小肌肉动作协调，动作更加精准、优美，本体控制能力发展良好的孩子可以头脑冷静地完成父母及老师的要求，日常生活学习有条理、有秩序，情绪控制良好，与环境及同伴的互动关系恰当，否则孩子对自己身体控制不佳，孩子在写字的时候无法控制好力度，无意间推倒或撞伤同学，他可能只想打一个招呼，但拍到同学肩上的力气太大等。

良好的本体控制能力能促进孩子动作计划能力的发展，这是因为肌肉之间的支配和抑制与本体控制觉有关，当孩子做一个多步骤的活动时，首先要计划这一系列动作顺序才会省时省力、顺利完成，这个过程就是动作计划能力，孩子在学习新游戏或玩新玩具时，最需要动作计划能力，否则会影响孩子顺利完成游戏活动或对玩具的把玩。

本体控制能力的感受器是如何分布的？

孩子能对身体做出的动作能有效控制达到精准，这是因为在身体的不同部位分布着大量的感受器，这些感受器会把身体的活动信息传送给大脑，大脑经过与其他感觉信息的统合，来实现对身体的精准控制。

孩子身体内有大量的肌梭，其形状如梭，长 0.05~1.3 厘米，肌梭分布在所有肌肉当中，胳膊、手、腿与脚的肌梭最多。每个肌梭上都有两个感受器，这些感受器对肌肉收缩与舒张反应最明显，也就是这两个感受器分别传输关于肌肉动态的收缩与舒张的信息，包括速度和长度。而静态的收缩与舒张信息对孩子控制姿势、调节姿势、调节肌肉张力来说非常重要。

当孩子对抗阻力产生动作时，可以让更多的肌肉群活动起来，而肌肉中也分布有大量的感受器，这些感受器也会带来更丰富的本体控制觉信息，同时也会把身体动作状况的信息回馈大脑，一来一往，让大脑对身体及动作控制得更加精准，这也就是为什么会在训练当中要求孩子在对抗阻力的状态下进行活动。

皮肤也有很多感受器，与触觉共用，而触觉与本体控制觉也用同一条神经路径传输信息，所以说触觉与本体控制觉发展密切相关。

关节与肌腱的感受器分布在关节囊、关节、软骨及肌腱当中，这些感受器会因为不同动作发生形状的改变，这样会进一步把关节的位置与动作的信息传出去，而不同的动作会让更多不同的感受器活动起来，因此可以持续不断地将本体刺激回传到中枢神经系统，让大脑知道关节活动的角度和速度。有的球员受伤之后找不回球感，就是本体控制觉感受器受到损伤所致。

本体控制觉与前庭平衡觉的关系是什么?

一般来说，各种感觉系统交互发生作用，提供感觉信息让人得以发展，更好地生存，所以很少有单一系统在单独作战，而前庭平衡系统和本体控制系统关系更加密切。我们可以这样说，前庭平衡系统是身体内部的参考点，而本体控制系统(包括视觉系统)是身体外部的参考点，它们互相配合、共同运作，从而影响孩子对主动性动作的觉察，影响孩子对身体概念的认识，影响孩子平衡感的发展，影响平衡感在生活中的应用。一旦身体内外的参考点发生冲突，就会发生失衡的情况，比如说晕车就是视觉、前庭平衡觉与本体控制觉之间不协调所致。而前庭平衡能力和本体控制能力在感知觉统合能力训练中也是互相促进的，一般来说，前庭觉刺激可以产生兴奋与安抚的作用，大部分本体刺激也有安抚的作用。由于颈部和身体近端关节如肩关节、髋关节会带来大量的信息输入大脑，这原理也会应用在训练上，让肩关节和髋关节接受大量的重力刺激，给大脑带去更多的信息。

本体控制能力与动作的关系是什么?

本体控制能力是孩子的身体在不断练习中逐渐获得的一种能力，这种能力能对身体的动作进行有效控制，这种控制首先来源于良好的本体控制觉信息，其次是前庭平衡觉与触觉的相互影响与协调。良好的本体控制能力与孩子的每一个动作紧密相关，对动作的影响也是一个闭环。首先，良好的本体控制觉将肌肉、关节、肌腱等感受器得到的身体信息输送给大脑，大脑将这些信息统合后，再将动作命令传回肌肉、关节等处，然后做出相应的动作，在做动作的同时，肌肉、关节、肌腱、皮肤等感受器再次将此时动作的相关信息回传大脑，大脑再次统合整理，回传肌肉、关节等，这样循环往复，不断地重复这个过程，于是大脑就能够不断地修正并调整动作，让动作更加精准，最终完成一个最适当的动作。这是一个不断学习的过程，也就是练习效应。这个过程对孩子一生的发展都很重要。在孩子成长的过程中，通过动作满足自己的需要，如果孩子没有良好的本体控制能力，孩子就无法知道自己身体在空间的位置，也无法知道自己身体各部分的相对位置，那么孩子根本无法使用好他这个最重要的工具“身体”。这会让孩子做每个动作时都非常用力，别人能轻松完成的事情，他却不能得心应手，而且还感觉非常疲惫。在生活中也会发现本体控制能力不足的孩子，在完成一般动作时慢而笨拙，这时孩子会更多依赖视觉来进行补偿，比如说系鞋带、扣扣子、用筷子或其他简单的工具，只有用眼睛盯着才能完成，如果离开了视觉代偿，操作起来就十分困难，甚至不能完成。而具有良好本体控制能力的孩子，无论是生活还是学习都会体现出高效率、标准化。

本体控制能力不足的孩子，会显得心不灵、手不巧，也就是使用工具及手的精细动作不灵活，同时身体的平衡也会不稳定。这样的孩子不能维持良好的背景姿势，跑、跳、走都不协调，显得笨拙。在学校的学习中，因为这样的孩子动作不够灵活，会回避体育课活动;反应比别人慢半拍，不能做到令行禁止;写字大大小小、歪歪扭扭，极不规范，往往会成为同学嘲笑的对象，自尊心会受到伤害，孩子会变得沉默寡言，回避与同学的交往，从而影响其人生发展。

本体控制能力与视觉的关系是什么?

视觉是通过眼睛获取外界信息的重要感觉器官,尤其孩子在生活、学习的过程中更依靠视觉发挥作用,一般来说,80%的信息是通过视觉获得的,对于这样一个获取信息的重要感觉器官,也会受到本体控制能力的影响,这种影响来源于实证研究。1949 年,海勃提出,由眼外肌获得的本体控制感觉信息可以帮助形状及空间的视知觉发展。1957 年,勃瑞宁也通过研究证明,眼外肌肌梭感受器能传输静止时的肌肉张力,而眼肌张力的适度是产生良好视觉的基础之一。由此不难看出,孩子通过视觉获取信息的能力与本体控制觉对肌肉牵拉感受是相互作用、密不可分的。

孩子生命初期,虽然有视觉,但看物模糊,随着孩子的成长,眼睛焦距的成熟,眼前的事物开始变得清晰起来,才有视觉与视知觉的产生,这是因为本体感觉系统配合前庭感觉系统共同调节眼部肌肉,促使眼肌协调互动,而眼肌的协调可以让眼球平顺地移动,眼球移动的感觉信息回馈大脑,从而能进一步控制眼睛的追踪。良好的本体控制能力还可以促进颈部肌肉的协调收缩,形成颈部的稳定,就如同摄像机的三脚架,这样眼睛才能够看得清楚物体,才能进一步建立对各种形状及空间的认知,这也是听、说、读、写、算等能力的基础。

本体控制能力与自信的关系是什么?

孩子在成长的过程中,不断地通过动作与周围的人、事、物互动,这也是孩子学习的过程。正是孩子经历这样的体验过程,才逐渐了解了身体各部位的功能,更了解如何使用身体去满足自己的需要,而且也能够把身体及各部分协调自如地运用,这是孩子形成良好身体地图的基础。如果孩子对身体的感觉、对身体的认知出现偏差,视觉、听觉、嗅觉、味觉、触觉、前庭平衡觉感觉信息的输入、统合、处理都不良,这会严重影响孩子与周围人、事、物的互动效果及感受,这也会影响到孩子的情绪和自信心的树立。

如果孩子的本体控制能力良好,他对自己的身体有了充分的认识,能运用自如,知道自己的身体在空间的位置,在做什么样的动作,这种感觉不需要眼睛看到,而是来自身体智能,这样他才有信心与周围的人、事、物互动,有信心控制好自己的动作,通过这样精准的动作满足自己的需求。如果目标达成多,挫折感就少,喜悦的情绪就多,心平气和,当然就有了平稳的情绪。这个过程也会强化孩子的自信心,有了自信心,他更愿意去探索新的环境、接触新的事物、学习新的技能。

如果孩子本体控制能力不足,会出现离开视觉补偿就无法做出正确的动作,身体自动化行为反应也不能形成,做任何动作都会担心,这样孩子的情绪会随时处于焦虑和紧张之中,孩子常会用错误的方法去行动,当这些现象发生时,可能会受到父母或老师的批评和指责,还有可能受到同学的嘲笑,他们会情绪低落,自我价值感丧失,而自我价值感由自信、自爱、自尊构成,当孩子自我价值感丧失,将会失去做事的动力,从心理层面也会影响孩子行动的效率与结果。

本体控制能力与学习成绩的关系是什么?

本体控制能力能让孩子对自己身体有完整的感觉与精准的控制,尤其孩子在学习过程中如果有好的学习效果,这也是必要的一种能力。孩子在课堂学习中大多数通过视觉和听觉的引导做出相应的反应动作,孩子根据看到的信息做出相应的动作就是视觉动作统合，孩子根据听到的信息做出相应的动作就是听觉动作统合，而无论是视觉动作统合还是听觉动作统合，要达到动作的灵活和准确，都需要大脑对大小肌肉进行精准的控制，这来自本体控制能力与其他系统的协调。一般情况下，无论孩子课堂学习还是家庭作业、预习、复习、记笔记、写作业都需要孩子通过看写出来或者听写出来，这是孩子最主要学习知识的方式，如果孩子没有形成对身体的良好认知，就会出现本体控制能力不足，这样既不能有效地控制大小肌肉的共济性收缩，更不能控制好手部的精细动作，还不能通过本体控制觉的信息回馈，再次对动作进行微调。一旦本体控制能力不足导致出现这样的情况，孩子写作业的时候一定会很慢、很拖拉，字写得大大小小、歪歪扭扭、轻重不分，还容易出格，眼睛看到的和手写出来的也会不一致，于是就会出现经常抄错数字，丢三落四，写字的时候偏旁部首颠倒。这也会表现在孩子通过听觉接收的信息与做出的动作不能协调一致，常常表现为不听指令。如果本体控制能力不足，就会导致大脑对身体的控制不良，对大小肌肉的控制不够协调，于是孩子就会坐无坐相、站无站相，在上课、写作业的时候，身体总是在乱动，显得专注不够，小动作特别多。最主要的是本体控制能力不足的孩子，他们动作比较笨拙而缓慢，因此经常受到打击，所以导致他们自信心缺乏，产生畏难情绪，逃避困难、脾气暴躁、粗心大意。

另外，本体控制能力不足的孩子也会出现对舌头、嘴唇、声带的控制肌不够协调、灵活，容易造成语言发育迟缓，出现发音不清、大舌头、口吃等，这些都会影响孩子的学习体验和学习感受，出现学习成绩不良，所以提高学习成绩，不仅在心理层面认识到学习的重要性，还需要有一定生理基础及以此发展出能力的支持，两者相结合，才会开出更美的花朵，结出更好的果实。

本体控制能力的功能有哪些？

本体控制能力可以让孩子动作流畅，体验动作快感

孩子出生以后开始通过有意义的动作来满足自己的各种需求，比如要更好地生存，让自己健康，和其他人互动，享受快乐。而要达到这些目标的前提，孩子必须具备良好的本体控制感觉，发展出良好的本体控制能力。其实从孩子出生那一天起，孩子对身体的感觉、认识就开始发展了，他的抬头、翻身、抓握、爬行、坐，直到 1 岁左右可以站立行走，可以拍手、可以取物，活动范围更广，可以做的动作更多，这都是在发展自己的本体控制能力。有了良好的本体控制觉，然后发展出本体控制能力，这样孩子可以了解自己身体在空间的位置、肢体的相对位置、动作的方向与速度等，然后有效地指挥身体完成任务。如果在孩子成长的过程中，缺少这样的发展环境，缺少了身体智能的发育，孩子不知道自己的手脚如何操作，缺乏指挥控制自己身体的能力，因此动作效率也就不高，并且做动作还要思考自己身体的位置，做事效率缓慢，严重影响孩子对身体的感受，体会不到身体的愉悦感，还会影响动作的灵活性、流畅性。

本体控制能力可以让孩子通过练习逐渐熟能生巧

孩子出生以后，在其长大过程中，时时刻刻都在面临新环境的挑战，为了应对这些挑战，他们要学习许多新的动作技巧来满足自己的需求。孩子学习新的动作技巧如果一直在意识层面进行，会耗费很多精力，如果经过练习形成自动化动作，会大大提高学习效率，提升学习能力。一般来说，动作经过练习慢慢会产生肌肉记忆，熟悉之后就能在潜意识层面进行了。这是建立在本体控制能力的基础上，孩子每次做这个动作都有相应的信息回馈，大脑根据这个动作的信息回馈，对前一次的动作进行微调，因此随着练习，可以

使这个动作越来越熟悉，最终达到熟练，成为在潜意识层面进行的不需要花太多精力的自动化行为。孩子学骑自行车，开始时全神贯注，全身的肌肉绷紧，注意力全在自行车上，不敢与别人说话，担心注意力不集中被摔下车，但经过多次练习后，产生了眼、手、脚之间的协调，也产生协调肌肉记忆，大脑也会边练习，边对前面的动作进行微调，慢慢地，骑车的动作娴熟了，孩子可以尽情享受骑车的快乐。不仅骑车如此，孩子很多动作技巧都这样发展而来的，在日常生活中，孩子的独立生活能力、生活自理能力都会经历这样的过程，所以我们要给孩子这样的环境，创造这样的机会，让他多经历这样的过程，多体验这样的感受，让孩子逐渐发展出照顾自己的能力。

本体控制能力可以让孩子心灵手巧

一般来说，父母都想孩子有这样的表现，这也是感知觉统合良好的表现，如果把心灵手巧表现在孩子的课程学习上，那么孩子可以很好地完成学业。心灵手巧一般指的是孩子手部精细动作的完美与流畅，因为精细动作一般都需要做到手眼协调，也就是眼睛看到物体的形状、大小、颜色、空间、位置关系，然后对手进行引导，结合手的触觉去感受质感、软、硬、温度等，把完整的信息传给大脑，然后大脑发出指令执行相应的精细动作，如果想要动作完成得好，本体控制能力开始发挥作用，让手部的动作越来越完美，手工艺人完成手工艺品就是心灵手巧的完美体现，也是本体控制能力作用的完美体现。

本体控制能力可以让孩子与伙伴关系良好

俗话说物以类聚，人以群分，从自然人到社会人，这是孩子每时每刻都在不同的群体中与其他成员互动的结果，孩子最本真的需要就是在群体中获得归属感，为团体有所贡献，而要实现这个目标，本体控制能力良好的孩子在参加团队活动时，由于对动作的精准控制，动作流畅，表现更优秀，能更好地完成团队任务，为集体争光，于是得到同伴的认同会更多，自我成就感增强，这样自我肯定及自我价值感提升，进一步促进了与伙伴的良性互动。

本体控制能力可以让孩子更快乐

如果孩子本体控制能力良好，他的大动作协调、灵活，更愿意做各种运动，而这样的运动可以促进孩子脑部分泌更多的滋养激素、生长激素、快乐激素，促进血液循环营养的供给，促进骨骼、肌肉的生长。良好的本体控制能力可以提升副交感神经的活性，有效地对抗压力状态，可以促进孩子神经功能的弹性，让他们的思维更灵活，抗挫折的能力更强，减少紧张、焦虑、害怕的情绪，让孩子能感到活得更快乐。一般来说，孩子的睡眠质量也与情绪相关，当孩子有这样的正向情绪感受，也会提高孩子的睡眠质量，孩子的睡眠好了，孩子会有更充沛的精力投入到学习当中，从而提高学习效率。

本体控制能力可以提升孩子的注意力

良好的本体控制能力能很好地接收来自身体不同部分的感觉信息，协调肌肉的收缩，产生良好的姿势。这可以让孩子站得更好，坐得更稳，在上课时可以减少孩子分心，提升注意力。这样安静、专注、放松的时候，大脑会分泌一种神经传递物质“血清素”，这种物质可以进一步减少孩子的不安，让他们内心更平静，更能集中精神学习，更能帮助他们调节心情，让孩子有更好的睡眠、更好的食欲，当然这些都会促进孩子注意力的发展。

本体控制能力可以促进孩子自理能力的发展

一般来说，肌肉的收缩、关节的自由活动可以影响神经系统的兴奋状态，进一步增加本体信息的输入，这有助于情绪的正面发展，让孩子更愿意自己的事情自己做，发展孩子独立自主的自我管理能力。此外，肌肉与运动的协调更能让身体放松，让大脑冷静，这样孩子在做事时便会有条不紊，不易冲动，也有利于自理能力的发展。

本体控制能力不足会出现哪些现象？

本体控制能力不足会导致动作和姿势不自然；面对需要完成的动作会紧张，反应迟钝；坐无坐相、站无站相；眼睛容易酸痛疲劳，看书跳字跳行；语言发育迟缓、发音不清，不能很好地应用词语，缺少逻辑性；无法控制情绪，容易生气或冲动，人际关系紧张；由于空间感不足，数学能力较差；无法有效掌控自己的身体；对距离、方向的判断常有错误；眼睛看不到就做不出正确的动作；身体会无意识行动、自动化反应不良，经常处于焦虑、紧张之中；适应环境有困难；笨手笨脚，经常碰伤或撞伤；头部位置变化时身体反应迟钝；精细动作完成起来比较困难，如穿衣服、系鞋带、扣扣子动作缓慢，显得笨拙；吃饭时流口水，掉得到处都是；行动散漫，显得懒惰，做事没效率；不能很好地握笔、使用筷子、剪纸、着色，不喜欢玩复杂、组合玩具等。

本体控制能力发展的基础是什么？

本体控制能力对于孩子学习新动作、积累经验的影响非常大，因为只有良好的本体控制能力，孩子才能做出手眼协调及双侧肢体协调的动作。如果孩子缺少这种能力，使用筷子、使用剪刀、握笔写字、画图、做家务等都会难以做到，连最基本的穿衣服、吃饭都会有很大的麻烦，吃饭掉得到处都是，穿衣服穿反，并且很慢。走路不稳，很多动作都不敢做，在学体操或简单的舞蹈时，会感到手脚、四肢僵硬，手忙脚乱，动作很不到位。出现这样的状况，孩子经常自我感觉挫败，会对自己失去信心，学习成绩也会落后于其他孩子。

人类的骨骼呈现倒三角形状，头重脚轻，这样的结构很难稳定地站立，而人之所以能平衡地心引力，稳定地站立，是因为头部、颈部、背部、臀部、双臂、双腿大小肌肉的成熟，如果不成熟，便会出现身体姿势不良，如果大肌肉与小肌肉不能相互配合、协调，更会影响孩子的一切活动。

作为父母和老师都不希望看到孩子以上这些状况的出现，但我们要知道，只有孩子发展出良好的本体控制能力，才能避免类似现象。关节信息是本体控制觉和本体控制能力发展的基础，也就是说，在孩子成长的过程中，要多给孩子提供适当的活动机会，让其产生更多的关节信息。最重要的是，关节信息同大脑及中枢神经系统建立联系，这种联系首先发生在孩子出生的一刹那，全身的骨骼、关节、肌肉受到产道强有力的挤压，起到了激活的效果，让关节信息与大脑建立了有效的联系。而在孩子成长的过程中，关节的活动会带动大小肌肉的收缩与舒张，如果能给孩子这样的机会，让其经常自由地活动，产生了一个很好的结果就是孩子不靠视觉也能了解身体各部分和活动方式，也开始探索身体和周围环境的关系，于是孩子有了对身体很好的感觉也就有了良好的本体控制觉，在此基础上发展出良好的本体控制能力；如果关节信息不够清晰，孩子会身体协调不良，进而影响到本体控制能力的发展和成熟。

剖宫产的孩子由于没有受到产道的挤压，少了激活效应，于是就缺乏有效的关键信息，如果出生以后还过度保护孩子，阻止孩子的探索活动，少了关节活动信息刺激，他们便会显得笨手笨脚，胆小怕事。所以孩子出生后 6 个月，父母可以多给孩子皮肤的按摩、关节的按摩，可以促使孩子本体控制能力发展得更好。

1~3 岁是孩子本体控制能力发展的重要时期，3~6 岁是本体控制能力更精细、高效、精细动作发展的关键期，所以7岁前是儿童本体控制能力发展的黄金时期。在这里，要提醒各位家长，在孩子本体控制能力发展的关键期，我们要有意识地给孩子创造适宜的环境，让孩子尽量多听、多看、多动、多做。

爬行对于本体控制能力的重要作用是什么？

由于动物有先天的平衡条件，尾巴、四肢着地，所以很多动物生下来就会走，甚至会跳，但人类不同，孩子要经过很长一段时间才能学会翻身、坐、爬、走，这是一个循序渐进的过程，也是必须经历的过程。一般认为孩子走得早是发展良好的标志，其实不然，只有通过大量的爬行训练，才是孩子未来本体控制能力发展良好的基础，因为在爬行的过程中，孩子需要四肢协调、颈部肌肉力量控制的参与。

孩子能站立行走本体控制觉起了很大的作用，可以这样说，在多种感觉信息的综合作用下，孩子开始站立行走，这对孩子来说意义非凡。一般的情况下，三翻、六坐、八爬、站立、行走，是一个逐步发展的过程，尤其爬行是多种能力发展的重要基础，如果由于某种原因，孩子在该爬行的阶段，未经爬行或爬行量不足，孩子的很多能力会受到影响，因为爬行不仅能刺激大脑活动、身体协调，还能促进关节、肌肉、韧带、肌梭的活动，这是本体控制觉、本体控制能力发展的基础。

孩子在子宫的时候全身蜷缩，出生后颈部、肩部、躯干、腿部的肌肉的功能顺序发展，正是由于肌肉的发展，孩子能够站起来走路。研究表明，在孩子2个月的时候，已经能将头抬起来，这奠定了将来抬头、挺胸、走路最基本的能力。

孩子3~4个月大的时候，可以用手肘支撑上半身，将头抬到45°~90°，此时肩部的肌肉得以有效锻炼。4~6个月的时候，能用手腕支撑上半身，慢慢可以用手掌撑地，这样增加了手掌与地面接触及摩擦，可以提高孩子手部精细动作的发展。孩子的颈部及腿部的肌肉开始变得有力，此时已经能做出飞机般的姿势，用手拿玩具来玩。孩子开始可以用腹部做重心，双手、双腿协调来移动身体，做往前往后、爬行。8个月的时候，孩子的四肢及身体更加有力，可以用手掌及膝盖着地，形成爬行姿势，可以在这种姿势下做前后左右的摇摆动作，促进爬行的稳定。之后开始双手、双腿配合做动作，开始了自由的爬行，爬行不但扩大了孩子的活动空间，进一步促进关节、肌肉的发展，同时也会促进多种能力的发展，具体来说，孩子的爬行可以促进以下能力的发展。

• 爬行可以促进颈部、躯干、腰部肌肉及力量的发展，锻炼四肢的协调性，由于颈部肌肉在爬行中得到锻炼，所以更有力量，上课时不会经常垂着头，显得疲惫。

• 爬行的时候，手掌撑地，通过与不同地面的接触、不同的质地的接触，可以增加手掌触觉的敏感度，有助于发展手部的精细动作及技巧。

• 爬行的过程中，双掌、双膝撑起身体，促进手臂、手腕、大腿肌肉的收缩与舒张，不但会增加这些部位的力量，还非常有利于良好本体控制能力的建立，为孩子将来握笔、写字时速度与稳定奠定基础。腿部力量及强壮，促使膝关节使用更充分，而关节信息是本体控制能力良好感觉建立的基础。

• 爬行的过程中，孩子要用脚趾去蹬地，爬行中反复做蹬地的动作，这个动作可以让脚底板的肌肉与肌腱得到有效锻炼，有助于脚弓的形成，避免形成扁平足。

• 爬行的过程中，孩子可以自由地到处探索，促进前庭系统与视觉系统统合，建立起深度知觉，让孩子知道、了解危险的存在，发展出应对危险的方法。孩子在爬行的过程逐步了解了物与我的关系、物与我的位置关系，可以修正以自己为中心的方向感。

所以说爬行看似简单,意义及作用却非凡,爬行阶段是孩子成长过程中最顺应自然规律的一个过程,如果被剥夺,爬行少了,导致爬行不够,会影响孩子对身体的使用,后面一定要通过训练来弥补。

本体控制能力训练的原理是什么?

本体控制能力是孩子对身体的感觉与控制,通过接收来自身体的感觉信息,操控身体做出目标动作,而本体控制能力训练也基于此。比如,重复做一些肢体活动,对孩子本体控制能力的发展很有帮助,在活动中加强正确的运动感觉可以帮助孩子提升对身体的控制。训练活动的设计要顾及高速度活动与平衡能力的协调,促进身体与地心引力的协调,促进大肌肉的成熟,从而提升保持稳定姿势的能力。在训练时让孩子能够自动有效地掌握动静之间的转换,增强对身体各部位的认知,促进本体控制能力的发展。

本体控制能力是建立在触觉的基础上,所以触觉训练对于本体控制能力的建立会很有帮助,训练活动中既有身体姿势的转变,也有相配合的触觉活动,有目标新动作的完成,来促进本体控制能力的发展。文字和图形的模仿、翻跟头、转身跳,可以促进肌肉在高度紧张与放松的动作间变化,动作模仿、躲避球等,都有助于形成对身体的认识。

静态方面的训练采用心理放松和静坐。坐着或躺着放松均可,感觉身体由僵硬到放松,再由松弛到僵硬的过程,反复感受,最终让孩子能够轻松驾驭自己的肌肉力量,有助发展对身体的感觉。静坐挺直上身,摆正头部,感受头的重量、颈部和背脊的压力,都会促进本体控制能力的建立。

本体控制能力的训练方法有哪些?

感知觉统合能力无器械训练法在所有的训练项目中均采用一种训练多重效果的基本原则。在本体控制能力的训练中,注意给孩子创造适宜的环境,调动孩子的积极性和内在动机,让孩子自愿参与所有的训练项目,才能获得更好的训练效果。本体控制能力的训练目的就是通过加强肌肉的收缩,为感觉器官提供感觉输入的同时,着重促进本体控制能力的发展。

通过本体控制能力的训练,可以强化对固有平衡的感觉,促进前庭平衡能力,提升触觉分辨能力,强化大小肌肉的收缩,促进双侧肢体协调,提升身体运动的灵活性,促进左右脑的信息交换与发展。最终使感知觉统合综合能力获得提升。

训练 1:踮脚走直线

训练目的:锻炼平衡感与方向,促进腿部肌肉的收缩及腿部力量,增强大脑对腿部的控制。

训练方法:孩子带上眼罩,原地转 3 圈,踮脚走直线,3~10 米距离,往返为一组,根据孩子年龄及适应情况确定训练量。

特别提示:孩子走偏,要及时引导,如往左、往右;踮脚时腿部绷直,不能弯腿,尽量小步行走;远离障碍物。

训练 2:拍球

训练目的:提升本体控制能力,促进手眼协调,增强身体协调性。

训练方法:孩子单手拍球向前行,到达任务点后换手折返。

特别提示:拍球时不能漏拍,不能双手抱球跑,否则重新开始,10 米距离,往返次数应根据孩子的年龄情况而定。

训练 3：蛙跳

训练目的：促进腿部及全身肌肉有力地收缩，提升对肌肉的控制能力，促进关节、肌肉信息的回馈，增强身体协调性。

训练方法：蹲姿，双腿分开，双手放在两腿之间，双脚同时起跳；蹲姿，双腿合拢，双手背后，双脚同时起跳。

特别提示：观察孩子双腿能否同时起跳，下肢力量是否均衡。20 次为一组，训练量根据孩子能力而定。

训练 4：跨栏

训练目的：促进运动企划能力，提升本体控制能力。

训练方法：孩子向前助跑，在距离起跳点处有离地 10 厘米的障碍，快速跨越过去，继续向前跑，进行连续跑动、跨越，起跳高度根据孩子具体情况而定。

特别提示：快速向前跑动，跨越时身体不能接触障碍线，使用橡皮筋更安全。

训练 5：托球跑

训练目的：改善孩子腕部的力量控制，增强对手臂肌肉的控制，促进手眼协调。

训练方法：孩子单手持乒乓球拍，托球向前跑（走），成功到达任务点折返。

特别提示：球落地要重新开始。

训练 6：滚轮胎

训练目的：改善对手部及腕部的力量控制，增强对身体肌肉的控制能力，提升平衡能力及协调能力。

训练方法：旧轮胎一只，孩子双手交替快速转动轮胎，到达任务点后折返，规定路线滚动，根据孩子能力可以直线、曲线、障碍物绕行，还可以随时叫停，增加孩子对轮胎的控制。

特别提示：轮胎不能侧倒，倒地扶正继续进行，每天运动适量。

训练 7：走 S 弯

训练目的：提升本体控制能力，促进平衡感，增强身体协调性。

训练方法：4~6 个轮胎摆成一竖排，孩子双手平伸，小步从轮胎一端开始，进行到顶端返回，可以单独也可以几个孩子一起，如果孩子一起，成功完成后到队尾排队。

特别提示：身体任何位置不能触地面，以脚尖顶脚跟的方式进行（能力差的孩子小步进行），若摔倒则返回起点重新开始。

训练 8：踩光点

训练目的：提升反应速度、动作连贯性及动作准确性，促进思维的发展，促进本体控制能力的发展。

训练方法：用手电筒或激光笔照在垫子上，光束前后、左右随意移动，速度根据孩子而定，孩子光脚或穿袜子去踩光束点。

特别提示：左右脚交替进行，开始时多让孩子体验成功。

训练 9：翻烙饼

训练目的：促进身体协调性，提升本体控制能力，促进触觉分辨能力的发展。

训练方法：两人相对站立，双手对握，摇晃胳膊，一人由怀臂间探头翻过，另一人随之，变成两人背对背站立，这是“翻饼”，然后返回，这是“烙饼”。

特别提示：注意防止关节扭伤。可以加上口诀或者诗歌效果更好，让孩子按照韵律节奏进行。

训练 10：平衡杆

训练目的：提升孩子身体的平衡性和稳定性，提升对身体的精准控制能力，促进动作计划能力的提升，提高注意力。

训练方法：光滑木棍一根，一端立于手心或手指上，身体随着木棍的晃动而走动，使木棍立在手心或手指上不掉下来，如果能做一些花样更好。

特别提示：木棍不宜过长。

训练 11：踢滚动球

训练目的：提高身体平衡能力，视动觉统合能力，增加本体协调性。

训练方法：孩子面对墙壁反复练习踢球动作，根据孩子情况从接到球 10 次逐渐增加到 50 次。

特别提示：开始速度要慢，一段时间后，可以独立对墙训练。

训练 12：小滑车

训练目的：促进身体大肌肉及关节的活动，提升本体控制能力和平衡能力、触觉感受能力。

训练方法：孩子坐在垫子上，双手环抱双腿，双脚向前移动，双手同时用力，臀部向前滑动，保持身体平衡，全身力量向前，3~10 米距离，往返为一组，训练组数根据孩子状况而定。

特别提示：身体坐稳，双腿同时用力，防止侧翻，双腿向前滑动时臀部向前滑动。

训练 13：腹趴推球

训练目的：促进身体运动企划能力，提升本体控制能力，促进前庭平衡能力的发展。

训练方法：孩子在距离墙 1 米的地方趴在垫子上，全身保持直线，双手抱球用力推向墙壁，反弹接住，再推再接，推球时头颈高昂，双臂离开垫子悬空，双脚绷直，训练量根据孩子具体情况而定。

特别提示：双手用力均衡，自己数数，球弹回的同时接球，肘部离开地面，头尽量上扬，训练一段时间后双脚可以绷直离开地面。

训练 14：提花篮

训练目的：增强孩子颈部、背部、腰部肌肉的收缩能力，促进本体控制能力，刺激内耳前庭。

训练方法：趴在垫子上，双脚弯起，双手背后抓住双脚，头颈扬起，双手用力，双脚尽量向上，双膝离开地面，呈现提花篮的样子，开始数数，不同的孩子能力不同，训练依据孩子具体情况而定。

特别提示：刚开始如果无法抓住双脚，可以协助孩子。

训练 15：燕飞

训练目的：增强孩子颈部、背部、腰部肌肉的收缩能力，促进本体控制能力，刺激内耳前庭平衡能力。

训练方法：平趴在垫子上，双手在身体两侧，头颈、双手、双腿、双脚同时上扬，呈起飞样子，整个身体保持绷直，双腿不得弯曲，不同的孩子能力不同，训练依据孩子而定。

特别提示：身体平趴，放松，听到口令整个身体绷直尽量上扬，尽量高抬，自己数数。

训练 16：挣脱训练

训练目的：提高运动企划能力、身体协调能力、运动力量。

训练方法：平躺在垫子上，双手紧握在一起，左右腿交替蹬，随之身体扭动上行，双手不得分开，从垫子一端移动身体到另一端，根据孩子状况决定训练量。

特别提示：双腿转换中，用力侧蹬地面，身体顺势前行，手不能分开。

训练 17：蹬小车

训练目的：训练四肢协调性，促进大关节活动及灵活性，提供本体刺激。

训练方法：平躺在垫子上，躯体上弓，做蹬车状，大腿带动小腿，左右匀速，双手配合摇动，训练量根据孩子而定。

特别提示：保持身体平衡，四肢用力均衡，大腿带动小腿，防止大腿不动、小腿乱动。

训练 18：蚯蚓爬

训练目的：通过关节活动、肌肉强力收缩，提供本体回馈，训练大关节力量，促进本体控制能力及触觉分辨能力的发展。

训练方法：平趴在垫子上，双手自然放在身体两侧，双腿屈起如跪，上半身不动，当双膝用力时，头扬起，上身借住腿力向前移动，如同蚯蚓前行，训练量根据孩子而定。

特别提示：着力点在双膝，顶住地面，身体借力向前行，双手自然平摊，不能有推动动作。

训练 19：壁虎爬

训练目的：锻炼四肢协调性，促进关节活动及肌肉收缩，提升身体稳定性，给予触觉刺激。

训练方法：平趴在垫子上，右手前伸，同时左腿屈蹬，左手前伸，同时右腿屈蹬，快速交替，一左一右，全身紧贴地面前行，头随之摆动，训练量根据孩子而定。

特别提示：训练中靠腰部的力量带动臀部扭动前行，四肢协调摆动即可。

训练 20：青蛙找家

训练目的：训练本体感、思维、记忆、分辨能力、反应速度、提高注意力，判断准确性。

训练方法：在地上随机画出圆圈和方块，大小能容纳孩子两只脚，方块代表不同的家，可以用不同的颜色来表示，比如说奶奶家、自己家、小亮家、教室等，圆圈代表家外，孩子站在任意一个圆圈内，当听到指令时，迅速于蛙跳的姿势跳到方块里，训练的量根据孩子的特点而定。

特别提示：蹲起跳动要规范，准确迅速，不得起身迈进。

训练 21：夹包入盆

训练目的：训练肢体及腿部力量均衡，促进肌肉收缩，增强方向感及准确性，提升本体控制能力。

训练方法：塑料盆一个，沙包一个，孩子站在离塑料盆 1~2 米远的地方，用双脚夹住沙包，抛沙包到盆里为赢，可以调整距离，训练量根据孩子具体情况而定。

特别提示：注意双腿均衡用力，夹起、跳动的姿势流畅、准确。

训练 22：花式走路

训练目的：促进本体控制能力的提升，建立身体概念，加强动作计划能力，促进听动能力的提升。

训练方法：鼓励孩子用不同方式走路，发挥孩子的创造性，学习动物走路，各种姿势的走路，例如青蛙跳、小马奔、企鹅走、小鸟飞、兔子跳。

特别提示：以孩子能想出不同走路的方法、创造走路的方式为目标，需要给予更多的肯定。

训练 23：互推大球

训练目的：促进本体觉的回馈，锻炼大肌肉群，提高肢体运用能力，训练背景姿势的准确性。

训练方法：两人站在大球的两边，互相往对方方向推球，地上划界限，若一方推球超过界限则代表这方赢。

特别提示：若一方跌倒就调整姿势再继续，不可以把球抬起来。观察孩子能否有效地用身体来推，能否稳定自己的重心；孩子懂得如何用力不会跌倒。

第七章　视知觉反应能力

如何理解视觉？

说到视觉一般就会想到视力，然而，视觉和视力是有一些区别的。视力指的是眼睛看到事物的能力，而视觉就需要有大脑的参与，对所接收到的感觉信息赋予一定意义，再根据经验产生完整而丰富的知觉，因此视力是视觉反应能力的基础。因为在学习、生活中，孩子最主要的信息来源就是看到的信息，占比达到所有接收到信息的80%。视觉系统在孩子出生后才开始发展，而触觉系统、前庭平衡系统等感觉神经系统在胎儿期就开始发展了。眼睛不仅仅接收视觉信息，还有更多、更复杂的表达作用，俗话说，眼睛是心灵的窗户，它可以流露出我们的情感、想法和个性，所以孩子的视觉系统是与外界人、事、物互动的主要渠道之一，孩子通过眼睛所看到的一切去感受、认识外面的世界，积累应对环境的经验，并且视觉系统在孩子的动作发展、感知觉统合中也发挥着非常重要的作用。在团队训练中，有一个体验活动叫作盲行，想象一下当你戴上眼罩，如果没有旁边帮助者搀扶与引导，则可能会撞到其他物体，可能会跌倒，并且内心非常不安。可见，视觉系统对于每一个孩子的重要性。

孩子刚出生之后，因为语言发育更晚一些，他们主要靠视觉去获取信息，然后做出反应，此时孩子的大脑负责视觉信息的功能区已经发展出一套迅速有效的分辨系统，能在几分之一秒内觉察大量的信息，而视觉提供的一些信息让右脑做出判断，形成知觉。眼睛之所以能看到物体并辨别物体的颜色、形状、大小，是因为物体会发光或者会反射光，而光线是视觉产生的必要条件。

视觉成熟指的是能清晰地看到信息，这里最重要的是焦距的成熟。人有两只眼睛，所以有两个视觉区，两个视觉区中间重叠的部分，我们把它称为中心视，也就是焦距，两边视觉不重叠的部分称为周边视。焦距的稳定依赖双眼视觉神经系统及眼肌的成熟，焦距稳定后，孩子注意力会比较集中，才会有阅读的能力。一般情况下，焦距会在孩子3~4岁成熟，在此之前，孩子的视觉由于焦距不成熟，他的注意力会非常短暂，所以在这一阶段给孩子看的东西要大且简单一点。

视知觉是如何产生的？

眼睛要看清外界的事物，除了眼部及视觉神经的结构正常，还需要其他部位及神经系统的支持与配合。首先，眼睛在头部，所以要看得清楚、得到稳定视觉信息需要头部与颈部来协作，如果颈部与头部不稳定，会影响视觉信息的接收。这是因为视觉信息来自不同的方向，而一般来说眼睛要注视的物体有的是静态的，有的是动态的，所以眼睛要想顺利地看清楚这些物体，除了依靠头部、颈部的稳定性，颈部灵活的转动外，还要靠与眼外肌运转的相互协调。颈部的稳定、眼肌的协调来源于前庭平衡系统，同时该系统也会提供其物体的方位及运动的信息，带动眼球、头部、颈部稳定追视目标，并在移动追视过程中不断调节，才能注视物体，看清楚物体。把看到的图像完整地传输到视觉中枢，同时参考脑部储存的经验进行对比得出意义，这些相关的经验来自多重感觉信息。比如触觉信息、身体信息、听觉信息、嗅觉信息、味觉信息，从而让孩子能深度了解图像的意义，辨识图像的形状、方位，并区分出背景与主题。积累图像的过程，就是在扩展脑部视知觉中枢神经的复杂程度。

物体会在视网膜上成像，视网膜是由大脑的皮质衍生而来，视网膜的视杆细胞对弱光敏感，主要在比较暗的环境中产生暗视觉，辨别明暗。而视锥细胞能感受强光和色光，在明亮的环境下产生明视觉和色觉，这些视觉信息在视网膜内进行初步的编码、加工后，经过视神经传入大脑枕叶的视觉中枢，从而获得主观的感觉，包括光的强弱，辨别物体的轮廓、形状、大小、空间位置及色彩。对于所有看到的信息进行判读，在视觉中枢处理完成，也就是将影像传输到视觉中枢后，视觉中枢对各种元素进行辨识、过滤、选择、追踪、记忆、处理、分析、整合形成视知觉。视知觉包括视觉动作统合、视觉分析技巧、空间视知觉。

视觉动作统合一般就是所谓的手眼协调，涉及手部的精细动作，如照顾自己、手工、书写、绘图、仿绘、走迷宫、拼图、拼装游戏等。

视觉分析技巧指的是针对视觉信息进行处理。图形分析包括图形认知、图形区分、主题背景分析、纵观整体形象；视觉记忆包括图像记忆及抽象符号记忆、瞬时记忆、短时记忆、顺序记忆、长时记忆；视觉专注力包括分辨、过滤、选择、组织、转移。

空间视知觉是分辨自己与周围环境的相对关系。5~6 岁分辨自己的左右相对关系，6~7 岁分辨对面人的左右相对关系，7~12 岁分辨外界物体的左右相对关系。

以上视知觉的产生都是大脑视觉中枢神经系统的功能，也是感知觉统合的功能，如果孩子感知觉统合能力不足，一定会影响视知觉反应能力的发展与发挥，因此建议适龄儿童要尽早参与视知觉反应能力的日常训练，为将来更好地学习打下坚实的基础。

什么是视知觉反应能力？

眼睛是孩子最重要的感觉器官，用来接收视觉信息，之所以具备了这样精巧、复杂的视觉功能，这是经过数万年进化的结果。看不等于看全，看只是在眼睛视网膜有影像而已，而看到是大脑视觉中枢的参与，才能形成视知觉。这对于孩子的生活、学习、活动来说是非常重要的感觉器官。眼睛负责接收外界的信息，用来与其他感觉信息进行统合，这对产生视知觉来说也至关重要，并且在感知觉统合过程中视觉信息参与绝大部分，如果视觉或视知觉出了问题，孩子的生活、学习、游戏及各种活动都会受到严重阻滞。视觉及视知觉的发展特别需要家长为孩子提供一个适宜的环境，这个环境能让孩子接收到丰富的视觉刺激，如果在视觉及视知觉发展的关键期，环境比较单调或被剥夺，首先眼睛会因为缺少光线或视觉目标等适宜刺激，而出现眼睛接收信息的能力降低，由于视觉信息的减少，更会阻滞视觉中枢的正常发展。感知觉统合能力在孩子 6 岁左右趋于成熟，在 8 岁以后应该更趋于完美，对于所有基本的感觉信息的统合都能顺利运作，这为视知觉的发展奠定了基础，而对于视知觉信息的基本感知觉统合，特别重要的是在 7 岁以前奠定好基础，否则孩子进入小学后学习会特别吃力，例如阅读、理解、书写能力、注意力都会低于其他儿童。由此可以看出视知觉对于孩子的重要性。

视知觉就是孩子接收到视觉信息刺激后，通过一连串的认知历程，去赋予该视觉刺激特定的意义，这个历程包括理解、分析、综合、比较，因此孩子才能去辨识物体，并逐渐学会用语言去表达和用文字去书写，这就是视知觉反应能力逐渐发展的过程。孩子根据形成的视知觉对环境做出反应的能力，统称为视知觉反应能力，比如手与眼睛协调、身体与眼睛的协调、动作与眼睛的协调，也就是看到想到、看到说到、看到做到，这些都是视知觉反应能力的具体体现。

视知觉反应能力不足的原因是什么？

孩子对视觉信息进行辨识、理解，形成视知觉，这是视觉系统及大脑的功能。孩子根据形成的视知觉对环境做出适当的反应，这种反应能力是孩子生活、学习的基石，一旦视知觉反应能力出现不足，会严重影响孩子未来的发展。那么哪些原因会导致视知觉反应能力不足呢？

一般来说，前庭平衡能力不足会引起视知觉反应能力不足，这是因为当眼睛所注视的物体，有的静止，有的移动，有的倾斜。当孩子注视物体时，单凭眼睛的视觉，是无法判定物体的状态，必须借助前庭系统的信息来确定自己头与身体的位置，然后大脑才能根据眼睛所看到的信息准确判定物体的方位与动向。从这个角度来说，一旦孩子的前庭平衡能力不足，那么孩子就不能根据视觉信息正确判断环境中物体的方位、动与静等，从而影响对视觉信息的理解及解释，就不能形成良好的视知觉反应，于是视知觉反应能力就会出现异常。比如，在日常生活中，走路的时候经常会撞到桌椅等物品，碰到别人的身体，在玩球类活动时，传球不准确、接不到球等。另外，良好的前庭平衡能力可以维持视野的稳定，这是因为前庭系统可以维持稳定的肌肉张力，并且会配合身体移动的方向和速度，调节颈部肌肉和眼肌，这样我们所看到的物体才不会随着身体的移动而变得晃动起来。因此可以看出，如前庭平衡能力不足，孩子就无法正确接收视觉信息，接收的视觉信息不准确，视知觉就会产生偏差，导致视知觉反应出现错误。比如，当孩子在抄写时就会出现缺笔少划、错字或漏字，试想一下当你坐在颠簸的车上，写字或看书是一件很困难的事情，而视知觉能力不足的孩子正是处于这样的感受当中，所以他们很难安静地坐下来进行长时间的学习。

视觉信息都由眼睛而获得，而要获得更可靠、更丰富的信息，眼睛能灵活追踪至关重要，如果眼睛无法灵活地转动，孩子即无法做长久的定点注视，也无法追踪移动的物体，孩子的注意力就不容易集中，身体更无法协调，这会影响动作，也会妨碍学习的效果。当眼睛不能灵活追踪，在追踪物体时就不容易聚焦，划线、阅读等就会困难。而眼睛要灵活，就需要统合前庭平衡觉、本体控制觉的信息，如果统合过程发生问题，就会导致眼睛不灵活，这会导致视觉信息的获得出现困难，直接会影响视知觉反应能力的发挥。

孩子出生以后，在自由探索中积累经验很重要，因为孩子认识物体的大小、形状、位置及关系都需要在这个过程中去体验、去学习。孩子只有在不断地尝试中，在不断地纠错当中，从环境给他的回馈当中积累经验，认识自己与空间的关系，辨识物体的特性，这样孩子才逐渐具备辨别视觉空间的能力。如果孩子生活中缺少了自由探索和尝试错误的机会，就会少了回馈信息，因而对空间关系认识、对物体特性的认识都会缺乏，孩子进行形状的比较、图形的区分及文字的认知会比较困难，这些都会导致视觉判断不佳，也会影响视知觉反应能力的发展与发挥。

视知觉反应能力包括哪些方面？

孩子每时每刻都会摄入大量的视觉信息，并以此为基础对周围的人、事、物做出顺应性反应，这种顺应性反应是从多维度、多角度共同参与而发生的，而了解视知觉反应能力包括哪些方面，对于视知觉反应能力训练很有必要的，这对于训练项目的选择和训练效果的呈现都非常重要。

视觉动作统合能力

所有动作在形成自动化行为以前,都需要视觉的引导,即使下意识的动作有时也必须用到视知觉的信息。也就是视觉形成视知觉后一般会应用于适应环境的行为与动作,无论主动的生活与学习,还是动作的模仿等都需要视知觉的信息才能做到。比如做家务、穿衣服、系鞋带、整理床铺、扫地、洗碗需要视觉与动作的协调,否则就不能很好地完成。在学校无论是写作业还是朗读课文,在体育课上的球类活动,各种体操类活动,各种训练项目,在课堂上的手工活动、绘画活动等,这些都是视觉动作统合的重要内容,都需要视觉的参与,更需要形成视知觉做出有意义的适当反应。所以视觉动作统合能力涉及我们经常讲的手眼协调、口眼的协调、肢体眼的协调等,如果能对视知觉信息做出相应的、准确的动作反应,也就是通过眼睛的引导能做到眼到、手到、嘴到、腿到,视知觉反应能力一定不会太差。

视觉注意力

每时每刻都有大量的视觉信息,这些信息都冲击着孩子,考验孩子的能力,那么孩子如何选择对其完成目标有用的视觉信息,而忽视掉一些无关的视觉信息,这与视觉注意力有关。也就是说视觉注意力能让孩子全神贯注于选择当下有用的视觉信息、适当的视觉信息,忽视无关的视觉信息。如果孩子的视觉注意力受到干扰,孩子会显得好动不安,做事情缺少计划,显得杂乱无章,好像做事没有目标,面对多样化、多维度的视觉刺激,常常不知道怎么去选择、去处理、去理解,才对自己有利。

视觉记忆能力

指当孩子接受的视觉信息,与先前累积的视觉经验及其他经验进行统合,形成知觉,并保留在大脑中,做进一步的存储和提取。通俗来讲,视觉记忆能力就是大脑对眼睛所看的事物产生印象并保留的能力。视觉记忆能力不好的孩子感觉总是比别人慢半拍,学习及生活都会显得有些力不从心,比如,视觉记忆能力好的孩子,对看到的事物虽然不是过目不忘,但一般记忆深刻,如果这反映在学习过程中,孩子对于老师在黑板及多功能教学设备呈现的内容、课本中的文字、图形、例题看过一遍之后就能有深刻的印象,并且很快就能进入长时记忆,这对于孩子的学习会有很大的帮助。如果孩子对这些内容看到后记忆不深刻,不能很好地储存这些知识,就会导致学习困难,久而久之,孩子会抗拒学习、逃避写作业。一旦孩子的视觉记忆不好,他写字速度会很慢,并且记不住,阅读不流畅,阅读后不理解其含义,学习数学、物理、化学都会感到困难。视觉记忆不好还会影响经验的累积,自然会影响理解力,也会影响孩子思维的灵活性。

视觉分辨能力

指孩子能分辨视觉刺激的特征,然后能辨识、分类和配对。视觉分辨能力可以分为两类,即物体分辨能力和空间分辨能力。如果孩子物体分辨能力不足,可能没有办法分辨出用不同的方式书写的同一个文字或字母,也无法在众多物体中分辨并找到目标物体。而空间分辨能力不足的孩子,会出现写字时偏旁部首颠倒,分不清 b 与 d 等,左右不分,动作笨拙,还容易迷路。视觉分辨能力对于孩子的学习非常重要,因为孩子的学习无论文科还是理科,都有对点、线、面、文字、图形、符号的分辨。一般情况下,到了6 岁孩子就已经具备基本的分辨能力,如果此时还没有发展出正常的视觉分辨能力,孩子在学习过程中抄写文字、阅读课文、几何证明、化学符号等方面都会出现学习障碍。尤其现在的孩子,户外活动时间减少,大多被电子产品所吸引,少了练习视觉分辨能力的机会,因此这种能力也需要进行格外的训练，因为视觉分辨能力通过训练是可以提高的。视觉分辨能力是建立在良好的前庭平衡能力、本体控制能力、触觉分辨能力的基础上，所以通过以上项目的训练，通过图形分辨、异同比较、仿绘等方式的训练，孩子的视觉分辨能力可以得到很好的提升。

视觉联想能力

指的是孩子可以在心里描绘特定的人、事、物的图像，或者在心里想象出与之相关的图像。比如，当孩子看到一个人时，在他的心中会浮现出这个人过往的更多的具体形象，说到美丽的景色，孩子在内心会浮现出旅游去过的地方，看到一片云会联想到这片云像什么，看到一块很有形状的石头，也会联想到这块石头像什么。如果孩子缺乏这样的能力，会妨碍他发展进一步认知的能力。如果孩子看到某一图形，便能联想到与它相似的图形或者相反的图形，看到一个字也会想到相近的字，如果孩子学习诗词内心能呈现相应的图像，则有利于孩子的学习和记忆。如果能将断续、破碎的图形组成一个完整有意义的图形，这种能力对于孩子解决几何问题、应用题问题、形象思维问题都有很大的帮助。如果孩子视觉联想能力出现问题，他的视觉经验会显得贫乏，缺少创造力，只能通过死记硬背进行机械的学习，他在未来长期的学习生涯中会有巨大的压力。

视觉追踪能力

就是孩子眼睛追视、检视物体的能力，良好的视觉追踪能力可以提高视觉的广度、深度与速度。孩子阅读课文、上课听讲、写作业、答题都会受到这项能力的影响。如果孩子的视觉追踪能力较弱，他在阅读的时候，眼睛追踪的速度和朗读就会不匹配，出现加字、减字、跳行的现象，阅读时磕磕巴巴。在上课时跟不上老师讲课的速度，就会影响听课的效果。写作业时还会出现漏字、漏题、看错字、写错字、作业慢且马虎的现象。

自由活动如何影响视知觉反应能力的发展？

孩子的自由探索活动对视知觉的反应能力都有一定的影响，那么这种主动的探索活动是如何影响视知觉反应能力的发展呢？有两位博士做了一项这样的实验，把新出生的小猫放在有围栏内的仪器箱中，其中一组小猫可以自由活动，走来走去，并可以拉开四周的机关装置，也就是说，这组小猫可以自由地活动和探索。另一组小猫只能被带进带出。实验结果发现，被带进带出的小猫虽然看得见，但它们无法利用视觉有效的引导而走动，它们不能正确地伸出腿，也无法从跌倒的位置做出正确的爬起反应，只会对逼近眼睛的东西眨眼。而那些可以自由活动的小猫发育上都很正常，没有上述的异常情况。这个实验生动地说明，只看还不够，还要让孩子主动地看，主动地做出顺应性动作，只有这样才可以组合视觉信息和运动神经之间的联系，如果少了这样的自由探索活动，会对孩子的视知觉反应产生一定的影响。这也是在告诉家长，在孩子成长的关键期，孩子自由探索和自发的游戏活动，对孩子的视知觉发展很重要，对孩子的发展更加重要，如果被剥夺对孩子一生的发展都会产生影响。

视知觉信息是如何发挥作用的？

孩子所看到的信息要经过脑干和大脑皮层进行处理，脑干和大脑皮层是分工合作及相互作用的，从而完成视觉信息到视知觉的过渡。首先，当孩子眼睛看到也就是接收到视觉信息，这些信息首先在脑干进行初步的处理，在处理视觉信息的过程中，脑干会统合前庭平衡觉信息、本体控制觉信息、触觉信息，从而形成完整的视知觉，如同一幅导航地图，引导身体在空间移动。当这些信息在脑干统合好后，会传到相应的大脑皮层也就是视觉中枢，做更细致的高层的认知处理，经过大脑视觉中枢的处理，孩子便能分辨细节，分清不同的图形、文字，同时分辨背景的相互关系。如果前庭平衡觉和本体控制觉信息不足，眼睛视觉追踪能力就不能很好地建立，不能平顺地移动，视觉辨别能力会出现不足，因此，脑干及大脑中枢视觉区只有把前庭平衡觉信息、本体控制觉信息和触觉信息统合好，视知觉及相关能力才会好，这就是感知觉统合的重要作用。

比如，孩子在玩滑梯时，首先，大脑皮层的视觉区接收视觉信息，产生了滑梯视觉形象，由于孩子以前有过类似的经验，脑干和大脑视觉中枢先后处理这些信息形成视知觉，孩子站在滑梯前准备往上爬，脑干首先统合好前庭系统、本体系统及视觉系统的信息，从而孩子感觉到自己能够安全地爬上去，当爬到滑梯的顶端，他也会觉得很安全，这是因为感知觉统合让视觉、本体觉及前庭生产平衡觉信息经过统合后步调一致，为孩子完成滑梯的连续动作做好了准备，孩子最终会顺畅地进行滑梯体验。

视觉空间能力分为哪几类？

视觉空间能力分为两大类，即空间移动能力和空间认知能力。空间移动能力可以告诉孩子物体的空间位置、自身的空间位置，以利于完成准确的动作，空间移动能力需要统合视觉系统、前庭系统、本体系统、触觉系统信息，从而告诉孩子物体的位置、方向、大小和它包括哪些部分。空间认知能力帮助孩子分辨及记忆物体的特征，也就是告诉孩子物体是由什么构成的，空间认识能力也包括方向的辨识能力、认知物体相对关系的技巧。

视觉空间能力对孩子的生活和学习都非常重要，但这种能力并不是先天的，而是通过后天的学习获得的。视觉空间能力指的是孩子通过视觉系统对空间能准确掌握的能力，每个物体都有大小、形状、远近、方位等空间属性，而空间知觉就能反映物体的这些属性，如果孩子视觉空间能力发展不良，在写字的时候出现左右颠倒，把 6 写成 9，把 31 读成 13，对数量的关系不易理解，难以形成良好的推理能力，对距离及方位把控不佳，容易撞到障碍物或经常出现迷路。

如何理解空间移动能力？

空间移动的能力是在孩子潜意识层面对视觉空间信息进行的处理，孩子要成功完成一个完整的动作，或在不同的空间移动自己的身体，必须要统合多种感觉系统信息，所有空间移动和动作很少能靠单一感觉来完成。孩子要完成空间的移动或动作，首先应用来自前庭系统、触觉系统、本体系统的信息，并与视觉信息进行统合，视觉信息在大脑皮层进行处理，而前面 3 种感觉信息在脑干部处理，如果孩子能将来自大脑皮层的视觉信息和来自脑干的其他感觉信息统合在一起，这是可以成功在空间移动完成动作的先决条件。比如，孩子在课堂上写字时，视觉可以引导写字的顺畅，听觉可以引导孩子将注意力转移到老师布置的作业上，触觉可以让孩子分辨纸张和桌面的不同，前庭平衡觉可以让孩子在写字时头部一直保持抬起、稳定的姿势，并且不断地觉察自己与地心引力之间的关系，保持姿势的稳定，而本体控制觉能正确引导孩子写字的速度和力量。这些所有的感觉系统信息统合在一起，促成孩子动作成功地完成，在空间有效地移动，课间孩子要在一定环境中移动自己的身体，完成一个目标动作，也就是产生良好的空间移动能力，只靠视觉系统是远远不够的，还要与其他感觉信息进行统合，才能不断调整动作的策略与内容。比如，有些孩子学习跳绳比较困难，双手摇动的频率和双脚跳起的节奏不匹配，这些都是源于孩子无法判断自己与物体、环境之间的相对关系所造成的。这种能力越好，孩子的动作及空间移动就越好。孩子在移动的时候，他的视觉系统会在潜意识层面判断自己同物体的距离及动作，从而在不同的空间顺利地穿梭。一般孩子在进行不同活动的时候，不论是视觉信息，还是我们的身体都在不停变化，但一般来说都不会感觉到这些变化，我们看到的视觉图像是稳定不动的，不会随着我们的身体移动而变得不稳定，这种能力对孩子非常重要，否则孩子看书时会觉得字在纸上跳动。一般来说，孩子可以平顺地转换平面与立体的视觉信息，因此他们可以按照地图去找路，根据说明书拼装模型，若这种能力缺乏，孩子在生活自理、学业上都会有很大的问题。由此可见，前庭平衡觉、本体控制觉、触觉信息会先统合，让孩子可以有效地、精准地处理视觉信息，这是孩子产生空间移动和动作的根本前提。举个例子，孩子伸手抓取物品，伸手与抓物这两个动作会依赖不同的视觉刺激来完成，伸手依赖的是视觉提供的关于物体的距离和方向的信息，可协助我们把手臂准确地放在物体上，而拿起物体则依赖视觉提供的关于物体的大小、形状、重量及位置的信息。可见空间移动能力是建立在多种感觉信息的基础上，而更多的是来自后天的学习及锻炼。所以婴幼儿及童年的生活体验是孩子空间移动能力发展的基础。

如何理解空间认知能力？

孩子能在空间随意、稳定、有目的地移动身体，是面对生活、学习及有效成长的必要条件，而空间认知能力和空间移动能力相辅相成，或者可以说是更高一点的能力，因为空间认知能力可以让孩子分辨、记忆不同物体之间的视觉特征及相互之间的关系，比如，孩子分辨不同的字形、分辨汉字的结构等。如果空间认知能力出现问题，孩子会经常写错字，或者字写的比例不调、大小不一，极不美观。空间认知能力还可以帮助孩子在心里想象如何操作物体，孩子得到一个新玩具，可以在心里想象如何把玩这个玩具，然后付诸实施，可以有效提升操作的正确性及效率。玩球类活动的时候，孩子可以通过心里想象如何把球传得更好，然后去把球传出去，这可以提高传球的准确性及玩球的快感；空间认知能力还可以帮助孩子在学习过程中对点、线、面、角度及弯曲度有更好的认识，基于此可以判断、认识各种图形，图形之间的关系；空间认知能力还可以帮助孩子建立良好的方向感，在不熟悉的地方，不会迷路，也会记得去过的地方当孩子可以清楚地觉察自己与所处环境的关系，并记忆下来，他就开始建立认路的能力，这种能力还可以帮助孩子更好地规划平日的行程，比如安排去某地的路线，如何走更近、更方便一些。如果孩子缺乏这种能力，孩子会担心自己不能到达目的地，所以不喜欢去陌生的地方，这会严重限制孩子的生活空间、丰富性及对环境的进一步认识和探索。

空间认知能力对于辨别物体的相对关系有很大的影响，这指的是孩子可以了解并分析物体之间的相对空间关系，如果这个能力有问题，孩子可能会遇到以下的困难。首先，孩子预见能力及解决问题的能力会出现不足，这样在生活和学习中，孩子就会遇到更多的困难，这种困难也会表现在折纸、拼图等活动当中。仿绘画图是最基本的建构能力，书写汉字也属于仿绘，而要做到仿绘正确，孩子必须具备良好的空间认知能力，让孩子能够去分辨线条的位置及走向，分辨线条的弯曲度，在什么地方交会，是直线还是斜线等，完成这些不但需要视觉空间认知，还需要孩子有足够的专注力。最简单的仿绘就是直接复制，比如孩子刚上学时候的描红写字。一般来说，孩子必须具备相当的仿绘能力之后才会开始写字，孩子刚开始写字的时候并不好看，不是字写得离得太远，就是靠得太紧，比例结构也不好，我们观察幼儿园或一年级孩子写字，他们写字经常会超出田字格，随着长大，视知觉的成熟才会更好一些，这也是为什么小学低年级会提供有格子的作业本让他们书写。

搭积木是孩子小时候特别爱玩的一个游戏，这个游戏需要很好空间认知能力，孩子必须认识到积木之间的相对关系，如何拼插、堆积，才能完成他内心想象的形状，这都是在良好的空间认知能力下完成的。让幼童多做一些类似的活动是对孩子空间认知能力的启蒙。

在视知觉反应能力的训练中要注意哪些？

对于视知觉反应能力有困难的孩子，他们不但空间移动能力不足，空间认知能力也会不足，这都是视知觉反应能力不足的直接表现。所以针对视知觉反应能力不足的孩子，通过训练提升其能力是最重要的手段之一，否则会耽误孩子一生的发展。训练过程中需要让脑干、大脑皮质对前庭平衡、肌肉关节和视觉信息同时产生统合作用。在训练过程中加强颈部肌肉的共济性收缩作用，会提升训练效果，这是因为颈部肌肉的感觉对视觉有很大的贡献。如果孩子俯卧，身体呈飞行状，头颈高高扬起，腿微微上翘，此时背部肌肉有力地收缩，会产生大量肌肉及关节感觉信息传到脑干，协助处理输入视觉信息，同时这种俯卧伸展的姿势中，前庭的重力感受器会接收到与平时不一样的刺激，加上孩子的移动，前庭系统接收到的这种感觉刺激有助于孩子视觉分辨能力的增强。因此，在视知觉反应能力的训练中，让孩子在俯卧伸展的姿势中移动身躯是有效的训练方法之一，也就是说训练中对内耳前庭、肌肉关节、皮肤触觉感受器提供感觉刺激的活动都会提升视知觉反应能力。

视知觉反应能力不足有哪些表现？

视知觉反应能力不足表现在多个方面，比如，孩子在阅读时会加字、减字、串行，阅读速度慢，不流畅；眼球的转动与追踪不够灵活，总是转动头部追视物体；分辨能力差，辨认相近的数字、字母、文字有困难，比如分不清 b、p 或 p、q，大、太等相近的字母或文字；不容易从背景中分辨出特定的图形，辨别不同的形状也有困难；抄题时经常漏题，看到的与写出的不一致；写字会颠倒，超出格子，结构松散或过于紧凑；不喜欢玩拼图等复杂的游戏，手眼不协调，精细动作差；走路经常碰撞到其他物体，容易迷路；喜欢玩弄手指或看着手发呆；对特定的颜色或形状感兴趣，喜欢看颜色鲜艳的东西及画面快的广告和动画片；喜欢斜视或歪头看东西。

视知觉反应能力与阅读障碍的关系是什么？

无论社会如何发展，尤其是现在阅读对每个孩子的重要性怎么强调都不为过，因为阅读是每个孩子必要的能力之一，所有知识几乎都要通过阅读来获得，孩子没有良好的阅读能力就很难养成良好的阅读习惯。现在有越来越多的孩子智力正常，但阅读能力却明显落后，这会严重影响孩子的生活与学习，因为生活中好多常识是通过阅读获得的，也会影响孩子的学习成绩，因为在学习和生活中阅读所占的比例很大，换句话说，没有阅读就大大减少了知识的获得。

阅读是一个十分复杂的过程，因此阅读几乎涉及了所有的心理功能，在阅读过程中，首先要发挥视知觉作用，而视觉分辨、视觉记忆、视觉追踪、视觉动作统合都会参与进来。阅读是视知觉反应能力一个重要的功能，它与阅读障碍有一定的关系，一般来说，视知觉反应能力不足的孩子，阅读能力也会落后。

阅读能力落后的孩子会出现以下这些现象，一经发现，作为父母或老师就要予以重视，要从新的角度看待孩子的阅读与成绩，不一定是孩子学习不努力，而是孩子可能与阅读能力落后有关。不能认识、记住学过的生字，刚学过就忘了，听写生字的时候，大多数都不会写；朗读时加字、减字，并且随意按照自己的想法阅读；经常写错字，写字经常多一笔、少一画；阅读速度很慢、不连贯、磕磕巴巴，不会断句；写作文时语句过于简单，内容枯燥单调；经常搞混形近的字，经常搞混音近的字，学习拼音困难，经常把 Q 写成 O；经常颠倒偏旁部首等。出现这些现象，我们可以判定孩子阅读能力不足，需要训练才能改观，批评、打骂、说教均不起作用，只会给孩子造成心理创伤。

视知觉反应能力对阅读的影响首先是视敏度，视敏度是看东西的清晰性，如果发现孩子在看东西时影像不清楚，就容易看不清文字，影响阅读。判断孩子视敏度方面出现问题可以从以下条目判定：看黑板紧张，眼睛发酸；看书距离过近或过远；用眼睛时容易疲劳；看书经常串行；读书时显得吃力；转动书本的方向阅读；闭上一只眼睛读书。如果一旦发现以上状况，应当去眼科进行眼部生理检查，通过矫正恢复视敏度。

其次就是视知觉反应能力，视觉分辨能力差的孩子往往把相近的字弄混，比如把王看成玉，把内看成肉，这一定会影响阅读。当视觉记忆能力不足的时候，眼睛所看到的文字不能在大脑皮层产生瞬时记忆或短时记忆，这会影响阅读的速度和节奏。当视觉追踪能力不足的时候，孩子的眼睛不能平顺地追踪每一行文字，会出现加字、减字、跳行的现象。当孩子视觉动作统合能力不足的时候，孩子看到的文字与语言表达不能相互协调配合，出现眼口不一的现象，也会影响阅读。而通过视知觉反应能力训练，可以让阅读能力得到提升。

视知觉反应能力的训练方法有哪些？

要提升孩子的视知觉反应能力，可以配合前庭平衡能力训练及本体控制能力训练，在此基础上，通过以下方法训练，可以拓展孩子的视觉幅度，提高孩子视觉的稳定性及视觉分辨能力，促进孩子视觉追踪能力的发展，提升视觉记忆，更会促进视觉注意力的发展，这样孩子在学习的过程中，阅读的速度及内容理解都会有很大的提升，从而促进孩子学习能力的提升、学习效率的提升。

训练 1：追视

训练目的：提升孩子视觉分辨及视觉追踪能力，促进视觉专注力的发展。

训练方法：A4 纸任意画 1~5 条曲线，线条要交叉，但不能重叠，要求孩子分别找出线条 1~5，也就是从 1 进然后 1 出，可以用笔跟着线条画，也可以用手指随着线条移动，还可以直接用眼睛追踪。

特别提示：难易程度循序渐进，先易后难，从 2 条开始，根据情况增加线条数量。

训练 2：视觉训练

训练目的：训练孩子视觉注意力、视觉追踪能力、颈部的稳定性。

训练方法：在纸上画出“之”字形状，横竖均可，重叠 6~8 层，线长 20 厘米左右，标上箭头指示方向，孩子眼睛根据“之”字箭头的方向运动。

特别提示：眼睛与图保持 20 厘米距离；孩子保持头部不动，眼球按照箭头所指方向移动。

训练 3：抛接球

训练目的：锻炼视觉专注力、视觉追踪能力、手眼协调能力，对速度、距离空间的判断，缓解写作业疲劳问题。

训练方法：在墙上做一个固定标识点，孩子双手抛球，翻手腕向墙上的标记点推球，并成功通过反弹接住球，然后再抛球，循环往复。

特别提示：定点位置与孩子视觉平衡；孩子面对标记点，固定站立，不得随意移动；距离为 80~100 厘米，数量根据孩子情况而定，温和提醒孩子调整好抛球的姿势。

训练 4：黑白棋子

训练目的：锻炼左右脑思维快速反应能力，提升视觉分辨能力及视觉广度。

训练方法：放 10~20 颗白棋子，10~20 颗黑棋子，连续说出左右手分别拿几颗什么颜色的棋子，孩子做相应动作。如右手 3 黑，左手 4 白，依次发出指令，如果还有剩余棋子，可以问孩子剩几颗棋子，因为训练与父母或训练师同步进行，可以比对结果。即使孩子弄错，也只说一句："好，再来"。

特别提示：游戏与孩子共同进行，增近亲子关系；发令清晰；难易循序渐进，语速根据情况加快；交换发令，增强孩子表述能力和趣味性。

训练 5：视觉远近交替训练

训练目的：锻炼眼部睫状肌，提高孩子眼球灵活度和清晰度。

训练方法：初始动作单手握拳放于眼前，然后快速向前方推出变成掌，眼睛看着指尖，翻腕变成掌心向内，五指依次收回呈握拳状，并迅速恢复初始动作，继续重复此动作。

特别提示：初始动作，单手握拳离眼睛 10 厘米，眼睛注视手指，持续不能离开；动作迅速准确；眼睛随着收的远近变化而变化，数量根据孩子具体状况而定。

训练 6：撒彩石

训练目的：增加视觉敏感度，提高视觉分辨能力、视觉记忆力及视觉广度。

训练方法：选择大小适中的彩色石子，其中红色的 10 块左右，绿色的 10 块左右，白色的 10 块左右，也可以是其他颜色，放到一个盒子中，混合在一起，父母或训练师用两手迅速抓起石子，然后放手，让石子落在桌子或地面上，全部落下后，孩子快速看一眼这些石子，然后转身，将各种颜色的石子数目凭记忆写下来。

特别提示：观察时间要有限制，比如 3 秒、5 秒、10 秒，根据孩子的能力及年龄，选择撒石子的数量，灵活掌握，可以与孩子协商，让孩子决定看几秒，适当引导并鼓励孩子。

训练 7：抓数字

训练目的：锻炼视觉敏感度、思维反应能力、视觉广度及分辨能力。

训练方法：将几组 0~9 数字道具随意混合摆放，随机喊出一些数字，迅速找出这些数字。

特别提示：先易后难，可以进行加减乘除运算，低年级加减法，高年级乘除法，比如喊拿出 3 和 5、迅速拿 1 和 0、拿出 6–4 等于什么的数字，以此类推。

训练 8：找缺数

训练目的：训练视觉专注力、思维反应能力、视觉记忆能力。

训练方法：随机写出一组数字，找出这组数字中缺少 0~9 中哪个数字，让孩子说出来或写出来。

特别提示：初步定在 10 个数字，找出时间为 4 秒，之后增加数量，最多 20 个，找出时间为 6 秒，也可根据孩子具体情况灵活运用。

训练 9：数字交叉

训练目的：提升注意力，锻炼左右脑思维，改善孩子看书串行、落字问题。

训练方法：两竖列非零单位数字开始，两位数相加结果依次向后排列，之和写于第一排，第一个加数移动到第二排，作为下一组的加数，以此类推，直至所求和数字循环，比如：

正

2 5 7 2 9 1 0 1 1 2 3 5 8 3

3 2 5 7 2 9 1 0 1 1 2 3 5 8 ……

反

2 3 5 8 3 1 4 5 9 4 3 7 0 7 7

3 5 8 3 1 4 5 9 4 3 7 0 7 7 4……

特别提示：正反训练为一组，相加过程中遇到十位数时，省略十位，只记个位。

训练 10：舒尔特方格

训练目的：促进视觉广度、注意力、分辨能力的发展，拓展视觉幅度，加快视觉频率；提高视觉稳定性、定向搜索能力，提高视觉深度和广度。

训练方法：方形卡片上 1 厘米×1 厘米的方格 25 个，中间格子写 1，其他数字打乱顺序任意填写，相邻的数字不要写在一起。训练时，要求用手指按 1~25 的顺序指出其位置，同时朗读出声，记录时间，用时越短，视知觉反应能力越好。

特别提示：要观察孩子是否依次找到，不能漏数，同时做到手到、眼到、口到；每个年级的孩子达标时间不同，1~2 年级 30 秒以内达标；3~4 年级 28 秒以内达标；5~6 年级 25 秒以内达标；视知觉反应能力较弱的孩子，我们可以从九方格开始训练，逐渐过渡到 16 方格、25 方格。

训练 11：考眼力

训练目的：锻炼视觉追踪能力，提高视觉专注力。

训练方法 1：随意 3 张扑克牌，放在桌子上，让孩子记住其中一张的花色大小，然后快速打乱顺序，选出记住的牌。

训练方法 2：随意 3 张扑克牌，放在桌子上，让孩子记住 3 张牌的顺序，然后快速移动位置，让孩子说出现在的顺序，翻开验证。

特别提示：训练过程中根据孩子情况调整打乱牌的速度，让孩子体验成功，视知觉反应能力提升后可以增加扑克牌的数量，比如到四五张扑克牌。

训练 12：碰 10

训练目的：提高视觉注意力、视觉分辨能力。

训练方法：随意写出几组数字，每行都有一些两两相邻相加等于 10 的成对数字，让孩子集中注意力，找出这些数字，并在下面画线。

特别提示：每组 60 个数字左右；数字与前面后面相加只要为 10 就要划线。

训练 13：找不同

训练目的：提高视觉分辨能力、视觉注意力。

训练方法：用相近的字母、数字、文字混在一起，写成一行，让孩子找出每组规定的字母、文字或数字，圈起来，并记录个数。

特别提示：当孩子视知觉反应能力明显不足时，可以用差距较大的字母、数字、文字来训练。

训练 14：凝视

训练目的：培养视觉注意力；让眼睛明亮，缓解紧张、抑郁情绪，对于眼颤有辅助治疗作用。

训练方法：白纸上画一个 1.5 厘米的黑点，双手拿纸距离眼睛 30 厘米，双眼凝视，调整气息，放松，开始凝视 1 分钟，逐渐延长到 3 分钟、5 分钟，或更长时间。

特别提示：训练结束后，让孩子回放视像直至感觉不到。如发现孩子在凝视过程中眼神有移动或走神，即叫停；休息一会儿再次开始，中途不要干扰孩子，计时即可，如果孩子看到黑点有移动或有影像出现，可以让孩子描述，如果孩子看到图像感觉恐怖，可以进行心理安抚。

训练 15：指读

训练目的：训练视觉追踪及视觉注意力，阅读不丢字、不串行、不加字。

训练方法：每天 10 分钟阅读量；读物自选，要求阅读时，眼睛随着手指的移动同时读出声音，手指移动的速度与阅读的速度一致。

特别提示：多鼓励，认同，吐字清晰，声音洪亮，错误处重读。

训练 16：手势模仿

训练目的：锻炼孩子视觉分辨及记忆力，视觉动作统合能力，提升思维反应能力。

训练方法：与孩子面对面坐好或站好，要求孩子注意看训练师的双手，训练师做各种各样的手势，每做一种手势都需要换手，让孩子模仿，做出同样的手势，训练师从简单的手势开始，开始速度要慢一些，随着训练，孩子能力增加，再逐渐加大难度、加快速度，直至孩子能模仿连续性的手势。

特别提示：每个孩子的视知觉反应能力不同，训练过程中一定要观察孩子，根据孩子的情况决定手势的复杂与简单、速度的快与慢。

训练 17：贴图

训练目的：提高视觉联想能力、手眼协调能力及视觉分辨能力，提升想象力和语言表达能力。

训练方法：开始准备好从杂志、画报、报纸剪下来的图案及图片，同时给孩子准备一张白纸、胶棒，让孩子把这些图案组成一个新的图案，要自由发挥。延伸训练还可以让孩子自己用剪刀剪下图案或图片，或者自己用剪刀剪出一些形状或图案，来创作新图形，根据自己设计的新图形说出自己的想法。

特别提示：创作过程中多鼓励孩子，观察正确安全地使用剪刀，控制好力度，保证安全。

训练 18：火眼金睛

训练目的：提升视觉注意力、分辨力、记忆力，注意力的稳定性，观察能力。

训练方法：给孩子两张看起来相同的图片，让孩子仔细观察，找出这两张图片中不同的地方。

特别提示：图片要能引起孩子的兴趣，两张图不同点根据孩子的年龄及能力的强弱来确定，多鼓励认同，增加孩子的自信心。

训练 19：接沙包

训练目的：提升孩子对空间及速度方位的判断，锻炼手眼协调能力。

训练方法：让孩子端着纸箱或者塑料盆去接我们丢过来的沙包，或者让孩子把沙包投到我们端的纸箱或者盆子里面。

特别提示：根据孩子情况，决定投沙包的速度和距离，一个最基本的原则就是让孩子在训练过程中体验成功,愿意参加我们的训练活动。

训练 20:慧眼识珠

训练目的:区分背景与图形,提升视觉联想能力、分辨能力、注意力。

训练方法:准备一些图片,让孩子从背景中找出一定数量的规定物体,比如,图片中有几个人、图片中有几个心形、图片中藏着几匹马等,网上有这样的图片,我们可以用来给孩子做训练。

特别提示:图形与背景的辨别需要孩子多种视知觉能力的参与,即使目标图片中有多个规定目标物体,也要根据孩子情况确定,让孩子找出几个,逐步提高难度与速度。

训练 21:丛林穿越

训练目的:提升空间能力及对空间的概念。

训练方法:在训练室内设置一些障碍,让孩子站在起点,看好并记住障碍的位置,然后给孩子戴上眼罩,让孩子通过障碍到达终点。

特别提示:做好安全把控。

训练 22:走障碍

训练目的:改善空间概念,提升空间认知能力,促进双侧肢体协调。

训练方法:将一条 6~10 米长的绳子绕成错综复杂的路径,让孩子一脚在绳子的一边沿着绳子走,碰到交叉处,孩子双脚跳过去,继续前行,要求从起点走到终点。

特别提示:双脚同时起跳。

训练 23:积木游戏

训练目的:改善空间概念,提高空间认知能力,促进精细动作发展。

训练方法:各种形状的木质积木,让孩子搭建积木,越高越好,可以用比赛的方式进行。同样的积木,训练师设计出一个形状,之后让孩子模仿。

特别提示:多用鼓励语言。

训练 24:几何板游戏

训练目的:改善空间观念,促进空间感认知,促进孩子手指精细动作发展。

训练方法:让孩子用橡皮筋在几何板上做出各种几何图形;训练师或父母创造图形,让孩子进行模仿,做出一样的图形。

特别提示:根据孩子的能力,开始的图形要简单,随着能力增加再逐步增加图形的复杂程度。

第八章　听知觉反应能力

听觉是如何产生的？

听力是指耳朵听到声音的能力，它是物体振动时带动周围的分子振动产生声波，当声波到达耳朵，孩子就会听到声音。而听觉是在听力的基础上产生的，听觉器官主要包括外耳、中耳、内耳三部分，外耳可以收集声音，并将声音放大，这是因为声波可以让外耳的骨膜产生振动，鼓膜的振动会引起中耳听小骨的振动，于是声音被再次放大，传到内耳，在内耳声音信号转换成听觉刺激信号，由感觉神经将这些听觉刺激信号传至脑干或大脑皮质。在传输过程中，一般正常情况下由于听觉系统可以确保孩子将左右两只耳朵听到的声音进行有效的整合，能确保让孩子专注于重要的目标声音，并忽略掉那些不重要的声音。大脑听觉中枢包括主要听觉区、次要听觉区及联合听觉区。主要听觉区负责接收信号，只有当听觉信号传输到主要听觉区，孩子才能真正听到声音，而次要听觉区的重要性在于可以辨识声音的来源、方向，也可以让孩子注意新的声音，联合听觉区能让孩子更有效地处理复杂的听觉信息，比如听写和阅读，在联合听觉区，听觉信号还会与前庭系统、本体系统、触觉系统信息相互统合，这时才基本完成对听觉信号的处理，声音的长短、频率，音调的高低、强度及节奏，于是听觉产生了，而这些声音的刺激还可以影响网状结构的兴奋，从而影响大脑的警觉状态。

如何理解听知觉？

孩子的听觉系统包括外耳、中耳、内耳、脑干、听觉神经及大脑听觉中枢。耳朵接收到由于物体振动产生的声波，由外耳传至中耳，声波让骨膜产生振动，鼓膜振动再次将声波传到内耳并刺激听觉神经，听觉神经将听觉信息传至大脑的听觉中枢，即脑干及大脑的颞叶，通过对声音的来源进行辨识、理解，并与过去的经验进行比对与统合，从而形成听知觉，并根据形成的听知觉做出适当的反应与行为。基于此，听知觉就是大脑对耳朵听到的信息进行加工处理、分辨、理解，并与过去经验的整合，从而产生知觉的过程。听知觉良好能让孩子辨识不同的声音、音调、音量、节奏、声音方向和不同的语言。孩子很小的时候，在特别喧闹的环境中，他们能分辨出妈妈的声音，即使不了解妈妈说话的内容，也能从妈妈的语调中感受到开心与不安的成分。听知觉对于孩子的安全感也特别重要，当孩子在马路上听到汽车的喇叭声音，可以分辨出汽车是从哪个方向来的，从而进行有效的躲避。如果一旦听知觉功能发展不良，还会妨碍孩子的社会功能，比如孩子对某些声音或巨大的声响特别敏感，甚至不愿意参与一些活动。

听知觉同时还是孩子语言发展的基础，语言在孩子学习和生活中是一种相当重要的能力，无论是知识的吸收还是传播，如果少了语言或者语言能力不佳都难以做到。如果孩子不能形成良好的听知觉，没有很好的听觉辨识能力，语言就不会顺畅地发展，所以一般有语言障碍的孩子在听知觉及听觉记忆上都会存在能力不足的表现。而对于听觉反应能力不足、语言发展障碍的孩子，在进行感知觉统合能力训练的过程中除进行有针对性的听觉信息的输入与表达外，重点还应放在促进脑干功能的正常化，这样才能从根本上改善孩子对声音的知觉及记忆能力，从而促进语言功能良好的发展，同时能够改善孩子的阅读能力。

什么是听知觉反应能力？

听知觉反应能力指的是当物体振动的声波传到耳朵，这些被收集到的声音信息通过听觉神经系统传至听觉中枢，听觉中枢能有效处理这些声音信息，包括对声音的定位、分辨、确认、解读、排序、选择、过滤、比较、记忆、比对，从而对声音有了完整意义的理解，并据此做出正确反应的能力，听知觉反应能力包括听觉分辨能力、听觉记忆能力、听觉编序能力、听觉理解能力、听说结合能力等方面。

听觉分辨能力:指孩子接受和辨别所听到的各种声音的能力，这种辨别力可以让孩子追踪声源，对熟悉的声音、突如其来的声音产生适应的反应，听觉分辨能力也是听知觉反应能力的基础，有了分辨能力，才会有听觉注意力、听觉记忆力等听知觉能力。一般来说，如果孩子听到声音或者语音差别较大，一般孩子分辨起来就比较容易，这对听觉分辨能力的要求不高，但在生活中好多声音和语音，尤其在说话的时候，往往差别很小，所以这就需要孩子有较好的听觉分辨能力，否则分辨这些声音及语音就比较困难，如果孩子的听觉分辨能力不足，就会对接近、相差不大的声音或者语音分辨不清，一旦孩子的接收出现错误，孩子就不能形成准确的听知觉，更不能根据听觉刺激做出准确的顺应性反应。比如，说孩子会出现听而不闻，看似已经听到了，但迟迟没有行动，孩子会听不清或记不住老师留的作业，孩子不能完整地复述在学校发生的事情，当听到一个命令后，反应总是比别人慢半拍，并且在与其他人互动中不能很好地听别人说话，对环境中的一些声音很难辨别他需要捕捉的目标，同时会出现说话含糊不清或发音不准的现象。

听觉记忆能力

是指通过听觉系统将听到的信息进行识记、保持、回忆或再认的过程，也就是孩子将双耳所听到的声音，通过加工处理，然后将这些信息存储到大脑，从而能够回忆所听到的信息，并且能复述所听到信息的能力。良好的听觉记忆能力可以帮助孩子记住所听到的信息，并可以回忆所听到的内容，当孩子接收到指令时，良好的听觉记忆能力可以让孩子记住指令的内容及关键词，这样可以确保任务的完成；良好的听觉记忆能力还可以提高孩子的语言及认知能力，将听到的内容应用到相应的人、事、物，并记忆储存，当下次遇到相同的情况时就可以凭借以往的经验进行回忆并表达；良好的听觉记忆能力还可以促进孩子的思维活动，孩子将听到的内容可以联系起来，这在生活、学习中意义重大。知识之所以能够传承，是因为有记忆力，一切学习均在记忆。孩子的生活技能、经验积累均与记忆相关，尤其是在学校学习基本知识及技能的阶段，记忆力更是孩子学习最重要的保障。当孩子在课堂上课时，听老师讲课是主要的活动，因此听觉记忆能力的好坏直接影响孩子的学习成绩。如果孩子听觉记忆能力强，会准确有效地记住老师的讲课内容，并在写作业的过程中、考试的过程中会有所反应，那就是作业快速而准确，成绩稳定而优异。如果孩子一旦听觉记忆能力不足，就会出现听觉记忆的广度小，因此他会记不住老师讲课的内容，总会丢失一些关键句子，记不住老师说的较长的句子，不能复述较长的信息。一般情况下，老师口头布置作业的时候，由于孩子听觉记忆能力不足，孩子忘得很快，回家就说没有作业，或只记住了其中几项，而家长由于不了解往往会误以为孩子是在撒谎或逃避写作业，所以这也是引起家庭亲子关系冲突的重要原因之一。由于听觉记忆力能力不足，孩子就不能将新旧知识有机地联合起来，因此孩子的理解能力欠缺，不但会影响孩子的学习成绩，更会影响孩子的生活体验。

听觉编序能力

是指孩子将通过听觉获得的信息或资料，以详细的先后顺序回忆出来，并能将听到的信息加以组织、整理、理解，赋予听到信息一定意义的能力。这项能力对孩子把通过听所学到的知识有系统、有组织地保留至关重要。听觉编序能力是建立在听觉记忆能力的基础上，所以听觉记忆能力会影响听觉编序能力的发挥。如果孩子听觉编序能力不足，会出现不爱表达，条理性差，说话缺少逻辑性，没有头绪语无伦次，啰里啰嗦或结结巴巴，复述时磕磕巴巴、丢三落四，写作文时语句比较枯燥，分不清段落大意。

听觉理解能力

指孩子对听到的信息进行辨识、分析、解释、理解的能力，它包括对语音的辨别、语调的辨别、词汇的理解、语法的构建等因素。一般来说，一个智力水平正常的孩子，他的生理、心理及智力发展到一定的水平，就具备了进入学校学习听课的能力。但当今好多孩子由于出生方式及养育方式的变化，出现了对老师讲课的内容听而不闻，或者说听到了指令，但不能有效地执行，根本原因是孩子的听觉理解能力不足。一旦孩子听觉理解能力不足，这样的孩子往往显得比较木讷；对老师、父母及其他人发出的指令反应迟钝，或者说听而不闻，只有重复指令或在带领才能做到；并且这样的孩子常常听不懂词汇的意义，不能理解句子的意思，听不懂老师讲课内容；注意力分散；很难确定两个听觉词汇之间的关系，比如，草原有绿草、大海有蓝色的海水。

听说结合能力

指的是孩子能听懂别人所说的话，并根据听到语句做出较复杂而又有意义的语言反应能力，也就是能把听到的做出来或说出来。听说结合能力可以帮助孩子对听到的语句进行理解、联想、推理、判断。3~4 岁是听说结合能力发展的重要阶段，一旦孩子听说结合能力不好，他们往往会缺少基本的口头叙述能力，经常话到嘴边，却不知道如何说起；即使能说出来也会出现语无伦次，别人听不明白，自己不知所云，好像在自言自语；孩子所说的与所处的环境不相符。因为听与说是密不可分的，无论在学习过程中还是在生活中都是这样，而当听与说无法协调统一、有机结合时，就会出现语言表达上的困难，这不仅仅影响孩子的学习成绩，与同学之间的交流、交往也会出现一定的困难，将来到了职场，根据当时的语言环境，恰当的语言表达是必要的技能，这种能力不足更会影响孩子的职业生涯。

听觉动作统合能力

指孩子能听懂别人在说什么，并根据所说的内容做出准确、快速而复杂动作的能力，也就是根据要求、指令、内容等说出来或做出来。孩子的日常生活中听到然后去做是很常见的事，所以听觉动作统合能力起着很重要的作用，如果此项能力不足，孩子就无法有效地完成一系列活动，比如，上体育课按老师指令来做动作，音乐课听着音乐节拍做出舞蹈动作等。本来听与动就是一个连续体，孩子听了，听到了，还要听懂了，还要对所听到做出有意义的反应，而这些反应大多是通过动作来实现的。一旦孩子听觉动作统合能力不足，孩子会出现听指令做动作的能力比较差；听到别人说的话，动作反应总是慢半拍；与别人沟通的能力比较差；常常显得心不在焉。

听觉注意能力

指孩子对有意义的听觉信息进行选择和集中的能力，这项能力在孩子完成课业学习时显得尤为重要，更是生活的一项基本能力，如果此项能力不足，孩子平时与人对话时表现出目光飘忽不定,无法正常对视,交流时东张西望,上课走神,小动作多,听课时会漏掉很多重要信息,给人感觉做什么事都不耐烦。

听知觉反应能力是如何影响学习成绩的?

一般来说,从听觉到听知觉信息的处理过程是这样的,首先,内耳听觉器官接收声波的刺激,然后把这些声音信息传到脑干部的听觉中枢,在脑干部听觉信息与前庭觉、本体觉、触觉信息进行统合,之后再传至大脑听觉中枢,在大脑听觉中枢与视觉信息进行交换,从而可以辨认出听觉信息的性质和意义。一般作为老师或父母很少能了解听知觉反应能力对孩子学习的意义及重要性,更不知道如何判断孩子听知觉反应能力好与坏。其实听知觉反应能力不良,既影响孩子的学习过程,又影响孩子的学习效果,同时还会影响课堂秩序,甚至干扰老师的正常教学。因为上课时听不懂,记不住,分辨不清老师讲的内容,当然会影响学习成绩。当孩子听觉分辨能力不足,就会难以区分相近的语音、发音相近的字或者发音相近的词,因此会出现错误;当听觉记忆能力不好,孩子就无法听全,并记住老师所说的重要信息;而听觉理解能力不足,就会导致孩子听讲能力和阅读能力落后;如果孩子听觉动作反应能力落后,孩子就不能根据听到的指令快速完成相应的动作。以上由于听知觉反应能力不足出现的现象,一定会影响孩子的学习效率,而学习成绩正是学习效率的体现。

听知觉反应能力不足的原因有哪些?

听知觉反应能力良好的孩子,面对环境中的各种声音,尤其是面对他人说话的时候,他会加以选择滤掉不重要的声音或其他杂音,并解释它的意义,产生认知,然后做出顺应性反应。同时也会将这些听知觉经验存入大脑的听觉记忆区,这些听觉经验可以在以后听知觉反应中发挥必要的作用。但听知觉反应能力发展不良的孩子,他们对大量的外界信息刺激应接不暇,往往搞不清如何反应,因为他们不能很快解释听到的声音,让对方重复一遍,或者自己重复一遍对方说的话,然后才能做出反应。有的孩子可能会有听而不闻的状态,根本没有反应,大多数父母也不会追究原因,只是觉得孩子不够专心,久而久之,孩子就会养成消极逃避的习惯,而出现听知觉反应能力不足的状况,这是多种原因造成的,了解这些原因对于提升孩子的听知觉反应能力是有帮助的。

前庭平衡能力不足:因为听觉系统和前庭系统二者的神经接收器都在内耳,所以听觉和前庭平衡觉二者之间信息交流互动频繁。换句话说,就是好多听知觉反应能力不足的孩子,他们的前庭平衡能力发展也不足,如果在感知觉统合能力训练过程中提升前庭平衡能力,也会对听知觉反应能力的提升有很好的促进作用。

听知觉过滤能力不足,会导致孩子不能很好地过滤环境中嘈杂声音的干扰,所以这些孩子会因为不重要或不相干的声音分心,比如,老师在讲课的时候,孩子会被教室内外无关的声音所吸引,不能把注意力放在老师讲课的声音上,这样会漏掉应该关注的重要信息,当然孩子的反应也会出现偏差。

听觉分辨能力不佳:由于出生及养育方式等原因造成有些孩子听知觉分辨能力比较迟钝,他们很难辨别声音的异同,他们不能分辨相近的发音,比如“拜拜”与“爸爸”,他们也不能很好地分清汉字拼音的 4 个声调,所以他们会把“柿子”听成“狮子”,当孩子对声音的分辨不够准确,理解就会出现偏差,当然反应就会出现偏差。

听觉记忆能力比较差的孩子不能很好地将听到的声音信息通过识记、保持、回忆、再认这样的记忆环节记录在大脑听觉中枢,并做出反应。这样的孩子常常给人的感觉是心不在焉,最常见的现象是,交代孩子要做的事转身就忘了,你再问他,还会一脸无辜的样子,有的孩子当别人问他话,他总是听不懂的样子,眼睛看着你,让多说几遍,这样孩子就不能很好地做到听见、听全、听懂、理解、记住,从而更不能据此做出很好的反应。

此外,由于脑损伤引起的听觉中枢受到的损害,听觉系统由于某种原因受到损伤,都会直接影响听知觉反应能力,出现反应偏差。

▶听知觉反应能力不足的孩子有哪些表现?

当别人叫他或跟他说话或给他发布指令时,常常听而不闻,反应慢或没反应;听别人讲故事时不专心,表现出不愿意听,还经常打断别人说话;上课时走神,小动作多,外界一点细微的声音就引起他的注意,做事丢三落四;在讲故事时颠三倒四,顺序混乱,丢掉很多重要信息;发音器官虽然正常,却不能区分相近的发音,孩子发音不准,咬字不清;经常自言自语;辨别声音的来源有困难;不能很好地倾听别人说话,显得不尊重别人;不能很好地理解别人说话的意思,所以经常没反应;收到指令过多的时候不知道先后执行顺序;会把数字听颠倒,比如把 32 听成 23;别人交代的事转身就忘,对于长的听觉信息,即使记住也会忘得很快;新旧知识不能很好地联系在一起,导致理解能力差,学习成绩差;听写有困难,跟不上老师讲课的速度,经常记不清、记错老师布置的作业;缺少倾听的态度;词汇贫乏;说话时缺少目光交流,眼神涣散,自己有想法不能准确地表达,从而让别人听懂;说话总是跑题,与正在谈论的话题无关;记不住自己听过的话,也不理解这些话,也不能集中注意力去听那些话;在面对面交流时有困难,不能很好地回应别人的问题和要求。

▶听知觉反应能力与其他感觉系统的关系是什么?

听知觉反应能力的主要功能就是帮助孩子对听到的声音信息进行分析、理解、定位等,然后与其他感觉信息及经验进行统合,这样使听到的声音赋予意义并被理解,听知觉产生,然后做出相应的动作反应。而要根据听知觉信息产生相应的反应,一定需要其他感觉系统的配合,仅仅靠听觉系统是完全做不到的。听觉的处理也是多层次的处理,在脑干部输入的听觉信息会与前庭平衡觉、本体觉信息进行统合,而前庭神经核也接受听觉信息的输入,在此进一步对前庭平衡觉和听觉信息进行统合。研究证明,所有前庭刺激和本体刺激的训练活动,都可以提升孩子的听知觉处理能力。尤其是听觉系统和前庭系统之间的关系更紧密,在复杂的大脑结构中有很多感受器都有着密不可分的关联,感受器也都有相似的运作方式,前庭系统和听觉系统在功能上也有更多的关联。听觉和运动觉在脑干边缘系统被统合,因此对声音的定位及认知,加上适当的动作,可以帮助孩子完成生活中的大部分活动。所以在感知觉统合训练过程中,除了专门的听知觉反应能力的训练活动外,也会用大量的前庭刺激去提高孩子的听知觉反应能力,因为听觉信息和前庭平衡觉信息的统合,可以促进孩子在姿势、语言、保持自律、神经平衡功能方面发挥一定的作用。

▶父母如何评估孩子的听知觉反应能力?

当父母或老师发现孩子有听知觉反应能力不足时,可以带孩子去接受专业的检查,经过专业人员的评估,更能清晰地了解孩子的听觉能力水平。一般情况下,专业人员会通过观察孩子的行为表现来评估孩子的感知觉统合能力状况及听知觉反应能当然有标准化的测试来评估。为了方便父母或老师对孩子的听知觉反应能力进行简单的评估,接下来提供一些简单有效的评估方法，来识别孩子的听知觉反应能力状况，常用的评估方法有以下几种。

• 在孩子的左右双耳说话，比如在左耳说 3、6，在右耳说 5、0，然后要求孩子把听到的数字说出来，只要能说出数字，不论什么样的顺序都行，这可以评估大脑皮层的听觉功能。

• 准备一个空盒子，里面装入少量豆类，在孩子左耳边和右耳边分别晃动，例如左耳边晃动 3 次，右耳边晃动 2 次，让孩子伸手示意晃动次数。

• （适合低龄儿童）在孩子的左右双耳讲话，在右耳小声说 5、9，在左耳大声说 7、3，然后要求孩子说出右耳听到的数字，这样可以评估在竞争性的听觉刺激中去忽略不重要的听觉刺激，而对重要的听觉刺激能集中注意。快速交替在孩子的左右耳讲话，看孩子是否能将左右耳听到的信息合成一个句子。比如，左耳“我要”、右耳“带你”。左耳“去游乐园”、右耳“玩激流勇进”，看孩子是否能说出这句话——我要带你去游乐园玩激流勇进。用这个方式可以测出脑干的统合功能。

用哪些方式提升听知觉反应能力？

在日常生活中，父母或老师发现有些孩子聪明伶俐，智力正常，但却记不住或记不全老师上课所讲的内容，经常忘记老师口头布置的作业，通过反复叮嘱，甚至批评，不断通过补课的方式来弥补，但事与愿违，其实这是听觉记忆能力落后导致的。当然听觉记忆能力落后首先要通过训练提升孩子的前庭平衡能力、触觉分辨能力，然后通过听觉记忆训练，可以大大增强孩子听觉记忆能力，提高听觉广度，这样孩子就可以记住长一点的听觉信息，并且可以促进孩子对新旧知识的联系，加强对知识的理解。听觉记忆可以通过仿说来实现，在仿说的过程中，通过训练可以提高孩子对听觉信息记忆的准确性，提高孩子记忆的广度，而听觉记忆的广度恰恰是记住长一点听觉信息的基础。

即时仿说

指的是老师或家长说一个词或一句话，然后让孩子马上跟着说同样的话，要求完全准确地仿说，句子的长度可以逐渐增加，比如，我有一个红书包，我有一个带花瓣的红书包，我有一个带白色花瓣的红书包，我有一个妈妈送给我的带白色花瓣的红书包……同样可以让孩子仿说听到的故事来提高听觉记忆力，故事长短的选择根据孩子的能力及年龄来决定。传话游戏也是提高孩子听觉记忆力的好方法，还可以促进口语表达能力，例如，我们说一句话，让孩子把这句话传给其他人。

延时仿说

就是让孩子回忆并准确说出以前听到的信息，延时仿说即训练孩子听觉记忆的保持能力，也促进听觉记忆的准确性。具体做法是告诉孩子一句话，比如，妈妈今天下班后要先去超市买菜，然后回家给你做饭，两分钟之后问孩子，妈妈刚才跟你说什么了，然后让孩子回忆并复述刚才听到的话。随着训练，孩子的能力会提升，这样就可以延长间隔的时间，5 分钟、6 分钟、10 分钟等，句子的长度和内容的复杂性也要根据孩子的具体情况而定。在训练的过程中，如果让孩子能听、说、看、动，达到多感官的互动，对于提升孩子听觉记忆效果更好。比如，让孩子听词汇或语句描述，然后让孩子找出相应的图片，之后再仿说词汇或语句，收起图片，再让孩子回忆刚才听到的词或语句。听指令做动作，然后回忆听到的指令，按类别仿说词汇，这可以提高孩子记忆的广度和记忆的牢固性，并提升孩子认知能力，比如，动物类、植物类、交通类等。利用这些词让孩子进行联想、记忆并复述，训练效果会更好。

孩子听觉分辨能力不足，就容易对听到的声音产生混淆，从而影响孩子的听课效果，通过听觉分辨能力训练，可以在一定程度上帮助孩子去掉在上课时听不清的状况，还可以培养孩子良好的倾听习惯。听觉分辨能力是听觉记忆过程的基础环节，只有孩子能准确分辨各种声音，听清楚信息，才有可能记住并做出准确的反应。当一些孩子不能按老师或家长的要求做好，看似在故意破坏规矩，比如不能按时完成作业，不按指令要求做，这些现象与听觉分辨能力也有一定的关系，有可能是因为听不懂或听不清所致，不是孩子故意所为。听觉分辨能力的训练首先要培养孩子倾听声音的习惯，通过游戏的方式，让孩子对各种声音感兴趣，所以在训练活动中，我们可以在房间藏一些发出声音的物品，让孩子辨别声音的来源，然后找出这些物品，还可以让孩子蒙上眼睛，寻着声音走过去，前提是保证安全。听声音找到敲击的物品，这样听、看、动相结合可以起到多重作用。大自然有各种声音，我们可以把这些声音用手机录下来，让孩子听，如钟表的声音、各种乐器的声音、各种交通工具的声音、不同人说话的声音、流水的声音、鸟叫的声音、海浪的声音等，自然会提高孩子对声音的辨别能力；我们还要提高孩子对相近音的辨别，在训练时可以让孩子有意识地分辨相近、相似的声音及语音，让孩子专注听眼睛、眼镜，进行分辨，听k、g进行分辨。通过训练孩子的听觉分辨能力有所提升，其听讲能力也会随之提升。

听觉理解能力是指孩子辨识声音并理解他人说话内容的能力，如果孩子在听课时，不能很好地理解老师讲课的内容，也无法把老师所讲的知识与自己以前的知识结构相融合，他就很难明白老师在说什么。一般情况下，孩子遵循快乐原则，听不明白时，他一定会去找一些让自己快乐的事做，于是就出现了玩铅笔、尺子，东张西望，来发现他觉得有意思的事。如果孩子听觉理解能力发展到较好的水平，这些现象就可以得到有效的缓解。学会认真地听，是理解听到信息的第一步，如果孩子在听的过程中，我们配合实物、动作或图片，不但可以使声音的意义更加具体化，也可以引发孩子的兴趣，培养听的习惯。比如，孩子听到水果这个词，我们向孩子呈现不同的水果图片，我们描述一个动作，让孩子做出来，我们描述一个图片，让孩子把图片找出来，我们提供一个线索，孩子听到之后来完成相应的任务等。还有就是扩充孩子的词汇量，孩子理解的词汇越多，听觉理解能力也会越好，父母可以通过与孩子多交流、多读不同的课外读物、多用听故事来拓展词汇。另外，还要帮助孩子理解各种词汇的关系，提升孩子的归纳能力，让孩子根据一定的规则分类，根据一定的描述说出一定数量的词汇等。听觉理解能力的高低还与孩子的思维、推理、判断有密切的关系，所以还可以让孩子自己判断句子之间的关系，将句子补充完整，听故事回答问题，给几个关键词编故事，或说一个故事，让孩子编出多种结局。

听觉编序能力训练中，首先让孩子明确一些顺序用语，比如说开始、最后、然后、下一个、再、后来等，也可以通过一些简单顺序的句子，比如，先烧水，后沏茶；看、听、动多感官组合，这对于孩子听觉编序能力有很好的提升作用。让孩子对照故事发展的图片来听故事，听完一个故事将相关故事的图片排成正确的顺序；还可以通过数字训练的方式提升孩子的听觉编序能力，它包括数字顺背和倒背，以每秒一个数字的速度说出数字让孩子顺背然后倒背；可以通过听音辨认数字的差异，比如，863、836有什么不同；续编故事是很好的培养孩子听觉编序能力的方法之一，先以句子的方式，比如，前面—前面是—前面是一座高山—前面是一座长满植物的高山；还可以故事接龙的方式训练，家长说一句，孩子说一句，句子与句子之间有关联，变成一个完成故事；为孩子选择一些精彩的文章，让孩子背诵，也可以提高孩子的听觉编序能力。

听说结合在孩子的学习和生活中是密不可分的，也是最自然的事，听与说涉及孩子对词汇的联想、推理、判断等能力，所以听说结合能力也是听知觉反应能力的重要内容。要想提升孩子此项能力，我们可以通过以下方法来实施。让孩子说近义词和反义词，这样可以增加孩子的词汇量，学会灵活的语言表达，也可以增加孩子的口语表达能力，具体做法是：前进的反义词是？让孩子说出“后退”；愿意的同义词是？让孩子说出“同意”；还可以连续说出几个词汇让孩子说出近义词或反义词。用句子完成训练的方式做训练，可以先给孩子提供一个没有完成的句子，让孩子补充完整，比如，我拿到——孩子说出“一本书、一个玩具、小汽车”等都是可以的。基本原则就是从孩子熟悉感兴趣的内容开始，句子长度可以根据孩子的具体情况来决定，不但提升听说结合能力，还可以增强孩子口语表达能力。通过编故事结局的方式来训练此项能力，先给孩子听一个简单的故事，到故事某个地方停住，让孩子把剩余的故事讲完，还可以让孩子讲 2~3 个不同的结尾，这样促使孩子能听故事的细节，多理解内容，提升逻辑思考、推理判断及想象能力，这些都和听说结合能力有关。我们还可以录制一些不同的声音，然后讲这些声音排序，比如，流水的声音、鸟叫的声音、海浪的声音、火车的声音，把这些声音播放给孩子听，然后要求孩子根据声音说一个有逻辑性的故事。我们还可以让孩子听一些不带歌词的音乐，让孩子闭上眼睛感受倾听音乐，然后猜测这首曲子所要表达的意思。

听与动是孩子在日常生活中最常见的，所以父母及老师应尽可能地创造条件来增加孩子听的机会、动的机会、说的机会、看的机会，多感官互动，孩子将来必定耳聪目明，一旦发现孩子出现听觉能力发展不足，需要尽快通过感知觉统合能力无器械训练加以改善。

如何初步识别听知觉反应能力不足？

孩子听觉系统发展不良，一定会出现听知觉反应能力不足的现象，这时会出现以下行为表现，我们可以根据这些条目来做初步判断，初步判断的目的是识别，不至于耽误孩子，识别后我们可以找专业人员进行鉴定，从而针对孩子能做一些正确的训练与矫正。

- 无法遵从父母、老师或他人的语言指示做出相应的动作。
- 挫折忍受程度低，常常出现焦虑和暴躁的情绪。
- 常常忘记学校、父母、老师交代的事情。
- 常常无法在一定的时间内完成作业或规定的活动。
- 平日表现和他实际的能力差距很大。
- 常常表现出缺乏自信的样子。
- 不喜欢与他年龄相仿的孩子一起玩，喜欢与年龄较小的孩子一起玩。
- 对新的活动缺乏动机。
- 对新的环境适应不佳。
- 对大的声音无法忍受。
- 注意力不佳或无法安静下来，冲动、控制能力差。
- 有时会自言自语或打断别人说话。
- 可能会出现不合作或是抗拒等行为。

如何理解语言的产生？

语言发展的第一关键期是 0~6 岁，第二个关键期是 10~12 岁，如果过了这两个关键期，孩子的语言能力仍然很差，那么再往后掌握语言的可能性就会小了很多。孩子首先要有说话的意愿，把说话、动作、规划的命令传到声带、唇、舌、口腔、鼻腔等语言器官的相关肌肉，以便这些部位的协调配合，才能顺利说话。在说话的过程中，需要大脑多功能区互动，统合多种感觉，才能安排相应的动作发出声音，形成语言，大脑还要统合多种信息决定先说哪句话，后说哪句话，这就形成完整的语言体系。

孩子在 1 岁时，语言的架构基本定型，开始能使用语言，1 岁半听知觉理解能力快速发展，2 岁时，语言发展迅猛，5 岁以前，左右脑与语言有关的功能同时发展，5 岁之后，95%的孩子将语言沟通的任务集中到左脑。一般来说，婴儿出生就有学习多种语言的潜力，他们整合声音信息，了解语言意义，如果在关键期没有善加利用，没有大量的语音输入形成刺激，自然也就没有丰富的语言输出，相关的听知觉神经细胞就会萎缩，导致语言发育障碍。

孩子的语言能力包括词汇的认知、组成句子、语言逻辑、对谈、认字、阅读、写字、语言，这些与触觉分辨能力、前庭平衡能力、本体控制能力有密切的关系，当然与听知觉反应能力更是密切相关。可以这样说，3 种基本的感觉给孩子语言及语言的发展奠定了坚实的地基，听知觉就如同能工巧匠，可以在上面设计建造各种各样建筑，如果地基不牢固，上面的建筑就会出现问题。所以听知觉对于语言的形成至关重要，如果在关键期剥夺了孩子的听觉，或者无意中与孩子少了很多的语言交流、接触各种声音的机会，语言发展一定会受到很大的影响。

语言是大脑语言中枢较为复杂的功能，而语言的产生，听、说、读、写也不是可以靠教出来的，它是由身体和大脑协调出来的一种能力，孩子对语言外在模仿，这是语言的开始，而要更好地发展语言，孩子必须依赖感觉信息的输入，以此为基础操作自己的身体与环境互动获得感觉经验，尝试错误做自我调整，逐步修正大脑和身体的互动关系，然后产生环境适应能力，从而奠定语言的基础，这是一个学习过程。

在听觉中枢，大脑能分辨出多种层次的声音，包括声音的大小、长短、高低、远近、音质，正是大脑有多层次的感觉辨识能力，才能让孩子运用发音器官的唇、舌、声带、口腔、呼吸道来发出语音，因为人类几百万年的进化，一般情况下，孩子 1 岁半左右都能清晰地说出话了。

阻碍语言发展的原因有哪些？

语言发展的层次是这样的：感觉动作经验，倾听——口语接收能力；讲话——口语表达能力；阅读——文字接收能力；写字——文字表达能力。可以看出听觉对于语言发展的重要性。研究表明，有身心障碍的孩子中，30%左右的孩子有语言障碍，口齿不清，逻辑混乱，无法与他人沟通，这会影响孩子的一生，如果再错过语言发展的关键期，更会错过孩子提升语言能力的机会，那么有哪些原因会阻碍孩子语言发展呢？

听力不足：孩子听不清或听不到语音、声音，这样孩子听进去的内容有限，这会大大影响孩子的说话能力；如果孩子听知觉反应能力不足，也就意味着孩子的听觉分辨能力差，听觉过滤能力差，听觉记忆能力差，这会直接影响孩子语言的获得，这样的孩子对指令反应迟钝，说话词不达意，回答问题抓不住重点等。

前庭平衡能力不足时，也会出现语言发育迟缓的现象，这是因为脑部的语言中枢需要对从前庭系统、听觉系统得到的信息与运动中枢统合才能发挥作用，一旦前庭系统功能不足，会造成语言发育迟缓。临床上发现有语言障碍的孩子，当他们旋转后，眼球的震颤时间比较短，这表明他们前庭平衡觉迟钝。另外，当孩子前庭系统功能不足时，他们的肌肉张力通常比较低，这样的孩子嘴部周围的肌肉就显得无力，还会经常流口水，他们在发p、f、t、n、h、e、q、x、ch、sh、c 等气音时，无法将气吹出，所以发音含糊不清。

触觉迟钝的孩子对于感知舌头、唇齿的动作技巧上有困难，因为触觉迟钝也会影响动作技巧，这样的孩子不能有效驾驭发音器官，如喉、舌、唇、齿、肺等，因此，他们发音会口齿不清。

当孩子开始牙牙学语时，下颌和口腔周围的肌肉和关节的感受也就是本体控制觉的信息会传输到大脑，通过脑部的感知觉统合，才能逐渐学会有效地运用发音器官，如果孩子来自身体的信息感受不精准，也就不能再次调节发音器官，这会导致发音器官动作不灵活或者配合不好，如果孩子缺少舌、唇、下颌等活动，吐字发音自然就不清晰了。

同龄玩伴交流是孩子成长中非常重要的经验习得方式，孩子与孩子之间交流的目的是表达自己的需求，了解别人的需求，这就需要孩子从对方讲话的姿势、表情和动作，理解对方的意思，然后还要用语言、动作、表情，让对方了解自己的意思，这都需要孩子具备一定的认知能力，否则各说各的话或不解同伴的意图，这也会影响孩子与同伴的交往及集体的融入。

如果孩子能清楚地知道自己的需要，会主动寻求他人比如父母、老师、同学、朋友来满足自己，这都需要用语言去表达，这样很快就学会语言并有效地运用，有的孩子安全感缺失，不信任他人，对人有恐惧感，也会造成孩子缺乏沟通勇气，羞于表达，这依然会影响语言的发展。

促进语言的发展有哪些方式？

要促进语言的发展首先要促进听知觉的发展，这就要求父母在日常生活中要多与孩子通过语言及肢体进行互动，做双向的沟通，用温和的语言指导孩子做事，可以给孩子读故事，让孩子听，并通过回答问题的方式，让孩子记住故事的情节，并可以通过仿说数字、仿说词汇的方式来加强孩子听觉注意力、听觉记忆力和听觉理解力。

触觉的敏感和迟钝会影响动作的灵活性，语言也需要通过动作来完成，所以也会影响孩子语言的发展，因此对触觉分辨能力的训练方法，也会起到促进孩子语言发展的辅助作用，比如，用双手揉搓孩子的咀嚼肌部位，在桌子上吹水花、吹蜡烛，舌头根据指令上下、左右移动，都可以增加孩子触觉的敏感度及舌头的灵活性，从而促进语言的发展。

对身体关节、筋肉、肌肉的收缩及运动感觉都会回馈大脑，从而大脑可以对动作再进行微调，而这些也是语言发生的机制，孩子的发音器官是唇、舌头、声带、口腔等，所以我们可以带领孩子做一些多活动这些器官的游戏，比如，根据节拍伸舌活动、模仿各种声音、绕口令等，都可以促使孩子发音正确。

孩子的智慧其实更多的是来源于我们日常的生活，语言更是如此，如果在日常生活中我们有意识增加孩子的体验，丰富孩子的认知及词汇量，让他积累更多的生活经验、技巧、知识，这样他在说话的时候就有大量丰富的材料来支持他的表达，会让他有酣畅淋漓的感觉，于是更愿意表达，所以丰富孩子生活体验，丰富孩子的认知，丰富孩子的词汇，对于孩子语言的发展非常重要。

前庭系统的功能是控制肌肉的张力，促进肌肉共济性收缩的协调，而语言发音各器官之间的肌肉也需要相互协调，所以所有的前庭平衡能力训练都对语言发展有很好的促进作用，对发音器官的正确使用都有良好的效果。

给孩子创造说话的机会，耐心等待让孩子把话说清楚，在现实生活中，有些父母特别急躁，孩子还没有说完的时候，他们就打断孩子或者孩子说完一句话后，他们觉得他说得不够清晰，就可对他进行批评和指责，这样孩子就会形成压力，慢慢减少了沟通的动机，也就变得不愿表达了。而我们应该做的是在日常生活中鼓励孩子清楚地表达自己的需求，比如，孩子要喝水，只有当他说清楚"妈妈我要喝水""我渴了，给我去倒一杯水"，我们再给孩子提供帮助，或者让孩子自己去做，做完之后，我们给一个积极的反馈，这会让孩子有良好的感觉，增加他语言表达的动机。

我们知道语言是大脑的功能，孩子在说话的时候，右脑的额叶掌管着孩子说话的声调与节奏，颞叶负责分析、理解听到话语的节奏及重音；左脑的额叶负责孩子说话如何表达，说清楚，颞叶负责接收、分析听到的语言。所有的感知觉统合能力训练都在促进左右脑信息互换的基础上形成相互协调、相互配合，最终产生正确的认知概念，有效地组织词汇，顺畅地进行沟通。

我们要想孩子流利说话，口齿清晰，能有效地表达自己的需求，理解别人的需求，能与别人有效地沟通，三者缺一不可，基本生理功能正常，完整的认知能力，表达与沟通的渴望，这些都来自日常生活，如果在日常生活中孩子有缺失，就需要经过专业训练进行调整和弥补。

听知觉反应能力的训练方法有哪些？

听觉是孩子对声波刺激的物理特性的感受，声波通过外耳及听觉神经传入大脑皮层的听觉中枢就产生了听觉，听觉信息经过与以往储存的经验、其他的感觉信息比较、分析、理解等，就产生了听知觉，于是对声音有了理解，这时声音才有意义。所以说听觉的产生、听知觉的形成对于孩子心理发展过程具有很重要的意义，这是孩子探索周围的环境，认知周围的环境，从周围环境获取信息不可缺少的重要渠道，语言、音乐、学习等能力的发展都离不开听知觉。

训练 1：盲听计数法

训练目的：加强听觉敏感度；提升听知觉反应能力及听觉注意力；促进听觉动作统合发展。

训练方法：孩子蒙上眼睛，听敲击声音的次数，左右手轮换示意听到的敲击次数，比如，第一次敲击的次数是 5，左手示意 5，第二次敲击的是 8，右手示意 8，然后再交换左右手示意。

特别提示：可以敲击任意物体，让孩子辨别声音，最初声音辨识度要高一些；敲击次数、敲击声音大小根据孩子听觉程度调节，还可以增加难度，如增加敲击次数，或加减乘除次数。可以提前训练孩子如何用手来表示 1~10 及 10 以上的示意方法。

训练 2：听觉通路刺激

训练目的：刺激听觉神经，训练听觉敏感度。

训练方法：双手手掌紧压孩子的双耳，挤压耳内空气后迅速离开，耳内能听见"砰砰"的声音，挤压 10 次为一组；双手紧压双耳，用食指、中指连续敲击耳骨，力量适中。耳内能听见"咚咚"声，连续 10 次为一组；双手食指插住耳洞，挤压耳内空气，并快速拔出，10 次为一组。

特别提示：以上三项连续做完，训练组数根据孩子而定，力度适中。

训练 3：听字训练法

训练目的：锻炼听觉注意力，加强对词语敏感及认知，强化听课状态。

训练方法：选择孩子喜欢的故事读给孩子听，孩子在听故事的过程中听出并记住规定的“字”出现的个数，比如，听故事里有多少“大”，孩子每听到一个“大”字就做好记录，听完故事统计字数。

特别提示：本着先少后多的游戏方式进行，观察孩子听觉注意力的时间。记录方式可以心计，用笔记录，可以画各种图形配合记录。

训练 4：跟我学

训练目的：提高听觉注意能力，促进听觉理解、听觉编序、听说结合能力。

训练方法：孩子闭眼(可以给孩子戴上眼罩)，认真听故事，根据故事情节引导在大脑中迅速形成图像，讲完后，孩子根据图像对故事进行复述。

特别提示：尽量选择有画面感的文章；根据孩子的具体情况调整叙述速度，并在孩子复述结束后提问故事中的一些关键词，如数量、颜色，帮助孩子调取存储在右脑的图像。

训练 5：敲 A 训练

训练目的：加强听觉敏感度、听觉注意力，提升听觉动作统合能力、快速反应能力。

训练方法：随机说出英文字母，每次说到 A 的时候孩子拍手一次(跺脚一次，或同时或交替)，孩子熟悉后可以改变听到的字母，让孩子做出不同的动作反应，比如听到 H 摸脸，听到 C 做一个蹲起等。

特别提示：游戏方式进行，语速适中，发音清晰，注意每次说 A 的时间间隔。

训练 6：大小西瓜

训练目的：提高孩子听觉敏感度，提高注意力和思维反应能力，听动、视听反应的全方位训练。

训练方法：提前给孩子用手示意大西瓜与小西瓜，然后让孩子专注于训练师，当听到大西瓜，孩子双手示意大西瓜，说小西瓜时双手缩小示意小西瓜；还可以做相反的手势动作，比如，听到大西瓜，孩子示意小西瓜，听到小西瓜孩子示意大西瓜。

特别提示：游戏方式进行，发音清晰，语速根据孩子的反应而决定，最初一定让孩子体验成功。

训练 7：辨音

训练目的：加强听觉敏感度，提高听觉分辨能力、听觉记忆力。

训练方法：找发音不同的任意物体 3~5 个，进行排列，让孩子看见排列顺序，并敲击这些物体，让孩子通过看、听，记住每个物体的发音；孩子戴上眼罩，随意敲击一种，让孩子用手示意序号。

特别提示：匀速敲击，物体辨识度要高，物体由最初的 3~5 种逐渐增加，多用鼓励语言。

训练 8：听秒

训练目的：提高听觉敏感度，提高注意力。

训练方法：将马蹄表放在屋子的某个位置，孩子戴上眼罩，先数秒，然后找到马蹄表的位置，开始不限时间，逐渐在 30 秒内找到马蹄表的位置。

特别提示：根据孩子年龄、身高和室内安全情况摆放马蹄表；前期近一些，逐渐由近至远。

训练 9：听数字

训练目的：提升听觉注意力、听觉动作统合能力、听觉分辨能力、听觉记忆能力。

训练方法:父母或老师念一组数字,孩子听到后按顺序记录或直接写出来或者说出来,听完一组再写数字,不要一个数字一写。

特别提示:游戏方式进行,数字由 4 位开始,根据孩子年龄,逐渐增加到 10 位或以上,每次训练 10 组数字为宜,数字只读一遍,每天训练 3 组,以正确率为评判标准,多用鼓励语言。

训练 10:木头人

训练目的:提升孩子的听觉动作统合能力、听觉注意力,促进肢体的协调。

训练方法:选择一段孩子喜欢的音乐,要求孩子随着音乐自由地做动作,不做限制,一旦音乐停止,孩子立刻停止做动作,保持一动不动,直到音乐再次响起的时候,孩子继续跟着做动作,当音乐停止,再保持一动不动,根据孩子的具体情况决定训练的时间。

特别提示:我们还可以用敲击物品的方式进行,过程中鼓励孩子对动作进行创新。

训练 11:指令画画

训练目的:提升孩子的听觉注意力、听觉动作统合能力、听觉理解能力、听觉分辨能力等。

训练方法:给孩子 1 张白纸、1 盒彩笔,父母或训练师说出指令,让孩子在纸上作画,比如,请在纸上画 1 棵树、画 3 棵小草,再画上 3 朵小红花、画上 1 匹马等。

特别提示:根据孩子的年龄决定给孩子的指令是复杂还是简单,还可以加上、下、左、右、中等方位的指令。

训练 12:传令兵

训练目的:促进孩子听觉记忆力、听觉理解能力的发展。

训练方法:告诉孩子一句话,这句话的长度根据孩子的情况而定,让孩子把这句话传给其他的人,可以即时传达,也可以延时传达,即时传达就是让孩子马上告诉其他人,延时传达可以间隔 3 秒、5 秒、10 秒、1 分钟,甚至更长一点。

特别提示:孩子在传达的过程中,内容要做到准确无误才算正确,也就是做到一字不差,过程中多认同、鼓励孩子,少说传错了。

训练 13:节奏高手

训练目的:提升听觉分辨能力、听觉注意能力、听觉记忆能力、听觉动作统合能力。

训练方法:用拍手或者拍桌子的方式把节奏打出来,让孩子听到后,模仿敲击的节奏。双手互拍为"拍",双手敲击桌子为"打"。

第一组:拍打拍拍打打拍拍拍打打打。

第二组:拍打拍打打拍打打打。

第三组:拍打拍拍打打拍拍拍打打打。

第四组:打打打拍打打拍打拍。

第五组:拍打打打拍打拍打拍拍。

第六组:打打拍拍打打拍打拍打拍打打拍。

特别提示:敲打的节奏可以根据孩子具体情况自己编排,基本原则让孩子体验到成功。

训练 14:幸福我就拍拍手

训练目的:提升听觉理解能力,丰富孩子的词汇,促进听觉动作统合的发展。

训练方法:给孩子呈现 10~20 个词汇,规定孩子听到哪一类词汇做动作。

比如,听到动物就请拍手:桌子、教室、猴子、香蕉、电脑、大象、书包、打印机、蚯蚓、苍蝇、白菜、河马、柳树、柜子、孔雀。

听到交通工具就跺脚：楼房、杨树、汽车、摩托车、拖把、广告、飞机、邮轮、马路、自行车、共享单车、职业、卡车、高铁、电话、手机。

特别提示：孩子听到规定的词汇，可以让孩子自己发展出多种动作来做，词汇的多少根据孩子的年龄而定，注意在训练过程中激发孩子的兴趣，强化孩子行为。

训练 15：神耳

训练目的：增强听觉注意能力、听觉分辨能力、听觉动作统合能力。

训练方法：以每秒一个数字的速度读，从 1 数到 20 或 30、40、50，中间可以随机漏掉几个数字，让孩子听到后记住漏掉的数字，或者用笔记下漏掉的数字，看是否准确。还可以当孩子听出漏掉数字的时候，就拍一下手，并记下漏掉的数字，听到的越多，孩子听知觉反应能力越好。

特别提示：根据孩子的年龄及听觉能力的状况，决定从 1 到 20、30 还是 50，以及中间随机漏掉数的个数。

训练 16：录音机

训练目的：提升孩子听觉记忆能力、听觉理解能力、听说结合能力。

训练方法：给孩子说一段话，让孩子复述这段话，然后再根据这段话提出相应的问题，让孩子回答。比如，你李阿姨今天打电话给我，让我和她一起去商场买衣服，顺便晚上一起吃饭。让孩子先复述这段，然后提问：谁给我打电话了？让我去做什么？

特别提示：简短的话尽量符合孩子的年龄特征，引起孩子的兴趣，根据孩子年龄确定话的长短及提问的多少。

训练 17：声东击西

训练目的：锻炼听觉理解能力、听觉动作统合能力，增进方向感。

训练方法：让孩子自然站立，听口令做动作，比如听到“前”就向前跳，听到“后”就向后跳，听到“左”就向左跳，听到“右”就向右跳，听到“上”就向上跳，听到“下”就蹲一下。孩子自然站立，听到口令做出相反的动作，当听“前”就向后跳，当听到“左”，就向右跳，以此类推。

特别提示：孩子听到口令立即做出相应动作，幅度大些更好，尤其是反向口令，一定要根据孩子随时调整口令的速度及内容。

训练 18：句子接龙

训练目的：培养听觉记忆能力、听觉编序能力、口语表达能力及反应能力。

训练方法：父母、老师、孩子可以多人参与，用抽签或石头、剪刀、布的方式，确定说第一句话的人，无论第一人说什么，听到后第二个人根据第一人说话的内容说出第二句，以此类推。

特别提示：要求句子之间有连贯性、条理性、逻辑性，看谁接得新颖，根据孩子的具体情况决定每人接 1~3 句还是更多。过程中尽量给予鼓励。

训练 19：大风吹

训练目的：提高听觉注意能力、听觉分辨能力、快速反应能力。

训练方法：椅背向内围成圈，椅子数量比人数少一把，所有孩子坐在椅子上，每把椅子坐一个人，站立的人大声说“大风吹”，其他人一起说“吹什么”，这时站立的人需要仔细观察，然后说出“吹×××”说出一个多数人具备的特征，比如男生，这时男生听到后全体迅速起身离开原来的位置，跑向其他位置，抢占座位坐下来，站立的人也跟着抢位置，没有抢到位置的人，接替站立人继续游戏。

特别提示：做好安全把控，训练师可以先示范，熟悉后让孩子来发令。

训练 20：大树与松鼠

训练目的：提高听觉动作统合能力、快速反应能力、听觉理解能力。

训练方法：每组 3 人，其中 2 人扮大树，面对面双手搭在一起组成松鼠的家，另一人扮松鼠，蹲在 2 人中间。口令如下：听到猎人来了松鼠跑，离开现在的家，快速换到另一个家；听到伐木工人来了，大树组成的家分开跑到其他处和其他人组成一个新家；听到着火了，松鼠与大树都跑起了，重新组成新家。

因为在场内会多出一个人抢占位置，总会有一个人抢不到家，每次记录下来，最后表演节目。

口令故事：在森林里，雨季到来了，松鼠开始忙着建自己的新家，终于建好了自己的房子，它好好享受着自己的成果，突然，它听到一声枪响，原来是猎人来了（此处停下来等待新家组成后继续），松鼠怕猎人伤到自己，赶快跑到了另一个家，可是松鼠好可怜啊，还没有待一会儿就听到它的同伴在外面大喊“快跑，伐木工人来了，要拆我们的家“（停下来等大家重新组合）。不管怎样，松鼠终于又有了自己的家，它在里边静静地享受，躲避着风雨。突然，它感觉特别热，原来是着火了（继续停下来等待）。

特别提示：后面可以直接喊出“猎人来了”“伐木工人来了”“着火了”3 种口令，为了趣味性，可以自己续编故事，还可以这样说“砰砰砰，砰砰砰”，大家一起喊“谁来了”，训练师无规则说出“猎人来了”“伐木工人来了”“着火了”。

训练 21：吹青蛙

训练目的：促进颈部及四肢的稳定，改善口腔功能，促进发音清晰。

训练方法：帮助孩子学会折纸青蛙，然后放到起点，让孩子四肢着地，以小猫爬的方式吹青蛙前进，看谁先到终点，可以设置小礼物奖励。

特别提示：可以用乒乓球或其他物品代替纸青蛙，距离在 2~5 米。

训练 22：吸力大法

训练目的：将改善口腔功能，促进语言清晰。

训练方法：将纸撕成小碎片，放在桌子上，然后要求孩子用吸管将纸片一片一片地吸起来，放到指定的杯子中，多者为胜利。

特别提示：纸片开始薄一些，便于孩子吸起来，随着能力的提升可以适当厚一点。

训练 23：吹水作画

训练目的：改善口腔功能，促进语言清晰。

训练方法：将水彩调和在水中，然后让孩子滴在图画纸上，要求孩子用吸管将水彩滴吹成一幅想象的图画，可以用不同的色彩。

特别提示：做好安全把控，明确告知是吹，而不是吸。

训练 24：舔食

训练目的：改善口腔功能，促进舌头的灵活及运用。

训练方法：将蜂蜜、果酱、巧克力酱等涂在孩子嘴巴的四周，让孩子把它们舔干净。还可以把蜂蜜、果酱等铺在盘子上，让孩子用舌头舔干净。

特别提示：可以用孩子喜欢的食物涂抹在孩子嘴巴的四周。

第九章　动作运用能力

什么是动作运用能力？

动作运动能力是指孩子可以计划并顺序性完成新动作的能力，这种能力可以让孩子面对环境中的不同挑战，完成特定的目标任务。动作运用能力可以让孩子决定应将注意力放在什么地方，如何去安排事情的先后顺序，如何去设定短期及长期目标及进行的方式。这种能力也可以帮助孩子监控自己的情绪和想法，让学习及生活更有效率。动作运用能力体现在构思、计划、执行到结束的过程，而动作计划是最重要的一环。

孩子越主动接触周围的环境，让身体活动起来，他的动作运用技巧越好，当孩子精通一项动作技巧后，通过综合归纳会把已经熟悉的技巧运用到另一项更复杂的活动上，比如，孩子熟悉了在网格架子上移动，可能会归纳出运用在单杠上，这既是顺应性行为，也是动作运用能力的体现。孩子从幼儿时期的摸爬滚打，再到发展出后期的攀爬跑跳，才会具有更精细和迅速的动作躲闪腾移。这些看似是一些动作行为，背后其实都离不开大脑的参与。

动作运用能力不仅是大肢体动作的基础，也是精细动作控制的基础，这是孩子吃东西、写字、穿越路口、做家务等家庭及学校的各种任务的基础，也是情绪安全感必备的基础，当孩子能有效整合各种感觉，这是动作运用的基础。

动作运用能力包含哪些层面？

动作运用能力对每个孩子来说都非常重要，因为通常孩子都要面对不同的新任务，即使是以前做过的也总会有些不同，当孩子感知觉统合能力良好的时候，动作运用能力自然产生，这样孩子才可以更好地应对变化莫测的生活及学习，而良好的动作运用能力包含以下层面。

动作计划能力

面对一个不熟悉的动作，孩子要观察自己与环境的关系，调取储存的经验，然后制定一系列的动作，按顺序开始实施，在实施过程中要决定什么是重要的，需要先做的，什么是不重要的，需要稍后做，直至完成。

组织能力

是孩子可以根据外在环境和内在能力去安排活动内容的一种能力，这种能力来源于对多种感觉信息的统合，来源于长期的学习。

时间管理能力

可以评估有多少时间，该如何做出时间安排，如何在规定的时间内完成。

工作记忆能力

就是当孩子进行复杂的活动时，活动的状态可以保留在大脑中，来帮助孩子进行活动，这就是工作记忆，也包括孩子能提取过去的经验及对未来问题的解决能力。

调整性

当活动进行过程中遇到挫折、错误或者有新的信息可以随时调整计划的能力。

自我情绪调节能力

是情绪的管理能力，可以帮助孩子在活动进行中始终保持积极心态，克服在活动中所出现的负向影响。

身体形象是如何促进动作运用能力的？

身体形象是孩子对自己身体的感觉及认知，就如同孩子大脑有一幅关于身体的地图，即使不用眼睛看，也知道自己身体及肢体的位置及相对位置，这是在分辨性触觉、本体控制觉、前庭平衡觉基础上形成的，一旦身体的这幅地图形成，孩子的大脑就可以根据这幅地图指挥身体在空间移动，并掌控身体做出各种动作。孩子为了完成某个任务，需要身体做出特定动作，而这些动作记忆就会不断地输入大脑，并把这些经验储存起来。储存的感觉动作经验越丰富，身体形象的地图就越完整、正确，这样大脑在计划新动作的时候，就会以身体地图为基础，孩子就能完成新的不熟悉的动作。因为孩子身体地图清晰地建立，大脑就会不断接收到孩子身体的位置和动作，身体部位和空间相对关系，物体的特性、重力，以及用力大小的信息。因此，缺乏正确身体形象的孩子，如同大海中失去方向的航船，表现在孩子身上就是在集体活动中显得茫然不知所措。而良好的感知觉统合能力可以帮助孩子有效认知身体、感受身体，形成身体地图，自然而然地使用身体地图，不用特意思考而能自动化地去完成任务及活动，这样孩子在生活及学习上才有更好的体验，才更愿意去参与一些事情。爱玩是孩子的天性，快乐体验是孩子追求的目标，如果由于动作运用能力不足感受不到良好的体验，孩子就会失去兴趣，甚至会逃避体验。而孩子的经验是由不断的体验积累而成，在成长过程中缺少体验逐渐孩子就会缺少自信。由此不难看出，动作运用能力的强弱对孩子的生理及心理都会产生深远的影响。

学龄前期动作运用能力表现在哪些方面？

在学龄前期，如果孩子出现动作运用能力不足的现象，一般不容易被觉察到，因为孩子可以按照正常的动作发展顺序来发展，只是稍慢一些，父母或老师会认为是个体差异而已。可是当动作运用能力不足的孩子进入幼儿园之后，问题虽然变得越来越多，一般也会被忽视，因为孩子尚小，即使孩子在生活自理方面有困难，比如，拧干毛巾擦脸、穿脱衣服、系纽扣等。有些家长在生活中习惯代劳，也很容易忽视孩子自身能力不足或剥夺了孩子的锻炼机会。另外，幼儿园的课堂活动以游戏为主，发现了一些孩子在使用工具或游戏设备上有困难，但由于幼儿园的课程比较宽松，会给孩子提供不同的选择，不会要求孩子必须做到，于是动作运用能力不足的孩子就会回避认为有困难的活动。而父母及老师也会认为孩子大了就会有所改变，也不会认为这是什么问题。为了更好地识别动作运用能力不足，下面介绍一下学龄前期孩子应具备的动作运用能力。

1 岁，孩子能将手里的东西碰出声音，打开再合起来，把小的东西放到杯子里边，并会试着去拿高处的东西。尝试用勺子把食物放进嘴里。

2 岁，孩子会尝试自己吃东西、喝水，可以遵从一定的指令，可以和家长进行有效互动，可以自己拼搭积木。

3 岁，孩子会尝试自己穿脱衣服、袜子，可以打开食物的包装，可以使用筷子吃东西，可以做一些简单的着色类活动。

4 岁，孩子自己可以倒水喝，骑儿童自行车，自己洗脸、漱口，自己擦屁股，双脚从高处往下跳，可以顺畅地使用剪刀、做手工、折纸等。

5 岁，孩子可以顺畅地参与球类活动，如篮球、足球。可以控笔描绘出更精细的画面，使用工具拆装玩具，可以顺畅地穿脱衣服，可以流畅地讲述简短的故事。

6 岁，孩子生活基本自理，能够顺畅地完成指令，对周边的环境非常了解，能知道家与幼儿园或熟悉的地方及其方向。

学龄期动作运用能力表现在哪些方面？

孩子步入小学后，尤其是低年级的孩子，动作运用能力不足，依然会表现在生活自理上，动作运用能力不足的孩子，每天早上要在起床、洗脸、穿衣服上花很多时间，这对于父母来说是一场硬仗，每天都在不断地催促、不断地呵斥，孩子才能起床完成洗漱，孩子常常会被认为懒惰，故意磨蹭。另外，还体现在需要规则的体育活动上，不但动作非常不协调，还会下意识地打破规则，这会对孩子自我形象的建立、与同学之间的互动造成负面的影响。

在学校的学习活动中，精细动作占比达到 30%~60%，而动作运用能力不足的孩子，手眼不协调，动作计划能力不良，空间认知不良，动作顺序困难，感觉处理不顺畅，严重影响孩子精细动作的发挥，比如，在书写过程中笔画不对，字形的空间排列不当，字体结构紧凑或松散、难以辨认等。一般来说这样的孩子成绩也不够理想。

如果孩子动作运用能力发展正常，到了学龄期阶段，孩子应该可以进行多个步骤的活动，比如，上学前孩子会做好入学准备工作，整理好学习用品，放学后也会记得把学习用品装好带回家。他们对钱的使用开始有概念，比如买东西。高年级的孩子知道照顾年龄小的孩子。会遵守学校的规则，规划、安排时间。具体来说学龄期的孩子应该具备的运用能力如下：

7 岁，孩子会自己洗澡，自己整理物品，会系鞋带，可以完整地复述在学校发生的事情及老师提出的要求，会接听电话、跳绳，能顺利地参与球类活动。

8 岁，孩子能有序地整理自己的物品，及时归位保持整洁，能独立处理好用餐、洗漱、排泄等事情，能帮助家人做力所能及的家务，能比较合理地安排好自己时间和活动内容。

9~10 岁，可以按照说明书搭建比较复杂的拼插类玩具，生活自理方面完全可以独立，自己剪指甲、洗澡。

11~12 岁，孩子在学业上有适当表现，做事有条理，不会丢三落四，可以清楚地陈述大部分事情的来龙去脉，有自己的想法。能与老师或家长顺畅地沟通，能处理好同学之间的关系。在学业方面孩子已经进入可独立学习、自主学习、探究学习的阶段。

如何理解动作运用能力的“构思、计划、执行”？

动作运用能力是指当孩子完成一个新的活动时，首先要构思，然后计划如何执行，直至完成这个活动的一个完整过程，这 3 个环节是连续的，对于孩子的动作运用能力至关重要，无论哪个环节出了问题，都会影响孩子动作运用能力的发挥，所以理解构思、计划及执行的含义，对于训练活动的设计有指导意义。

构思

是指孩子知道要做什么？或者说是可以对某一个将要进行的活动形成概念的能力，也就是对活动的理解。如果动作运用构思环节出现问题，孩子在新的环境中就不知道如何去做，当父母让他们跟小朋友去玩时，如果没有特别的指示或者指令，他们不会主动地去参加游戏，大多时候会先看看别人，模仿别人怎么玩，缺少创意。

计划

是孩子能将动作计划中的战略转化为战术。战略通常指的就是目标和方向，而战术就是实际的做法，也就是孩子为了实现目标知道该怎么做，同时会做出相应的动作，来适应新环境的要求。如果计划环节出现问题，这样的孩子在进行某项活动时，需要分几步，需要身体哪些部位共同合作，会显示出他们的动作常常不连贯，并且出现错误，不会马上纠正，下次也会犯同样的错误，更不会随着环境的变化而调整动作、去适应环境。

执行

是将构思、计划好的动作付诸行动。执行能力不强的孩子常常会出现动作的时间节点控制不佳，不是太早就是太晚，协调性差，执行动作过程中容易疲倦，很难把练习的动作自动化，因此他的练习效应很差。孩子感觉上也比较敏感，容易受伤害。很难接受执行过程中非预期的改变，坚持用自己的方式进行活动，比较固执，缺少灵活性，还会引发情绪上的变化。

感觉系统与动作运用能力的关系是什么？

良好的感知觉统合能力会发展出完美的动作运用能力，所以感知觉统合能力不足的孩子大多会出现动作运用的问题，本来动作运用能力就是感知觉统合的最终结果之一，所以各相关感觉系统获得的感觉信息及对这些信息的统合对于动作运用能力存在一定的影响。

我们首先说触觉信息，触觉分为保护性触觉和分辨性触觉，而分辨性触觉可以引导孩子手部进行探索性的动作，可以让孩子执行复杂的动作，让手部的精细动作更灵巧，顺畅地操作物体，过滤不重要的感觉刺激、预期动作的发生等。可见触觉分辨能力和动作运用能力之间的关系是非常密切的，良好的触觉分辨能力可以促使孩子建立更正确的身体概念，而身体概念是孩子计划新动作的重要基础。

本体控制觉信息来自肌肉、肌梭、关节、皮肤分布的感受器，当这些感受器接收到刺激并传输给大脑，也可以帮助孩子建立正确的身体概念，也可以促使孩子能够执行更复杂的动作，包括所有主动性和对抗性的阻力动作，可以带来最大的本体回馈，这也是动作运用的基础。

前庭平衡觉信息与本体控制觉信息统合在一起，是协助孩子发展出如何付诸行动的神经反应基础，就像一个动作的蓝图，它可以帮助孩子调整进行中的动作，或引导进一步行动，而身体和环境的精准互动，让孩子的预期性动作进行得更好。

视知觉可以给孩子提供关于外界环境的信息，这样孩子可以更正确地在环境中移动位置，进行各种活动，而这样的活动需要视知觉与动作统合，一旦孩子出现视觉动作统合不良，孩子的动作运用能力就会出现瑕疵。如果视知觉不能有效地引导孩子在空间进行位置的移动，很难达到手眼协调、眼与身体的协调互动，孩子的动作运用能力一定会受到影响。

动作运用能力不足会出现哪些现象？

孩子的动作运用能力不足，会使孩子在看似非常简单的动作活动中很难顺畅地完成，因为动作运用能力不足的孩子，其身体动作、双侧肢体动作难以做到协调，即便在日常生活起居中，孩子也会感到困难，由此产生回避行为，不愿意去做。游戏及玩具每个孩子都喜欢，现在的玩具种类繁多，无论你给孩子什么样的玩具，一般情况下，孩子都知道怎样去玩这个玩具，你给他一套积木，他可创造性地完成各种想象的形状，即使这些不是本来制造商设计的玩法，但孩子却知道如何操作这些玩具，并且玩得很开心。游乐场会有很多大型玩具，是孩子非常喜欢去的地方，一般情况下，孩子到游乐场都知道如何玩得开心，并且也会发展出好多新的玩法。但动作运用能力不足的孩子，他们对自己的身体概念不清楚，不能有效地运用身体和四肢，于是他们在游乐场中不知道怎么参与其中，常常成为旁观者，尤其是需要创造性地玩、需要一些技巧游戏设备更是难以适应。由于动作运用能力不足，他们在玩的时候只会用最简单的方式，很少创新玩法，比如，推来推去或者排列成行，推拉的时候由于用力不准确，玩具有时会遭到破坏，总显得动作莽撞。在日常生活中，穿脱衣服对他们来说是比较困难的，系扣子、拉拉链、穿脱鞋、刷牙、洗漱都会显得困难，总需要家长不断地督促，做起来也是敷衍了事。

使用工具是动作运用能力的延伸，孩子只有清楚、正确地认识身体概念时，他们才能很好地使用工具，由于动作运用能力不足，孩子在握笔写字的过程中，很难教会他正确的握笔姿势，正确地书写，于是老师和父母就会认为这样的孩子不专心、不认真，其实他们也是很用心地在做，只是力不从心而已，他们也想把事情做好，但他们缺乏通盘计划和协调的能力，这样导致孩子在做事时不能一边想、一边做。只有感知觉统合能力良好、动作运用能力良好时，孩子才有自然且随机的计划能力，别人很容易做好的事，动作运用能力不足的孩子不仅要花费大量的精力和时间，而且还经常做不好，效率很低，因此也经常会受到批评和指责，从而导致自信心不足。

如何理解动作计划能力？

动作计划是指对不熟悉的事情需专心注意来计划如何指挥身体行动及如何顺利执行下去。我们在日常生活中，每时每刻都需要这种能力，比如，学习一项新的技能、使用新的工具、去一个陌生的地方、做手工等。而动作计划能力是在孩子神经系统功能上层次最高、最复杂的过程之一，这包括意识上的注意力，心理层面及智力功能，更与脑干、大脑之间的感觉统合相关。大脑告诉肢体要做什么，需要全身感觉信息及回馈信息为研判的依据，才能下达准确命令。可以这样说，动作计划是感觉运动和大脑之间的桥梁。孩子刚学会一个动作，开始的时候小心翼翼，全神贯注，不能分心，如果有人分散了他的注意力，他马上就停止不动了，他无法同一时间完成两件事情，因为这些事情还没有形成自动化机制，所以注意的分配就不能实现功能。如果大脑统合得很好，能顺畅地完成动作计划，反复操作直至精通，这时只需稍稍注意，而不需要全神贯注执行，甚至可以边做边与朋友互动，也就是动作计划能力良好的体现，更容易形成自动化行为。

动作计划能力不良的孩子，做事动作笨拙且没有效率，而且外在因素对他们的干扰非常大，使他们无法专心于当下的动作，因此，他们会经常闹情绪或大声地喊叫，因为动作计划能力不足，学新的动作技巧时会耗费他们很大的精力，于是父母和老师会认为，孩子做作业或其他事情做不好是因为不专心所致，其实孩子已经很用心了，只是运用动作能力不足，导致动作计划出现问题而已，于是会出现孩子努力在做却收不到良好的效果。

身体形象是什么？

如果孩子要做到动作协调，能完成各种有技巧的动作，就需要在各种感觉的基础上，形成身体形象即对身体各部位的认知。身体的相应感官接受各种感觉输入到大脑内，大脑以此为基础，形成身体形象，当身体形象在大脑非常清晰地呈现，才能正确使用身体这个最重要的工具。孩子对身体的清晰认知称作身体形象。孩子的身体形象包含身体所有部分的神经记忆，包括身体的大小、重量，与外界、他人的界限，身体部位及相对的位置，做过的所有动作，地心引力的性质，物品硬度及质地等，这样大脑才能协调肢体及肌肉，需要多快的速度或多大的力量，才能完成这个动作或活动，要不要工具协助，如何保持身体的平衡等。我们大多数人开车可能会有这样的体验，刚学会开车的时候需要集中所有注意力，并且驾驶依然不顺畅，还会经常剐蹭，驾驶一段时间以后，我们对车子建立了很好的形象，转弯如何打方向盘是不需要刻意思考的，踩刹车、加减油门也不需要刻意，这些驾驶的感性经验都是从驾驶过程中所体验得到的，我们在驾驶的过程中，随时随地会唤起这些感受上的记忆，不需要思索，此时已经形成很好的动作运用能力。如果不能建立起正确的汽车形象，动作运用不佳，很容易引发事故。如果在儿童期动作运用能力不足，没有得到有效的训练调整，不但会产生学习问题，生活能力也会受到影响。

身体形象的建立主要是在分辨性触觉、本体感觉、前庭平衡觉的协助下建立起来的，如果孩子触觉分辨能力不足，在位置和辨识上就会出现偏差，再加上孩子肌肉、关节的本体觉也模糊不准确，对手脚的位置和力量不清楚，前庭平衡觉是全身移动的导航，对肌肉、关节、皮肤等神经信息的调节很重要，如果这些方面不能很好地统合身体形象就不能很好地建立。

孩子初学一个动作，如广播操、韵律操，孩子需要耳朵听着音乐的旋律，眼睛看着老师的示范动作，心里想着用自己的肢体去模仿动作，这一整套的活动需要身体配合得恰到好处，其中包括肢体与大脑的协调、肢体与视觉的协调、肢体与听觉的协调、肢体与身体形象的协调。如果孩子动作计划能力身体形象感受良好，这一系列动作就会变得简单，能顺利完成。因为身体形象的信息来自感知觉统合，而不是心理和智力，所以只思考远远不够，只有去体验才可以。一般情况下，感觉信息不会到达我们的意识层面，所以思考实际上会干扰感觉输入和动作反应之间的自动处理， 如果孩子大脑的感知觉统合能力良好，能处理从身体传来的感觉输入，形成良好的身体形象，此时完成新动作完全不需要经过思考。

动作运用能力不佳的孩子，他们的动作不能做到不假思索，因其身体形象不明，经常把手脚送到错误的地方，对于做事情的秩序也混淆不清，他们做得也很努力，但很难达到目标，父母和老师看到后，经常来指导他们或是批评他们，但都无法帮助孩子在大脑整合好这些感觉信息，在这种情况下，用语言告诉他如何做或解释如何做，还不如单纯地触碰一下应该做动作的部位，而无须语言，这样可能效果会更好。

动作运用能力不足对孩子的影响有哪些？

动作运用能力不足的孩子在动作的构思、计划、执行层面都会出现问题，因此当他们要做某些事情时，必须全神贯注，这会让孩子感到压力过大，因此其他孩子能应付得了的紧张压力，这些孩子就无法应付。由于应对技巧及反应上的不恰当，让孩子不得不去面对一次次糟糕的结果，从而产生更多的挫败感，影响对自我的认知，一般会建立偏低的自我评价。

动作运用能力欠佳的孩子身体形象发展不好，甚至有的孩子对自己的身体都没有清楚存在的感觉，因此在身份认同上会出现危机，由于他们身体形象不明，他们不清楚自己是谁，甚至不清楚性别角色，所以在与环境互动过程当中，他们内心缺乏安全感，同时也会阻碍孩子人格的发展。

由于孩子无法胜任好多活动，所以当面临让他动手的事情，他会感到有很大的威胁，这种威胁对孩子来说是非常可怕的，在这样的状态下做事情，结果往往不好，这样会给孩子更多的挫折感，孩子会感到无能为力，于是孩子会用操纵环境的方式来补偿，或用顽固不合作的方式来逃避。

动作运用能力不足的孩子大多会有恐高症，这更会触发孩子的不安全感。同时这样的孩子也常常认为，是外界的人、事、物导致他们做不好事情，认为一切都是别人的错。

动作运用能力不足的孩子没办法保护自己，即使他们鼓足勇气尝试做一些事情，却一再碰到困难，当他们看到别人很开心，事情做得很好，对同样的事情，自己却总在失败，孩子便会没有安全感，会变得更消极，故而对抗、操纵别人。

动作运用能力不佳的孩子情绪都很不稳定，喜怒无常，往往表现得与他们的年龄不符，他们比其他孩子更需要父母的安慰和支持，如果父母能从这个角度来看待，才能了解他们、接受他们。

要帮助这样的孩子，家长和老师不能急躁，避免给孩子造成压力或挫败感，当孩子做出一些有创造性的行为时，父母或老师要给予认同，鼓励孩子自己引导自己做事的步骤，给他制造在其能力范围内的机会，配合感知觉统合能力训练，孩子将会有很好的发展。

如何判断动作运用能力不足？

- 穿脱袜子、衣服，系扣子，系鞋带等动作非常慢，或者做不来。
- 到上幼儿园的年龄还不会洗手、上厕所。
- 到上幼儿园的年龄不会用筷子，一直用勺子吃饭，不会拿笔。
- 到上幼儿园的年龄不会玩需要骑上、爬上或钻进去的大玩具。
- 到上幼儿园的年龄不会站起来用脚荡秋千、不会攀绳网。
- 入学后不会自己洗澡；单脚跳、跳绳子等活动做不好也学不好。
- 入学后对拿笔写字、剪贴作业、着色画等做得不好或非常慢。
- 到了入学年龄仍经常把饭桌上弄得很脏，让收拾书桌或玩具很困难。
- 到了小学高年级，对做家务和一些精细动作活动依然很笨拙，使用工具不顺手。
- 动作懒散，行动迟缓，不积极，做事非常没有效率。
- 经常惹事，如弄翻碗盘、从某处跌落等，需要家长特别保护。
- 对自己的事很敏感，很容易伤感，计划和结果改变时不能容忍。
- 对小伤小痛特别敏感。
- 固执不合作，控制不好情绪，一直坚持依从自己的方式。
- 肌肉紧张度低，让人看起来弱不禁风。
- 比别的孩子需要更多的保护，发育上的问题比别人多，母亲不得不过分保护。

动作运用能力的训练方法有哪些？

动作运用能力可以促进孩子用顺畅的动作去完成某个活动，更可以促进孩子认识了解自己身体的状态与位置，这可以给孩子提供充分且精细的身体相关信息，进一步促进复杂且精准的动作。良好的动作运用能力还可以让孩子对目标对象的顺序按照一定的特性进行排列，而良好的顺序性能够帮助孩子处理各种知觉动作相关信息的输入并统合成有意义、有价值的感觉信息，因此可以产生有顺序、有目的的行为动作。

训练 1：抛球击打

训练目的：促进手眼协调及动作的发展，增进动作运用能力，提升动作计划能力。

训练方法：让孩子手拿球拍站立（球拍可以是乒乓球拍、羽毛球拍），训练师或父母站在孩子的前方，把球（各种颜色的弹力球，直径 3~5 厘米）往上抛起，让孩子用球拍击打抛起的球，还可以让孩子听到指令，只击打某种颜色的球。

训练阶段 1：站在孩子前方抛球，一次一个球，让孩子进行击打。

训练阶段 2：站在孩子前方抛球，一次 2~3 个球，让孩子进行击打。

训练阶段 3：站在孩子侧面抛球，让孩子面向前方，一次 2~3 个球，让孩子进行击打。

特别提示：从训练 1 开始，尤其初期让孩子做好充分准备，抛球的速度根据孩子的能力设定。当同时抛起 2~3 个球时，要明确告诉孩子击打其中哪个颜色的球。训练阶段 1、2、3 的实施也要根据孩子能力来确定，训练时间根据具体状况决定。

训练 2：手脚并用

训练目的：增加对身体的认识，促进身体形象的建立，增进动作运用能力，提升动作计划能力。

训练方法：600 毫米×600 毫米的泡沫地垫拼成正方形，然后在白纸上写上数字，随意贴在每块地垫上，训练师或父母发布指令，指挥孩子将手或脚放置在某个数字的泡沫地垫上，比如左手放在 3，右手放在 2，右脚放在 6，左脚放在 7，为了增加趣味性，可以以竞赛的方式进行。

训练阶段 1：4×4 片地垫拼成正方形进行活动，必要时给予提示或示范。

训练阶段 2：3×3 片地垫拼成正方形进行活动，减少提示。

训练阶段 3：3×3 片地垫拼成正方形进行活动，并要求孩子在指定的秒数内做到指令的要求。

训练 3：强渡大河

训练目的：改善大肢体动作，促进肢体间的协调，提升动作运用能力，增进动作计划能力。

训练方法：用小凳子、小椅子或不超过孩子小腿 2/3 高度的物品摆成一条直线，作为桥墩，要求孩子从起点走到终点，每一步都踏在小凳子或小椅子上，否则就掉在河里，需要做游泳的动作后，重新开始，在终点可以摆放奖品，引起孩子的兴趣。

训练阶段 1：小凳子、小椅子的排列间距固定，并且有足够的长度，如果孩子能力有限，我们可以给孩子以协助，比如，给孩子一只手，让孩子轻轻地扶住，以增进孩子的安全感。

训练阶段 2：间距的长度可以缩短或者依然是原来的长度，减少对孩子的协助。

训练阶段 3：小凳子、小椅子的排列距离及长度不固定，或长或短，还可以曲线摆放。

特别提示：在训练初期，间距可以短一点，随着孩子能力的增强，可以逐渐拉开距离，训练过程中多用鼓励的语言，注意安全防护，训练时间根据孩子而定。

训练 4：快闪

训练目的：改善选择性注意力、快速反应能力，增进动作运用及动作计划能力。

训练方法：可以 2 人、3 人或多人参与，一个孩子站在当中，当其他人将沙包投向孩子，他要灵活地躲避。其持沙包的人给孩子发出准备的命令之后才开始投，投中的越少，积分越多。积分可以换孩子喜欢的小物品，在投掷沙包之前，要让孩子做好心理准备。

训练阶段 1：给孩子发出的准备指令频率固定，投沙包时不能做假动作。

训练阶段 2：给孩子准备的指令频率固定，投沙包时可以做假动作。

训练阶段 3：指令的频率与假动作可以不规则地出现。

特别提示：注意投沙包的力度，避免小朋友受伤，投沙包个数根据孩子而定。避免投到孩子的头部。

训练 5：接小球

训练目的：提升口语指令与动作运用的配合，促进身体形象的建立。

训练方法：训练师或父母坐在桌子的一边，小朋友拿着一个小塑料桶站在桌子的另一边，训练师或父母将一颗小球滚向孩子的一边，让孩子用手中的桶接住小球。

训练阶段 1：每次 1 个小球，让孩子接住。

训练阶段 2：每次 2 个小球，让孩子顺序接住。

训练阶段 3：每次 2~3 个球，指定颜色，让孩子接住。

特别提示：当多球滚向孩子的时候，注意速度要匀速，开始要慢，然后再慢慢加快速度，让孩子体验成功。

训练 6：拍打操

训练目的：增加身体双侧的协调性、姿势的形成，提升顺序感及动作运用能力。

训练方法：跟随老师的节拍，重复做模仿老师的拍打动作，30~60 秒内 5 次循环.动作顺序如下。

双手拍—右手拍左肩—双手拍—左手拍右肩。

双手拍—右手拍左大腿—双手拍—左手拍右大腿。

双手拍—右手向后拍左脚掌—双手拍—左手向后拍右脚掌。

特别提示：可以给孩子进行多次示范，随着孩子练习的熟悉程度逐步缩短完成的时间，多用鼓励性语言。当孩子熟练后可以配乐。

训练 7：大力士

训练目标：改善身体概念，促进身体形象的建立，提升动作运用能力。

训练方法：根据孩子的情况，给孩子准备 5 千克、8 千克、10 千克或更重一些的重物，比如木箱里面装上不同重量的沙土等，让孩子推 10 米的距离或者拉 10 米的距离。

特别提示：重物的重量根据孩子具体情况而定，在初期可以轻一点，让孩子体验成功，逐步增加重量，距离也可以根据孩子情况而定。

训练 8：游泳

训练目的：改善身体概念，促进身体形象的建立，提升动作运用及动作计划能力。

训练方法：让孩子在垫子上假装游，用腹部贴地的方式游，从一端游到另一端，到达指定终点为上岸，上岸后用毛巾擦干全身，包括手、脚、腿、手臂、前胸、后背、肚子、肩膀、脖子、头脸等部位。

特别提示：可以在质地不同的表面进行此活动，比如草地斜坡、毛毯、地板等，游动距离根据孩子而定。

训练 9：小狗钻洞

训练目的：改善身体概念，提升动作运用能力。

训练方法：将孩子分成两个小组，一组手脚着地，腹部拱起，做山洞，间距 30~50 厘米，另一组小朋友扮作小狗钻过这些小洞，身体不要碰到洞的边缘，也就是不要碰到其他人的身体。

特别提示：如果碰到其他人的身体，重新再来，做山洞的孩子，至少坚持 3 分钟，此项活动也可以用椅子代替，做成山洞，让孩子钻过。

训练 10：巧拿沙包

训练目的：改善身体概念，促进身体形象的建立，提升视觉空间能力。

训练方法：小朋友分成两队，一队至少 4 个人，手拉手，双手平举围成一个圈站立，双脚打开与其他小朋友的脚碰在一起，中间放一个沙包，另一组小朋友钻过手脚之间形成的洞去拿沙包，不可以碰到别人。

特别提示：训练师可以给孩子做示范，碰到身体重新再来。

训练 11：我要练功夫

训练目的：促进本体觉、身体概念及动作运用能力的形成。

训练方法：让孩子做一些大的动作活动、体操、舞蹈等，提前在孩子手腕、脚踝处绑上 0.5~1 千克的沙袋。

特别提示：重量可以根据孩子能力而定，装沙子的袋子尽量用质地柔软的布料做成。

训练 12：软骨功

训练目的：改善身体概念，提升动作运用及动作计划能力，提升触觉分辨能力。

训练方法：准备一条粗绳，大约 1.5 米，根据孩子的体形将绳子两端系在一起，成一个绳圈，让孩子坐在垫子上，将绳子圈由头套下去，由脚下拿出来，由脚套进去，由头拿出来。

特别提示：可以让孩子蒙住双眼来做这个活动，绳圈的大小根据孩子能力调整，也可以用塑料圈来代替。

训练 13：平衡转

训练目的：提高肌肉张力，提升动作运用及动作计划能力。

训练方法：在地上画一个直径 30 厘米的圆圈，让孩子两手支撑身体，同时将两手放在圆的中心，用脚移动身体绕着圆心转，也可以让孩子两脚支在圆圈中，面朝上或朝下，移动双手使身体绕着圆心转。

特别提示：能力不足的孩子可以坐在地上，以臀部为支点来转圈；一般孩子在旋转的过程中维持手脚支地、身体悬空的姿势，转 3 圈以上。

训练 14：滑雪

训练目的：提高平衡能力，改善动作运用及动作计划能力。

训练方法：准备两张 A4 纸或者纸板，让孩子两脚踩在上面向前滑动，在滑动的过程中，脚不可以离开纸张，如果离开从头再来。为了增加趣味性，可以运送物品，孩子用两腿之间夹住气球，从起点运送到终点，球不落地为赢，可以设定小物品奖励。

特别提示：如果孩子重心不稳，我们可以缩短距离，随着能力的提升，至少完成 3 米的距离，并可以顺利转弯掉头回来。

训练 15：仰泳

训练目的：提供触觉刺激，提升腿部力量，改善动作运用及动作计划能力。

训练方法：给孩子准备厚纸板或大毛巾，让孩子躺在上面，双手抓着两边，用双脚蹬地的方式向前移动，训练师或父母也可以在前方带孩子移动，给孩子指引的方向。

特别提示：如果孩子身体不协调，用力不够，不能向前滑动，我们可以辅助轻轻拉动，让孩子前行；提前示范，让孩子认真观察，然后模仿。

训练 16：环形使者

训练目的：促进动作运用能力的发展。

训练方法：用 50~60 厘米长的橡皮带或布条结成一个圈，让孩子两脚站在其中，绳圈套在孩子脚踝处，让孩子从一端走到另一端，不掉下来。

特别提示：距离可以根据训练场地和孩子的具体情况而定，随着年龄提升逐步延长距离。

训练 17：包粽子

训练目的：促进身体概念及身体形象的建立，提升动作运用能力。

训练材料：准备单人床单一条。

训练方法 1：将孩子裹起来，训练师或父母可以拉着床单的一端，将孩子抖出床单。

训练方法 2：训练师或父母抓住床单的一端，孩子在床单的另一端通过滚动身体将自己裹在床单里。

特别提示：此项活动在床上或者地垫上进行，在孩子转动身体时观察孩子是否头晕。

训练 18：滚轮胎

训练目的：促进两手协调，提升动作运用能力。

训练方法：给孩子提供小汽车用的轮胎，孩子与训练师或父母面对面站立，距离 5~10 米，用滚动的方式把轮胎滚向父母或训练师。还可以让孩子双手交替滚动轮胎，从一端滚动到另一端，然后返回原点为一组。

特别提示：轮胎的大小根据孩子身高而定，滚动的距离根据孩子的具体情况设定。

训练 19：过河

训练目的：通过双侧肢体动作促进两侧协调，促进动作运用能力发展，提供触觉刺激。

训练方法：将不同颜色的塑料圈放在地上，当作河中的石头，让小孩子在石头上跳来跳去，脚碰到外面的地面，就算掉到河里，就要到训练师那儿用毛巾擦拭全身，塑料圈的摆放和距离根据孩子能力调整。

特别提示：如果多人玩此游戏，注意安全把控，可以随时调整塑料圈摆放的形状及距离。

训练 20：学领袖

训练目的：改善动作运用能力，促进肢体协调，提升视觉动作统合能力。

训练方法：让其中一个孩子做动作，其他人学着跟他做，鼓励孩子尽量做一些不寻常的动作，让其他孩子来学。

特别提示：让每个孩子都有机会做示范者，提前说明不能做侮辱性动作。

训练 21：同心结

训练目的：促进动作运用能力的发展。

训练方法：根据孩子的数量在地上画一个适度的圈。这个游戏适合 5 个以上孩子，大家手拉手围成一个圈，记住左右手拉住是谁的手，然后松手，开始在圈内走动，当训练师喊停时，大家迅速拉手，此时要注意不能拉错人。这时看似形成无法解开的死结，孩子们需要再通过钻、迈、绕等方式，恢复最初手牵手的圆形，在恢复过程中，孩子的手都不能松开。

特别提示：在转动过程中要量力而行。

训练 22：袋鼠跳

训练目的：改善两侧协调，提升动作运用能力。

训练方法：让孩子用橡皮圈踏在脚下，双手拉着橡皮圈向前，向后、向左、向右跳，同时也可以设定一定的障碍物，让孩子绕开障碍物，到达一定的地点。可以提前规定方向及距离，也可以随时更换指令执行。

特别提示：让孩子双脚同时起跳，为了安全可以在泡沫垫上做。

训练 23：滚雪球

训练目的：改善肌肉的控制力量，提升动作运用能力。

训练方法：让孩子以爬行的姿势用头将球推向指定地点，可以分组比赛，还可以设置障碍，让孩子进行。

特别提示：直线运送球，可以维持在 5~10 分钟。

训练 24：太极掌

训练目的：锻炼身体的稳定度，提升动作运用能力。

训练方法：让两个孩子两手掌对掌互推，设法让对方跌倒自己不倒。

特别提示：孩子不能用抓的方式弄倒对方，做好安全把控。

训练 25：巧用力

训练目的：锻炼身体稳定度，促进动作运用能力的发展。

训练方法：在地上画一个圈，圈内站立一个孩子，圈外站立一个孩子，圈外的孩子用各种方式或方法将圈内的孩子拉出圈外。

特别提示：提前提示孩子不能用抓、踢动作，一轮完成后两个角色互换。

第十章　嗅觉与味觉

如何理解嗅觉？

嗅觉器官是人体感觉神经最多也是最复杂的器官，在人类进化史上有着非常重大的作用。它帮助早期人类寻找食物和水源，并识别环境中的危险信号来保护自己，因此嗅觉能力较好的孩子判断力和敏感度也比较强，能更好地适应环境的变化，并且他们的大脑会随着气味的波动运作，提高记忆区的反应能力，如果儿童的嗅觉不是很灵敏，那么大脑会因长期缺乏气味的刺激而变得迟钝，注意力和记忆力也会因此而受到影响。嗅觉是理性智力反应的信息来源，也是食欲的信息来源之一。

嗅觉是位于鼻腔顶部的嗅觉感受器（嗅黏膜）的嗅细胞受到某些挥发性物质的刺激所产生的神经冲动即嗅觉信息。这些嗅觉信息沿嗅神经传入大脑皮质而引起的感觉即嗅觉。嗅觉能力是指孩子对气味物质的嗅觉敏感度。嗅觉能力受外界条件影响比较大，比如感冒、鼻炎或者环境、湿度、温度、气压变化都会使敏感度降低。嗅觉和味觉之间会整合和相互作用，嗅觉是通过长距离感受化学刺激的感觉，又叫作远感觉，味觉是一种近感觉。嗅觉和味觉器官是我们身体内部与外界环境沟通的两个出入口，因此它们都担负着一定的警戒任务。

嗅觉的功能有哪些？

嗅觉是潜在的智能基础，嗅觉神经也是感觉神经中比较复杂的系统，孩子敏锐的嗅觉可以避免有害的气体进入体内，一旦闻到有害气味往往孩子会离开这样的环境，闻到食物腐败的恶臭，一定不会吃，这样就会使伤害降到最低。研究表明，嗅觉反应无须依赖智慧做判断，是自动化反应，所以嗅觉对孩子有一定的保护功能。

一般情况下，我们身边的美食讲究色香味俱佳，而饭菜香味这些嗅觉信息直接提供给大脑，引发孩子的食欲，比味觉要强 2 倍，所以建议父母应该以食物的多样化来刺激孩子的嗅觉。中国讲究民以食为天，美国著名社会心理学家马斯洛把饮食归为最基本需求——生理的需要，所以嗅觉可以促进孩子对食物做出不同的反应，让孩子不再挑食、偏食，促进孩子营养摄入全面。

嗅觉还可以通过气味的辨别调节孩子的身心，父母身体的气味就可以安抚孩子的情绪，这是孩子喜欢让父母拥抱的原因之一。在众多的心理疗法当中使用芳香疗法也是心理治疗的重要手段之一，芳香疗法利用植物精油让孩子吸入鼻腔，通过嗅觉将信息传到大脑并刺激边缘系统对情绪产生刺激、镇定、提神、放松的作用，还可以让植物精油从皮肤直接渗入淋巴循环系统，提升人体的免疫力，达到促进孩子健康的目的。

嗅觉也可以让孩子学习事半功倍，通过对脑波研究显示，提升嗅觉的敏感度对孩子的学习效率会起到辅助作用。研究表明，嗅觉对右脑的活性影响比对左脑影响更大，而右脑是掌管情绪、艺术的直觉化反应，由此可以推断出对情绪的调节作用。辛辛那提大学的研究也表明，如果在空气中加入一些适量的香味，可以提高工作效率，有考试焦虑的人可在平日学习或者考试过程中，将平时自己喜欢的味道涂抹在身上，有助于放松心情，让实力能更好地发挥。日常生活中我们发现患有鼻窦炎、鼻炎或感冒鼻塞时精神状态不佳，记忆力减退，这些都与嗅觉有关，因为感冒和鼻窦炎让鼻腔内膜肿胀，气体无法上传到嗅觉细胞，因此嗅觉的失去影响注意力及记忆力。

如何认识嗅觉的发展？

嗅觉的形成主要是在鼻腔，鼻腔分布嗅神经和三叉神经，嗅神经主要是产生各种气味感受，如各种香味、臭味。三叉神经主要是提供压力感觉、刺痛觉、温度觉、气味偏侧性感觉，即闭上眼睛，能够根据气味传递的路径，寻找到气味源的能力。闻到薄荷、酒精，会觉得凉、觉得刺激，这种压力觉及温热刺激感觉，均是由三叉神经提供的。嗅神经元和三叉神经提供的这些感觉，综合到大脑皮质就会产生嗅感觉。

嗅感觉包含前鼻嗅觉和后鼻嗅觉。前鼻嗅觉又称远嗅觉，指在吃到食物以前就可以闻到食物的气味，食物是好的、坏的、香的、臭的均可以提前知道。除了闻到食物的气味以外，还可以在吃的过程中感受食物是否好吃、是否喜欢，这种食物风味大概 70% 由嗅觉提供。后鼻嗅觉是在咀嚼的过程中，气味分子释放以后，在吞咽时经过后鼻孔，上升到嗅区，使人体感受到气味。味觉只能感受到酸、甜、苦、咸、鲜等，除了这几种感觉以外，麻是振动觉、辣是痛觉，其他所有感受几乎均由嗅觉提供。

胎儿第 5 个月嗅觉器官就发展起来了，并且可以闻到气味，孩子出生以后闻到喜欢的气味会笑，在妈妈哺乳的过程中，孩子嗅到并记住了妈妈的体味，3/4 的孩子都会记住妈妈的体味，而且会偏好这种熟悉的气味。孩子站立行走之后，开始“眼观六路，耳听八方”，视觉和听觉信息开始变得更重要，嗅觉在感觉统合过程中所占的角色与比重就开始下降，但嗅觉仍然在与生命相关的信息上担任把关的角色。嗅觉的敏感度在 30~40 岁是最佳的时期，60 岁以后嗅觉下降得特别显著，而嗅觉在男性、女性中并没有特别显著的不同，只是女性在某些气味方面比男性敏感一些。

作为父母可以通过以下方式促进孩子嗅觉的发展：在孩子吃饭的时候，让孩子少说话，静静地享受食物的美味；尤其在 6 岁以前，让孩子通过嗅觉慢慢认识不同食物，然后再品尝，这样孩子就不容易偏食，也不要把太多的食物混在一起吃，一次尝一种，这样可以培养孩子对食物的敏感度；如果有抽烟习惯的家长，尽量不要在家中抽烟，这样会破坏孩子嗅觉的敏感度；让孩子少用嘴巴呼吸，尽量用鼻子呼吸，因为鼻子可以嗅到空气中的气味，能提升警觉度、专注力，还能促进孩子的好心情及幸福感；多带孩子到植物园去接触不同的花草树木，感受不同植物的味道，家中还可以定期更换不同香味的芳香精油，在孩子压力大的时候，可将芳香精油滴入浴缸中浸泡 15 分钟，通过鼻腔及皮肤的双重吸收，获得身心舒缓。

嗅觉能力发展不足的孩子我们会发现他经常去嗅别人的身体，嗅别人的头发，甚至嗅鞋袜，这种表现就是在寻求嗅觉刺激，以满足他们的嗅觉需求。如果不及时加以训练其嗅觉满足，会导致孩子成年以后形成不良习惯而被人误以为是道德问题。

如何认识味觉？

味觉是孩子通过口腔的味觉感受器感受到物质味道刺激，然后神经感觉系统将味觉信息传导到大脑味觉中枢，最后通过大脑的味觉中枢分析而产生的相关感觉。味觉器官位于舌头中间、舌根、舌尖及舌头两侧，不同的味觉有着不同的味觉感受器，帮助人体识别酸、甜、苦、咸、鲜等 5 种基本味道。味觉关乎生活品质，味觉发展能力较差的孩子，需要加强后天的味觉训练，否则会导致厌食等问题的发生，孩子在吃饭时挑食、偏食的情况也会比较严重，这将影响孩子以后的生活品质和身心发育，家长不可小视。因为味觉在孩子的饮食、营养的摄入和代谢中都发挥着重要的作用。我们会发现有触觉能力发展不足和味觉能力发展不足的孩子经常会舔舐玩具、舔手、舔鼻涕、舔文具。

味觉是孩子成长过程中非常重要的一种学习能力，舌头的味觉分化相当复杂，味觉的感受器主要是味蕾，主要分布在舌头表面和舌头的边缘，口腔和咽部黏膜的表面也分布一些。成人的味蕾总数大约为3000个，孩子的味蕾数量比成人还多，一般进入老年时开始萎缩、减少。味蕾由味觉细胞组成，可以辨别各种味道，不同的味蕾对不同的味觉刺激敏感度不同，一般舌尖对甜味比较敏感，舌的两侧对酸味比较敏感，舌两侧前部对咸味比较敏感，而软腭和舌根部则对苦味比较敏感。同时味觉的敏感度也会受食物本身温度的影响，在20~30℃之间，味觉的敏感度最高，不管怎样，如果食物在嘴里留得时间长一点，对各种味道感受才更精致，这也就意味着对孩子味觉教育需要相当的耐心。在孩子的成长过程中，尽量让孩子吃东西一口一口地慢慢咀嚼，不但有助于消化，还比较容易养成良好吃饭的习惯，体验味道。让孩子自己吃饭、主动吃饭，这样的味觉训练不但可以培养孩子的独立性，也可以避免挑食、偏食、厌食等不良习惯。不过在现实生活中，作为父母对孩子吃饭管得特别多，不能这样动，要这样端着碗，筷子要这么拿，勺子要这么拿，这个要多吃，那个也要吃，如果孩子在吃饭时经常如此，就会破坏孩子吃饭的感觉，不利于体验味觉，如果吃饭中批评指责过多，会让孩子形成吃饭就等于挨说的神经连接，会进一步让孩子出现挑食、偏食的现象，味觉教育也就会失败。

如何促进孩子味觉的发展？

味觉随着孩子年龄增长而逐渐发展，但在成人期也会随着年龄的增长渐渐退化，所以在幼儿期、儿童期加强对孩子的味觉训练，对于孩子的成长来说很有益处。一般来说，胎儿期就开始产生味觉，研究表明，如果羊水加入甜味，胎儿会吸入更多的羊水，如果加入苦味，胎儿就不愿意吸羊水，表明他们也不喜欢苦味，也能分清甜味与苦味。孩子出生以后直接以愉快的表情显示出喜欢甜味，尝到酸味孩子会把嘴唇避开，吃到苦味孩子则表现出痛苦的反应，对于咸味则没有特殊反应。孩子的味觉在适当的湿度下才能更好地发挥作用，所以给孩子吃饭的时候要搭配汤汁，而舌头的表面覆盖的黏膜，口腔中有源源不断的唾液，有利孩子对味觉的体验，儿童的唾液最充足，所以儿童味蕾也最敏感。

对于孩子来说，用食物的色、香、味去引发孩子的食欲是必不可少的，研究表明，蛋白质能给孩子提供精力，振奋精神；碳水化合物会提高孩子体内血清素的分泌，能平复情绪，让孩子放松容易入睡。在吃饭的过程中，一般孩子都会先嗅到食物的香味，再看到食物的外观，最后才品尝食物，嗅觉、视觉、味觉三者相辅相成，如果要说这三者感觉中哪一种感觉更能激发食欲，研究证实，嗅觉、味觉高于视觉，这也就提示父母通过味觉提高孩子的食欲是有道理的，因此食物的多样化是提高味觉的重要途径。

研究表明，让孩子多吃新鲜的蔬菜、水果，提供多种维生素和微量元素有保护味蕾的作用，引导孩子多开口说话，这样口腔运动能促进唾液分泌，也能延缓味蕾的退化。

灵敏的味觉可以很好地保护孩子，不至于吃到腐败变质的食物，这是因为一般有毒的食物尝起来有很多苦味，如果孩子味觉发展较好，食物只要有200万分之一的苦味舌根就能辨识，作为最后的防线会阻止有毒的食物进入喉咙；食物有13万分之一的酸味舌后段两侧就能觉察到，因为一般食物腐败会产生酸味；食物有 1/400 的咸味舌尖和舌前段两侧就能觉察，太咸了孩子也会把食物会吐出来；食物有 1/200 的甜味，舌尖就能觉察出来，一般情况下食物微甜即可，不要越吃越甜，摄入更多糖类，会促使身体引发炎症。

如何让孩子不再偏食？

孩子偏食、挑食是多方面因素导致的，改善也要从多方面入手，以下从味觉角度说明如何避免一些孩子偏食的倾向。让孩子完整地认识食物，多带孩子到果园、菜园体验生活，看看不同的果实，认识不同的蔬菜，闻不同的果香，让孩子品尝并仔细感受。让孩子观察参与食物的制作过程，比如，帮忙洗洗水果，看着妈妈如何给水果削皮，如何做果汁，包饺子等。最主要的是父母发挥自己的创意，用不同的方式调理食物，搭配不同的食物，使食物呈现新的风味面貌，增加新鲜感和生活趣味。尽可能让孩子吃新鲜的食物，因为高温会破坏孩子味蕾的感觉。做饭的时候尽量少用调料，必须使用调味料时，也尽量用天然的。还要培养孩子养成细嚼慢咽的习惯，这样更能体验每种食物的美味，有利于消化，咀嚼食物 20 分钟后就会产生饱足感，不至于发生进食过量的问题。

孩子的各感觉器官如果在儿童时期没有得到足够的满足，他一生中都会在寻找，一旦随着年龄的增长，这种习惯性行为很容易被人误解，所以要引起家长的高度重视。

如何引导孩子做好嗅觉训练？

孩子出生以后，一般情况下他们的嗅觉和味觉都具备了一定的敏感度，在孩子成长过程中，是否愿意吃某种食物则跟孩子的习惯有关，所以在孩子成长过程中，更需要父母加以引导，让孩子从不同的层面认识各种食物，用眼睛看、手摸、鼻子闻等，并让孩子品尝这些食物，进而接纳这些食物，并形成习惯。孩子挑食的原因很多，有的孩子与先天嗅觉与味觉的过度敏感是相关的，在日常生活中，父母会发现有的孩子对粗糙的食物敏感，有的孩子对软糯的食物敏感，有的孩子对硬的食物敏感，然后产生排斥，而这些都可以通过训练增加孩子对这类食物的接受度，味觉和嗅觉之间有微妙的关系，75%的味觉依赖有效的嗅觉引发，如果父母善于利用这一点，在孩子 2~3 岁时多加以训练，就能轻松让他们接受多种食物，如果超过了 5 岁孩子有挑食的问题，就更需要花一些时间来进行训练和调整，接下来跟大家分享一些嗅觉的训练方法。

训练 1：闻香识物

训练目的：提高嗅觉的敏感度，促进大脑的记忆能力。

训练方法：给孩子准备不同香味的熏香、香皂、鲜花，然后取其中的一样，让孩子闻上几秒钟，回忆并记忆味道，随后放到一边，间隔 30~90 秒，再拿起另一种，再闻上几秒钟，回忆并记忆味道，通过这样的方式刺激嗅觉的敏感度；还可以选择 3~4 种不同的鲜花，让孩子闻嗅几秒钟放到一边，可以重复这样的步骤闻嗅其他鲜花，等孩子熟悉不同鲜花的味道之后，给孩子戴上眼罩，通过鼻子辨别鲜花并说出名字。

特别提示：如果使用香皂、熏香等，防止孩子入口，注意好防护，避免使用过敏的物品。

训练 2：闻闻尝尝

训练目的：促进嗅觉发展，提升嗅觉与味觉的交互作用。

训练方法：首先父母可以和孩子一起阅读与食物有关的故事，通过故事的内容向孩子灌输正确的饮食知识,然后与孩子列好清单,采购食材,制作食物,并让孩子通过眼看、手摸、鼻子闻的方式,让孩子熟悉。给孩子戴上眼罩,将食物放在盘子内,让孩子用鼻子闻一闻,说出是什么食物,再用舌尖舔一舔,确认食物的名称,接下来用小勺子将食物放入口中,再次辨识,说出食物的名称。

特别提示:开始种类不宜多,尽量随着训练丰富一些,避免使用过敏的食物。

训练 3:嗅觉雷达

训练目的,提升孩子嗅觉的敏感度。

训练方法:在特定的时间,让孩子调匀自己的呼吸,放松并平静自己的心情,感受身边周围存在的一些气味,尽可能找出气味的来源。为了训练孩子,我们还可以在训练之前有意地把一些有香气的物品,比如苹果、橘子、香水等放在房间不同的位置,然后让孩子依靠嗅觉找出气味的来源。

特别提示:避免使用孩子过敏的味道,训练使用的物品使用后可以根据具体情况更换,可以以比赛的方式进行。

训练 4:隔空识物

训练目的:提升孩子嗅觉的敏感度,丰富嗅觉体验。

训练方法:父母手上拿着有香味或者闻起来让孩子舒服味道的物品,然后从远一点的距离(孩子闻不到味道的距离)慢慢地接近孩子,当孩子说闻到气味的时候,父母就停下来,并记录一下与孩子的距离,同时让孩子通过气味辨别父母手上拿的是什么物品。

特别提示:每天用不同的物品这样练习,多用鼓励性语言。

训练 5:嗅觉联想

训练目的:提升嗅觉能力、想象力、观察力。

训练方法:让孩子闻到某些气味时,试着描述、想象这些气味的样子,也就是根据气味做出相应的联想,把不同的味道想象着不同的事物,比如将淡淡的草香想象成在草地上自己在和其他小伙伴做游戏,把苹果的香味想象成秋天红红的苹果,挂满了果树的枝头。

特别提示:鼓励孩子大胆想象,引导孩子不拘泥于现实。

训练 6:逛水果店

训练目的:提升孩子嗅觉敏感度,体验丰富嗅觉。

训练方法:超市有水果专区,还有好多水果店,我们可以领着孩子到这些地方,让孩子近距离闻水果的味道,然后指导孩子认识,并说出水果的名称。

特别提示:孩子不认识的水果,可以让孩子主动去问售货员求教。

如何引导孩子做好味觉训练?

味觉主要通过口腔来完成,而口腔的动作技巧对于孩子整体发展来说非常重要,对吃饭、睡眠、语言、安定情绪、人际关系的发展都是十分重要的,孩子出生之后,他通过吮吸手指来自我安抚,这也是味觉体验的一部分,孩子一出生就具备吮吸的能力,这样的动作可以使孩子的口腔得到非常好的锻炼,让咀嚼更有力,也就扩展了孩子食物的范围,对孩子营养的吸收非常有帮助,并且吮吸与咀嚼具有调整脑神经、平静情绪的效果,所以对孩子的吮吸行为不应禁止,还应该适当引导满足孩子的需要。

味觉反应对于孩子来说通常比较复杂,一般来说,孩子对于食物的识别是在视觉、嗅觉、味觉、神经感觉的共同作用下完成,而嗅觉与味觉往往共同产生作用。研究显示,孩子一出生就喜欢甜味,不喜欢苦味,这是孩子的自我保护本能。孩子出生之后就有味觉感受,在6个月到1岁期间,味觉系统发展最迅速,2岁就具备了分辨出不同味道的能力。在孩子成长过程中味觉起到非常重要的作用,孩子通过味觉可以更好地认识周围的事物,知道一些水果具有甜味,一些药物是苦的,醋是酸的等,同时灵敏的味觉也会让孩子避开腐烂变质食物带来的危险,比如,当孩子口中感觉味道异常会本能地吐出食物。另外,孩子有了灵敏而正常的味觉才能激发孩子的食欲,吃了足够的食物,营养才会充足,孩子才能健康成长。所以在孩子成长的过程中,父母一定要细心,让孩子体验常见食物的味道,创造一个温和的氛围,鼓励的语言,让孩子多接触不同的味道,这样孩子才能促进味觉更好地发展,接下来分享一些提升孩子味觉训练的有效方法。

训练1:食物串

训练目的:促进味觉的体验与发展,加强触觉分辨能力,促进咀嚼动作的发展。

训练方法:把苹果、胡萝卜、香蕉、猕猴桃等切成片,还可以准备一些饼干等,用干净的竹签将这些食物串成一串,间隔距离大约2厘米,指导孩子自己把食物串起来,将食物串放到嘴边,逐一把这些不同食物放到嘴里,长时间咀嚼,体验不同食物的硬度及质感。

特别提示:让孩子先洗手,切块根据孩子年龄确定,咀嚼时间尽量在5分钟及以上,慢慢咀嚼。

训练2:味觉刺激

训练目的:提升味觉感受力,促进味觉敏感度。

训练方法:我们可以给孩子选择一些不同味道的食物,比如说酸、甜、苦、辣、涩、麻等,然后让孩子用舌尖微微地舔一下,仔细感受这些不同味道,等味道感消失再用舌尖轻舔下一种味道,根据孩子的年龄特点,让孩子描述味道感受,可以说出来,也可以写出来。

特别提示:每天可以用不同的食物进行练习,如果孩子对某种味道特别敏感,可以降低味道强度。

训练3:味蕾训练

训练目的:提升味觉感受能力。

训练方法:用鼻塞或者孩子自己捏住自己的鼻子,减少嗅觉的代偿作用,然后用舌头接触不同味道的食物,感受味道,并描述感受。

特别提示:每天用不同的食物练习,把控时间,防止孩子窒息感。

训练4:味觉冥想

训练目的:提升味觉感受能力。

训练方法,让孩子选一个舒服的方式坐在椅子上,轻轻闭上眼睛,调匀呼吸,深呼吸3~5次,然后回忆某种食物的味道,比如橘子、芹菜、饼干、月饼等的味道,冥想时让孩子全部注意力集中在舌头上,出现食物的图像,回忆舌头上味道的感受。

特别提示:放松的状态下冥想才会更好,指导孩子想象食物的细节及味道。

训练5:对对碰

训练目的:提升嗅觉及味觉的敏感度。

训练方法:根据孩子不同的年龄,找出3~6种气味芳香的食物、3~6种孩子觉得美味可口的食物,并将这些食物每两种组合成一对,让孩子比较气味、口感及味道,比较异同,对比后让孩子找出最喜欢的味道,并描述产生这样感觉的原因。

特别提示:也可以每天找到两种这样的食物,对孩子进行训练。

训练 6:猜食品

训练目的:提升孩子的味觉感受能力。

训练方法:把梨、苹果、香蕉、橘子、猕猴桃分别摆放在孩子面前,给孩子蒙上眼睛,让孩子任意取出一种水果,通过咀嚼说出水果名称和感觉到的每种水果之间的不同味道。

特别提示:可以用多种食物代替水果,通过专注于味道,增加孩子的味道感受能力。

第十一章　感知觉统合能力评估方法

如何在生活与学习方面评估感知觉统合能力？

感知觉统合能力是孩子生存的基础能力，更是孩子发展过程中的必备能力。感知觉统合能力一旦发展不佳，势必会影响孩子人生的高度，遗憾的是，这一点并没有引起父母及老师的足够重视，甚至有更多父母对感知觉统合能力完全不了解。而要促进孩子感知觉统合能力的健全，就需要父母在孩子成长的每一个关键期提供更多的机会，这包括生活中自然的提升与专业化训练指导两个方面，一旦错过孩子感知觉统合能力发展的关键期，将会为孩子未来成长与发展留下遗憾。因此感知觉统合能力无器械训练无论是从理论概念或训练方法急需大力推广和普及，成为每一名从教者的必修课。因为人生不可重来，教育也是从懂得开始。只有懂得才能从日常生活中知道从哪个角度来观察和发现孩子行为背后的真正原因，而不是盲目地借助我们以往的经验给孩子以不恰当的判断。可以说，不了解感知觉统合能力就无法顺应生命成长的规律，不了解感知觉统合能力就无法满足孩子生命成长的需求，不了解感知觉统合能力就不能正确解读孩子行为背后的真正原因，不了解感知觉统合能力就无法真正做到对孩子的理解与全然接纳，不了解感知统合能力就无法构建良好的师生关系和亲子关系，并很容易造成孩子成长过程中的心理隐患。作为老师或父母如何从日常生活中来观察孩子，从而能初步判断孩子是否感知觉统合能力不足，在训练的关键期给予及时干预。接下来我们从孩子的生活细节谈起。

以足月顺产的孩子为例，一个身心俱足的婴儿在日常生活中是很少出现哭闹现象的，无非是在大小便、渴、饿、困、痒等情况下发出信息，或咿咿呀呀或哭闹。我们会发现在母乳喂养的过程中，当把孩子抱在怀里，孩子会立刻停止哭闹。在这个阶段要注意的是及时回应、及时关注、及时更换尿布，每天要定时接受阳光沐浴，不必过多摇抱，可以辅助孩子进行肢体运动，还可以适当地进行腹趴。我们所做的这一切是为孩子 3 个月翻身做准备。如果 3 个月不会自主翻身说明孩子在这个阶段自主运动过少。

3 个月之后我们要注意为孩子独立坐卧做准备，双手放在孩子腋下锻炼孩子的腿部力量，增加腹趴时间，腰背部、臀部、大腿部进行抚触。双手交替让孩子练习抓握动作，用摇棒引导孩子练习转头的动作。到 6 个月时候孩子能够自主坐卧，如果孩子不能坐稳或者头抬不起来，说明孩子腰部和颈部肌肉力量不足，需要及时进行弥补。因为接下来孩子将进行更复杂的活动及充足的爬行。

七八个月的时候孩子开始长出乳牙，你会发现孩子会经常把手放在嘴里进行啃咬，不建议家长人为限制，而是要辅助磨牙棒。8 个月孩子进入自主爬行阶段，研究发现孩子的爬行量大约需要 500 小时，而在我国调研时发现爬行时间远远不够，甚至有的孩子根本就没有经过爬行。8 个月还不会爬行的孩子日后平衡能力不佳，动作笨拙，注意力短暂，因为爬行对孩子前庭平衡觉、触觉、本体控制觉都是很好的训练。8~10 个月之间，要给孩子创造机会和条件，进行大量的爬行，甚至可以爬上爬下。10 个月左右孩子会借助一些扶手慢慢尝试站立，此时不建议家长给孩子使用代步车，这阶段对孩子感知觉统合能力的发展至关重要。如果使用代步车孩子的身体会依赖外力掌握平衡，因此建议让孩子不断尝试靠自身力量学会行走，掌握平衡。

在1岁这个年龄段语言和行走是并驾齐驱的发展，会说一些简单的语言，家长要多与孩子进行交流，给予他丰富的语言信息刺激，此刻大量的语言输入，孩子才会有丰富的语言输出。例如，孩子口渴让他说出渴了、喝水或水杯等简单词汇。交流时家长少使用叠词。如果孩子在1岁左右还不能行走或说话，说明孩子在前期成长阶段有缺失，需要及时进行弥补。

一般来说，孩子在2周左右就能有简单的穿脱意识，感知觉统合能力不足的孩子，穿脱鞋的情况下他们的身体会显得比较僵硬，笨手笨脚，左右不分，并且缺乏耐性，很难完成；行走时会出现站不稳、经常摔跤。

在孩子三四岁左右要开始观察孩子的惯用手，因为在这个阶段孩子逐渐发展出优势手，一般孩子会用优势手拿筷子、勺子、拿笔、拿剪、玩玩具等，非优势手给予辅助，大多数孩子右手为优势手，如果左右手混乱使用，会影响协调能力的成熟。在此给家长一点建议，就是在幼儿阶段，最好不要进行惯用手的矫正，无论左手还是右手，因为这会给孩子造成困扰，形成学习上的障碍；感知觉统合能力不足的孩子，由于动作不协调，使用勺子、筷子吃饭的时候常有困难，饭菜掉得到处都是，由于咀嚼动作做不好，也容易掉饭粒，以致有的孩子不喜欢用勺子，也不喜欢用筷子，喜欢用手把食物塞进嘴里；倒水需要孩子先用眼睛去观察水壶口与杯子口的位置，需要手眼协调肌肉收缩的控制，才能倒水，否则会经常倒在外面；感知觉统合能力不足的孩子，很难判断物体的大小、形状、方向及关系，所以也不知道如何把物品摆放好，最明显的就是这样的孩子不能整理自己的玩具等物品。

有下列异常现象也预示着孩子感知觉统合能力不足。有的孩子对剪指甲特别紧张，经常用嘴咬指甲，用手抠指甲，怎么阻止都不起作用；还有的孩子不喜欢洗头发，不愿意洗脸，对毛巾特别敏感，这是触觉防御的表现。孩子在整理桌椅经常搞错方向，玩具无法放回原来的位置，这显示出视觉空间能力不足。在这个阶段家长应着重注意培养孩子力所能及事情自己做，不必代劳。因为这是培养孩子精细动作的关键期。

在游戏中，我们通过细心观察，也会看到一些现象，而这些现象的出现也预示着孩子感知觉统合能力不足，在做游戏的过程中，有些游戏会用软垫子进行保护，感知觉统合能力不足的孩子会显得特别紧张，当他们整个身体，尤其头部放在整个垫子上，会让他们极度不安，遇到这样的情况，他们的身体僵硬，不知道怎么适应软软的垫子；同时他们也不喜欢身体被左右、上下摇晃，因为他们不能很好地主动与地心引力取得协调，平衡能力不佳，由于在很多活动的时候，显得缺乏自信，所以这样的孩子还常常特别黏人，爱哭，过分依赖别人；有的孩子特别喜欢旋转游戏，或总是绕着圈子跑，且久转不晕，可是在走路时却显得跌跌撞撞、笨手笨脚，不能双脚同时离地进行跳跃，这些是因为身体对称性活动能力不足、颈部张力不足造成的。当孩子由趴变为仰卧的动作，一般孩子会用头部带动颈部，然后使胸部和腰部自动跟着回转，而在游戏中孩子完成这样的动作显得笨拙而缓慢；这个年龄段的孩子都有一个共同特点就是闻乐起舞，而感知觉统合能力不佳的孩子显得全身僵硬，不知道如何用力，动作极不协调。在孩子之间玩耍的过程中，不会掌控力量，看似要拥抱别人，但总是会将别人压倒，是因为孩子运动计划能力不足所致，这样的孩子在进行需要肢体协调、大肢体运动或者蒙上眼睛的游戏时，都显得笨手笨脚，不敢做或做不好。

我们也可以观察孩子学习上的一些状况、一些现象，来确认孩子是否感知觉统合能力不足。肢体是大脑的外部器官，正如俗话所说“心灵手巧”，我们的手指是与外界接触最多、使用最多的，手也是孩子在学习和探索活动时最重要的工具，如果手指的触觉分辨能力不良，会影响手的灵活性及手眼协调能力的发展，写字能力会出现不足，比如写字过慢，写字不好看，轻重不分，大小不一等；孩子在听课时需要保持要求的听课姿势，端坐在椅子上，如果孩子一旦肌肉张力发展不足，听课时坐不住，或在椅子上出现弯腰驼背、左右晃动、手经常会托腮等现象，喜欢翘椅子或经常发出声响；听与看的协调对于孩子的学习来说非常重要，有些孩子在听到声音时无法理解声音的意义，更不能有效统合听觉及视觉信息，这样的孩子在听课时会心不在焉，注意力不集中，漏掉很多关键信息，导致作业及考试经常因为知识点记忆不准确而失分；对数字排列的顺序感不好，经常漏掉数字，常记不清哪个数字后面该是哪个数字。

孩子在走路的时候，我们可以看到这样的现象，总是蹦蹦跳跳的，或小跑，或踮脚走路，不敢去高的地方，上下楼梯的时候都会小心翼翼，如果走在田间小路上，碰到泥泞的地面或者有坡路时，很不愿意走，这样的孩子遇到障碍物无法翻越或避开，游戏时在倾斜的路面或上坡的路面，尤其爬山时明显地笨手笨脚，不知所措。

以上种种表现均显示出孩子存在感知觉统合能力不足。

如何从感觉神经反应方面评估感知觉统合能力？

简单地说，感官获取信息传入大脑的神经称为感觉神经，把感觉信息经过统合以后，指挥身体做出反应的神经叫作运动神经，而感知觉统合不仅是对感觉信息的统合，也是感觉神经和运动神经协调的过程，一旦感知觉统合能力出现问题，感觉神经和运动神经的功能也会出现不协调的现象，这样父母或老师也可以从感觉神经反应的角度来评估孩子是否出现感知觉统合能力不足。

首先来看触觉，当一个孩子特别不喜欢被人碰、被人摸，因为害怕被人碰触，就拒绝到人多的地方或陌生的场合，这是触觉防御过当所致。有的孩子对疼痛不敏感，都流血了也没有疼痛感觉，对冷热的辨识能力也不足，于是会出现冷了不知道主动加衣服，热了不知道主动脱衣服，这是触觉防御不足所致，这两种现象我们把它称为触觉敏感和触觉迟钝。大量案例证明这两种情况可能会发生在同一个孩子身上，这样是我们常见的混合型触觉发展不良，如果观测到这样的现象，可以作为判断感知觉统合能力不足的依据。

从前庭平衡觉的角度看感觉神经与运动神经的外显反应，孩子在生活学习中头部的位置大多会发生移动及位置变化，对这种变化反应过强或迟钝都不是好的现象，迟钝的孩子当玩旋转或摇晃的游戏时，他们不会眩晕，也不会害怕，敏感的孩子只要在旋转或摇晃的游戏设施上，就已经晕头转向了，甚至看到别人旋转，自己也跟着头晕。基本的判断方式可以让孩子踮脚尖走直线、曲线，做回旋运动，身体倾斜等测试，如果孩子很难做到，即可作为判断感知觉统合能力不足的依据。

从本体控制觉的角度看感觉神经与运动神经的外显反应，本体控制觉指的是孩子对自己身体的感觉，它是基于明确对身体概念的认知及建立，感知觉统合能力不足意味着对来自肌肉、关节、韧带、筋肉、皮肤的感觉不能有效地回馈大脑，从而不能对动作进行微调，导致孩子动作不够精准，显得笨手笨脚，坐无坐相，站无站相，这样会严重影响孩子的运动技巧、生活技能和学习能力，这也是感知觉统合能力发展不足的判断依据。

从嗅觉与味觉的角度看感觉神经与运动神经的外显反应，这样的孩子对于某种气味或口腔内酸、甜、苦、辣的反应特殊，闻到某些气味就头痛、恶心、眩晕，有时特别喜欢某种气味，最简单的判断方式观察孩子对苦、辣食品的接受度，如果孩子会排斥或者特别喜欢很正常，如果只要淡淡的味道就排斥，甚至呕吐，日后会有偏食、挑食、厌食等产生，这也是感知觉统合能力发展不足的判断依据。

从视知觉反应的角度看感觉神经与运动神经的外显反应，观察孩子对光线反应的敏感度，对形状、位置、方向的分辨能力，包括双眼的焦距是否协调，眼睛是否容易酸痛，从孩子的运笔画线、抄写，就可以观察到孩子手眼协调能力是否成熟，这也可以作为感知觉统合能力发展不足的判断依据。

从听知觉的反应角度看感觉神经与运动神经的外显反应，可以观察孩子对声音大小、方向、距离的判断，对语言的理解，包括对自己的名字、物体的名称、动作行为的认识，以及用语言表达正确的意义，还有对事物的用途属性、位置、大小数字的了解，理解必要的指示，以及语言的记忆、复述能力，也可以作为感知觉统合能力发展的判断依据。

如何从肢体动作评估感知觉统合能力？

站立姿势的反应

当孩子站好，头和身体保持挺直，如果孩子身体倾斜，一般情况下孩子的头会直接反应，不用思考，这样才不会跌倒，比如，孩子身体向右倾斜，头也自然会向右倾斜，此时内耳前庭神经感应器受到刺激，头部会自然还原，不致跌倒，这种能力反映孩子平衡感的成熟度。

保护伸展反应

当孩子的身体失去平衡，快要跌倒时，不需要思考，手会自然快速地伸出保护头部，这就是伸展反应能力，如果孩子保护伸展反应能力没有发展好，孩子比较容易跌倒受伤。这是一种很早就开始发展的一种能力，随着年龄不断增长会成为条件反射。

与地心引力的协调

孩子成长到 3 岁左右，就开始能控制自己的身体，以一定姿态来平衡、协调地心引力，这对孩子的动作非常重要，协调能力正常的孩子能做出飞机的姿势，胸部支撑，头、手、脚同时抬起来。还可以后背着地，手脚向上，身体弯成弓形，头、手脚上举，如果肌肉张力正常，就可以这样维持身体的平衡。一般 6 岁左右的孩子就可以做这个动作，保持 20~30 秒，不晃动。

重力的稳定度

当孩子头的位置改变的时候，孩子的平衡感会被打破，此时，前庭器官受到刺激，如果孩子能主动调试与地心引力，保持固有平衡，是正常的，但有些孩子过分害怕，这种变化让他们慌乱，不能自动化应对。

运动协调的能力

当孩子做一些生疏的动作及活动时，大脑会把过去类似相关的动作及经验呈现，并从这些经验中寻找新动作需要的方法和步骤，然后再按照一定的顺序来执行新动作，这就是运动协调。比如，双脚跳、单脚跳、跳绳、配合乐曲来做动作、系扣子、系鞋带、使用勺子、握笔写字等都需要这种能力，如果这种能力发展不好，孩子就会显得笨手笨脚，做不好或做不来，这显示动作运用能力出现问题。

双侧肢体协调能力

孩子做任何事情，几乎都需要双手配合来完成，一只手能配合另一只手完成动作，所以双手协调对孩子来说非常重要，如果双侧肢体不协调，手的灵活度不够，会影响孩子动作的完成。

优势手的成熟

在孩子3~4岁会发展出优势手，也就是惯用手，手部灵活才是奠定手眼协调的基础，大脑对环境的反应也会更灵活。惯用手不用刻意进行校正。

身体形象

也称为身体地图，其实就是孩子对自己身体各部分的感觉，在潜意识中自然形成一张地图，不用看也会知道眼、耳、鼻、口、手、脚的相对位置，以及动作时的位置、方向、速度等，如果孩子身体形象不佳，孩子也会显得笨手笨脚，左右脑的发展也会受到阻碍。在观察和评估的过程中可以进行综合性考量。

评估感知觉统合能力需要收集哪些相关资料？

要识别孩子是否存在感知觉统合能力不足，需要更全面了解孩子孕产养育各阶段的情况，这样有利于我们做出更正确的判断。

孕：准妈妈怀孕时的情绪状况、运动状况、营养状况，是否出现过先兆流产，是否服用过保胎药物，胎位是否正常。

产：孩子是否足月顺产或早产、剖宫产、急产、引产。生产过程是否顺利，有无脐带绕颈或缺氧，孩子是否头部受过伤，是否有过重大疾病。

养：主要指母乳喂养或配方奶、断奶方式、断奶时间。孩子是否出现过重大疾病，头部是否受过外伤，有无母子分离。

育：孩子有无挑食、偏食，是否黏固定的人，有无长时间接触电子产品，生活习惯、学习习惯的养成，自理能力的培养，听说读写记等方面的能力。

如何以标准化的方式来评估感知觉统合能力？

姓名________性别________出生年月________

身高______体重________咨询人与孩子关系____________

住址__________________电话____________咨询日期__________

以下记录都是为了解孩子感知觉统合能力状况所做的评定，为制定训练计划提供详细的参考，对孩子幼时的记忆尽量回忆，尽可能详细描述，这对于测评结果及孩子的未来发展帮助很大。本量表以问答的方式完成。咨询师要进行详细记录。

1. 您认为孩子在成长过程中有哪些不足？您需要解决的问题是什么？
2. 就这些问题是否进行过医疗机构的诊断？诊断的时间、诊断的结果是什么？
3. 做过哪些项检查？是否服用过什么药物？
4. 有没有做过相关的训练，训练效果您感觉满意吗？
5. 孕期有无病史，孕期情绪有无波动？是否有过先兆流产？是否保胎，保胎时间多久？是否服用过保胎药？在孕期有没有做过适当运动？
6. 生产方式(顺产、剖宫产、早产、难产、急产)是什么？是否有脐带绕颈？是否缺氧？是否用催产素或产钳？麻醉量多大？大人多久有知觉？
7. 第一声啼哭的时间是什么时候？生产时胎位是否正常？先破水还是先见红？有没有侧切，缝过几针？从阵痛到分娩的时间有多长？
8. 有无先天性疾病？是否与母亲同时出院？孩子有无黄疸？是否照过蓝光？
9. 母乳还是配方奶，还是混合喂养？如何断的奶？断奶的时间是什么时候？是分开断奶还是自然断奶？分开断奶的大约时间是什么？

10. 孩子是否体弱多病？孩子是否出现过高热、痉挛、抽搐、肺炎、支气管哮喘？是否住院治疗？

11. 婴儿期有无经常啼哭？一般遇到这种情况是如何处理的？

12. 婴儿期主要养育人是父母、双方老人、保姆、混合代养或其他？

13. 婴儿期运动发展状态、睡眠状态如何？是否经常晒太阳？是否经常进行抚触按摩？是否经常练习抓握？是否辅助孩子进行四肢锻炼？是否进行过腹趴练习？3 个月孩子是否能自主翻身？什么时候开始独立坐卧？几个月开始长牙？1 岁时孩子有几颗乳牙？几个月开始爬行？爬行量大约每天多长时间？多大开始有站立的需求？是自主扶物站立还是经常坐代步车？多大开始独立行走？多大开始自己用奶瓶喝水？多大开始自己用杯子喝水？

14. 几个月开始语言发展？先会走还是先会说？之间间隔时间有多久？

15. 是全职妈妈还是职业母亲？孩子多大开始上班？上班以后由谁代养？每天能否见到父母？每天和孩子互动时间大约是多少？

16. 在代养过程中，有无经常接触电子产品？每天时间多久？有无脱离电子产品就哭闹的行为？

17. 是否挑食、偏食？食欲怎么样？什么时候脱离的纸尿裤？脱离纸尿裤后大小便是否能自行解决？

18. 几岁上的幼儿园？情绪如何？是全托还是日托？是否有哭闹拒绝上幼儿园的表现，多长时间？是否跟父母表达过不愿意去幼儿园？老师最常反映的问题是什么？

19. 孩子睡眠状况如何？有无夜间盗汗？盗汗位置是否集中在背部和后枕部？睡觉是否安稳？是否有蹬踹现象？

20. 成长过程中家庭成员是否发生过重大变故（如父母离异、与孩子比较亲近的人离去等）家庭成员？有无在孩子面前发生大的冲突？孩子是否受到惊吓？

21. 是否有挤眼、耸鼻、撇嘴、耸肩、嗓子伴随干咳的现象（考虑抽动秽语综合征，得去医院，也有可能受到过什么惊吓、打骂，或家里发生过某种冲突）？

22. 教育方式（简单粗暴、过度溺爱包办、反复唠叨、过分赞誉、冷漠、长期分离、积极引导）是哪种？是留守儿童、流动儿童还是居家儿童？

23. 家庭氛围、夫妻关系如何？父亲陪伴时间多少？是三口之家还是和老人共同居住？家庭活动的基本类型是什么？陪伴阅读、户外运动、与同龄玩伴接触机会多不多？是否经常带孩子外出游玩？

24. 基本生活是否能够自理（代劳、督促、依赖还是自律）？

25. 学习习惯（能否独立完成作业？能否记全老师留的作业？写作业的时间多长？写作业时是否需要陪伴？写作业时是否经常有小动作？）如何？

26. 在校表现：与同学关系是否融洽？是否能遵守课堂纪律？有无与同学经常发生矛盾？能否积极举手发言？学校发生的事情能不能完整描述？有没有损坏他人物品的行为？有无说谎行为？有无不完成作业的行为？目前成绩在班里处于什么水平？

27. 老师最常向家长反映的情况有哪些？家校沟通一般采取什么样的方式？

28. 学习能力体现（记忆、背诵、思维、听、读、说、写、观），您认为这几项孩子哪些最欠缺？

29. 您亟待解决的问题是什么？

如何用儿童感知觉统合能力评价量表进行评估?

感知觉统合能力测评量表是用来判断儿童感知觉统合能力发展程度的评价体系，评估感知觉统合能力不足相关资料只是评价体系当中的基础部分，这部分内容主要提供的是孩子幼儿成长发展期的辅助信息，要想更准确地对感知觉统合能力不足做出判断需要配合儿童感知觉统合能力评价量表进行综合考虑，因孩子的年龄在不同阶段也会有不同表现，学龄前儿童由于还没有开始进入课业学习阶段很多表现更容易被家长忽略，甚至有的家长认为，孩子小淘气坐不住是正常现象，随着长大会自然消失，这是一个极大的误区，如不加以重视，一旦进入学校将会影响孩子的学习及学习成绩时，家长会措手不及。因此需要家长及老师在适龄儿童的不同阶段及时了解孩子的能力水平，以便于在最佳时间以最恰当的方法弥补孩子成长过程中感知觉统合能力发展的不足，为孩子顺利进入学龄阶段做好充足的准备。已经进入学龄期的儿童的家长和老师，在校生活和学习过程中发现孩子一些问题也不必恐慌和焦虑，通过感知觉统合能力发展测评量表(7~14 岁)进行测评及判断，积极配合进行专业的感知觉统合能力无器械训练。

评价量表主要有以下 3 种:

1. 感知觉统合综合能力普筛评价表。
2. 幼儿感知觉统合能力发展测评量表(3~6 岁)。
3. 学龄儿童感知觉统合能力发展测评量表(7~14 岁)。

感知觉统合综合能力普筛评价表

表仅限于普遍筛查，在班级普遍适用，根据孩子平时表现由家长或老师进行评价。可以分班级进行评价。请大家一定要针对孩子的情况如实填写，以便更好地对孩子感知觉能力做出正确的评价。以下题目为必选，经常这样计 2 分，有时这样计 1 分，从不这样计 0 分。

1.危险意识差，爱玩旋转游戏且久转不晕，爱登高爬低，追跑打闹，对痛感意识不明显，经常受伤且不自知。

经常这样　　有时这样　　从不这样

2.走路不稳，经常跌跤，磕磕碰碰，明明看到障碍物(桌、椅等)照样会碰撞，经常受伤。

经常这样　　有时这样　　从不这样

3.晕车、晕船、晕高，不爱玩转椅。与伙伴们追跑打闹时也显得畏手畏脚。

经常这样　　有时这样　　从不这样

4.花很多时间学不会跳绳，骑自行车，在集体活动跳大绳时，队列一到孩子这里就中断了。

经常这样　　有时这样　　从不这样

5.不爱玩荡秋千、滑滑梯类的游戏，玩走马路牙子类的平衡游戏走不成直线，甚至跌倒。

经常这样　　有时这样　　从不这样

6.黏固定的人，爱哭，遇到陌生人会躲避。不适应陌生环境，一旦适应了又不愿意离开。

经常这样　　有时这样　　从不这样

7.孩子参与性不强，譬如大家都在学新的韵律操，唯独他呆立不动或东张西望，受了批评也不反驳。偶尔高兴了，也能将韵律操回忆起来，当然，跳得生涩无比。

经常这样　　有时这样　　从不这样

8.写作业错别字连篇，写字经常多一笔或少一笔，形近字(如视与祝)经常弄混。学习拼音困难，经常把 d 看成 b，把 q 看成 p。经常颠倒字的偏旁部首(或左右不分)。

经常这样　　有时这样　　从不这样

9.听而不闻，不听指令，需要重复多次，仿佛听到了，但不能按规定完成指令。

经常这样　　有时这样　　从不这样

10.不能完整地叙述一件事情，表达不顺畅，缺乏逻辑性。老师布置的作业经常记不全，丢项落项。

经常这样　　有时这样　　从不这样

11.阅读吃力，必须用手指逐行逐字地协助阅读，阅读过程中有填字丢字串行现象，理解能力不佳。

经常这样　　有时这样　　从不这样

12.经常抄错数字或运算符号，简单的题频繁出错，多次提醒没有效果。

经常这样　　有时这样　　从不这样

13.做作业极其磨蹭，同一项作业费时约为同龄伙伴的两倍以上。

经常这样　　有时这样　　从不这样

14.多动，常常不能自主地去与周围同学打交道。爱招惹别人甚至有攻击性行为。认识到错误后，下回还会故态复萌。

经常这样　　有时这样　　从不这样

15.性格暴躁、偏执，达不到目的时，会以在地上打滚、大哭大闹等行为方式逼迫父母就范。

经常这样　　有时这样　　从不这样

16.在家很活跃，在外特别胆小，躲避跟老师、同学打招呼，实在躲避不过去了，礼貌用语也说得含糊不清。

经常这样　　有时这样　　从不这样

17.上课时注意力不集中，小动作特别多，但看动画片及喜欢做的事，注意力能集中，但学习或家长要求他做的事，明显注意力分散，且脾气躁、大喊大叫。

经常这样　　有时这样　　从不这样

幼儿感知觉统合能力发展测评量表(3~6 岁)

1.本测验由仝慧琪教授修订而成，并且建立幼儿常模，适用于 3~6 岁幼儿的感知觉统合能力测试，为确定孩子感知觉统合能力现状及训练提供依据。

2.感知觉统合能力是孩子最基本的能力，是从 0~100 之间的一个连续体，不是非好即坏，每个孩子的感知觉统合能力都会处在 0~100 之间的某个位置，它是孩子生活、学习的基础能力，经过训练，孩子的此种能力都得到提升，3~6 岁是此种能力发展、训练的黄金期。

3.本测验共计 58 题，其中前庭平衡能力 22 题，触觉分辨能力 23 题，本体控制能力 13 题。计分方式采用：从不这样(5 分)、很少这样(4 分)、有时这样(3 分)、常常如此(2 分)、总是如此(1 分)。

4.请您按平时对孩子的观察和感受如实回答；每一问题都要回答，但只能选择一个答案，难以决定时，请选与孩子情况接近的答案。本测验需要30分钟左右。

一、前庭平衡能力（共22题）

1.特别爱玩旋转的游乐设施或绕圈子跑，且不晕不累。

从不这样　很少这样　有时这样　常常如此　总是如此

2.不喜欢玩旋转类游戏，如转椅、秋千，怕登高，易晕车。

从不这样　很少这样　有时这样　常常如此　总是如此

3.虽然看到了仍常碰撞桌椅、旁人、柱子、门、墙，做事莽撞。

从不这样　很少这样　有时这样　常常如此　总是如此

4.行动、吃饭、敲击、写字、画画时双手不协调，不会配合（例如吃饭、画画时一只手总是放在桌下）。

从不这样　很少这样　有时这样　常常如此　总是如此

5.手脚笨拙，容易跌倒，拉他时不会借力使力。

从不这样　很少这样　有时这样　常常如此　总是如此

6.俯卧在地板和床上，头颈部无法自然抬起，总是感到疲惫。

从不这样　很少这样　有时这样　常常如此　总是如此

7.缺乏安全意识，总是爬上爬下，跑出跑进，不听劝阻。

从不这样　很少这样　有时这样　常常如此　总是如此

8.好动不安，注意力不集中，小动作特别多，且劝阻、处罚无效。

从不这样　很少这样　有时这样　常常如此　总是如此

9.听而不闻，语言发展缓慢，不会复述。

从不这样　很少这样　有时这样　常常如此　总是如此

10.经常自言自语、重复或打断别人的话，会无故尖叫，喜欢背诵广告语，对某种声音特别敏感，经常会捂耳朵或感觉害怕。

从不这样　很少这样　有时这样　常常如此　总是如此

11.看图说话不能理解或者完整表达。

从不这样　很少这样　有时这样　常常如此　总是如此

12.左右不分，鞋子衣服常常穿反。

从不这样　很少这样　有时这样　常常如此　总是如此

13.对陌生地方的电梯或楼梯不敢坐或动作缓慢。

从不这样　很少这样　有时这样　常常如此　总是如此

14.经常乱丢玩具或物品，不喜欢整理自己的物品。

从不这样　很少这样　有时这样　常常如此　总是如此

15.单脚独立时间不能超过5秒，不能连续拍球。

从不这样　很少这样　有时这样　常常如此　总是如此

16.一脚前一脚后，后脚跟与前脚尖靠拢时身体无法保持平衡。

从不这样　很少这样　有时这样　常常如此　总是如此

17.在马路牙子上行走时经常跌落，不能准确踢到滚动的球。

从不这样　很少这样　有时这样　常常如此　总是如此

18.到新的陌生环境容易迷失方向。

从不这样 很少这样 有时这样 常常如此 总是如此

19.喜欢斜视,喜欢看动态画面,不喜欢看文字类书籍。

从不这样 很少这样 有时这样 常常如此 总是如此

20.握笔姿势不正确,喜欢乱涂乱画,却不能画出一条直线。

从不这样 很少这样 有时这样 常常如此 总是如此

21.听故事时不能耐心听完,不能专心理解故事内容,不能较完整地复述故事简单情节。

从不这样 很少这样 有时这样 常常如此 总是如此

22.所答非所问,甚至说一些与问题毫不相干的事情。

从不这样 很少这样 有时这样 常常如此 总是如此

二、触觉分辨能力(共 23 题)

23.对亲人特别暴躁,强词夺理,害怕到新场合,常常不久便要求离开。

从不这样 很少这样 有时这样 常常如此 总是如此

24.对小伤特别敏感,过度依赖他人照料。

从不这样 很少这样 有时这样 常常如此 总是如此

25.做事不流畅,总比别人慢半拍。

从不这样 很少这样 有时这样 常常如此 总是如此

26.偏食、挑食,不吃青菜或偏好肉食。

从不这样 很少这样 有时这样 常常如此 总是如此

27.害羞、不安,喜欢孤独,不爱和同龄孩子玩耍,但喜欢与比他大的孩子接触。

从不这样 很少这样 有时这样 常常如此 总是如此

28.容易黏妈妈或固定的人,不喜欢被别人拥抱,却总喜欢去抱别人,遇到人多的地方会感到不安。

从不这样 很少这样 有时这样 常常如此 总是如此

29.看电视或听故事,容易受感动,大叫或大笑,害怕恐怖镜头。

从不这样 很少这样 有时这样 常常如此 总是如此

30.严重怕黑,不喜欢到空屋,去哪儿都要人陪。

从不这样 很少这样 有时这样 常常如此 总是如此

31.胆子大、喜欢冒险,经常碰伤且没有什么感觉。

从不这样 很少这样 有时这样 常常如此 总是如此

32.早上赖床,晚上睡不着,上学前常常拒绝到幼儿园,放学后又不想回家。

从不这样 很少这样 有时这样 常常如此 总是如此

33.容易生小病,经常会以不舒服为借口拒绝去幼儿园。

从不这样 很少这样 有时这样 常常如此 总是如此

34.常常吮吸手指或咬指甲,不喜欢别人帮忙剪指甲。

从不这样 很少这样 有时这样 常常如此 总是如此

35.喜欢某几件固定的衣服或睡衣,睡觉时喜欢固定的毛绒玩具、毛毯或被子,外出常常担心睡眠问题。

从不这样 很少这样 有时这样 常常如此 总是如此

36.不喜欢做精细动作类游戏，例如较小的拼插玩具、手工剪纸、拼图。

从不这样　很少这样　有时这样　常常如此　总是如此

37.不喜欢和别人聊天，不喜欢和别人玩碰触游戏，视洗澡、洗头、洗脸、理发为痛苦。

从不这样　很少这样　有时这样　常常如此　总是如此

38.不喜欢同伙伴亲密接触，尤其讨厌别人从后面接近他。

从不这样　很少这样　有时这样　常常如此　总是如此

39.不敢赤脚走沙土地，不喜欢玩沙土，怕水，看似有洁癖现象。

从不这样　很少这样　有时这样　常常如此　总是如此

40.不喜欢直接视觉接触，常常用手势来表达其需要。

从不这样　很少这样　有时这样　常常如此　总是如此

41.对危险或疼痛反应迟钝，打针不哭，磕碰痛感不明显。

从不这样　很少这样　有时这样　常常如此　总是如此

42.不喜欢与人交流，过分安静，表情冷漠又会无故嬉笑。

从不这样　很少这样　有时这样　常常如此　总是如此

43.容易破坏玩具，掌握不好力量，经常会掰断或拧坏，喜欢玩固定的玩具。

从不这样　很少这样　有时这样　常常如此　总是如此

44.喜欢推搡挤压类游戏，会出现咬人的现象，常咬固定伙伴，并无故破坏东西。

从不这样　很少这样　有时这样　常常如此　总是如此

45.内向、软弱、爱哭，常常触摸生殖器。

从不这样　很少这样　有时这样　常常如此　总是如此

三、本体控制能力（共 13 题）

46.穿脱衣裤、扣纽扣、系拉链、系鞋带动作缓慢、笨拙。

从不这样　很少这样　有时这样　常常如此　总是如此

47.顽固、偏执、不合群、孤僻，易与伙伴发生摩擦。

从不这样　很少这样　有时这样　常常如此　总是如此

48.吃饭时常掉饭粒，口水控制不住。

从不这样　很少这样　有时这样　常常如此　总是如此

49.语言不清，发音不佳，语言能力发展缓慢。

从不这样　很少这样　有时这样　常常如此　总是如此

50.做不到令行禁止，做韵律操时呆立不动或跟不上节奏，总感觉不在状态，不能连续双脚同时起跳。

从不这样　很少这样　有时这样　常常如此　总是如此

51.坐不住，身体经常无意识扭动、打滚或用身体撞击墙体等硬物，爱与伙伴玩挤压类游戏。

从不这样　很少这样　有时这样　常常如此　总是如此

52.上幼儿园仍不会洗手、擦脸、剪纸和自己擦屁股。

从不这样　很少这样　有时这样　常常如此　总是如此

53.幼儿园（大、中班）仍无法用筷子，不会拿笔，不敢攀爬或荡秋千。

从不这样　很少这样　有时这样　常常如此　总是如此

54.与其他小朋友玩耍时明显有冲撞行为，且力度过大。

从不这样　很少这样　有时这样　常常如此　总是如此

55.总是投不准或接不到球，排队时总是左右晃动、脱离队伍。

从不这样　很少这样　有时这样　常常如此　总是如此

56.不听指令，集体活动时东张西望，不能置身其中。

从不这样　很少这样　有时这样　常常如此　总是如此

57.走路时常踮脚，连跑带颠。

从不这样　很少这样　有时这样　常常如此　总是如此

58 经常无故大哭大闹，不听劝阻。

从不这样　很少这样　有时这样　常常如此　总是如此

计分表：

前庭平衡能力：______分

触觉分辨能力：______分

本体控制能力：______分

学龄儿童感知觉统合能力发展测评量表(7~14 岁)

1.本测评由仝慧琪教授修订而成，并且建立儿童常模，适用于 7~14 岁儿童的感知觉统合能力测试，为确定孩子感知觉统合能力现状及训练提供依据。

2.感知觉统合能力是孩子最基本的能力，是从 0~100 之间的一个连续体，不是非好即坏，每个孩子的感知觉统合能力都会处在 0~100 之间的某个位置，它是孩子生活、学习的基础能力，经过训练，孩子的此种能力都会在原有的基础上得到提升，7~14 岁是此种能力发展、训练的重要阶段。

3.本测评共计 58 题，其中前庭平衡能力 14 题，触觉分辨能力 21 题，本体控制能力 12 题，综合学习能力 11 题。计分方式采用：从不这样(5 分)、很少这样(4 分)、有时这样(3 分)、常常如此(2 分)、总是如此(1 分)。

4.请您按平时对孩子的观察和感受如实回答；每一问题都要回答，但只能选择一个答案，难以决定时，请选与孩子现状接近的答案。本测验需要 30 分钟左右。

一、前庭平衡能力(共 14 题)

1.特别爱玩刺激性游戏和游乐设施，喜欢玩旋转类游戏，且久转不晕。

从不这样　很少这样　有时这样　常常如此　总是如此

2.晕高、晕车、晕船，不喜欢玩攀爬、攀岩等体验式活动，动作鲁莽，行走时重心不稳、摇摇晃晃、跌跌撞撞。

从不这样　很少这样　有时这样　常常如此　总是如此

3.在教室经常碰到桌椅、旁人、柱子、门墙，跌跌撞撞、重心不稳。

从不这样　很少这样　有时这样　常常如此　总是如此

4.行动、吃饭、书写、绘画时双手不协调，总是一只手在动，另一只手垂在一边，提醒无效。

从不这样　很少这样　有时这样　常常如此　总是如此

5.经常出现追跑打闹、违反校规班纪，不听劝阻。会与同学或伙伴发生冲撞行为，控制不好力度。

从不这样　很少这样　有时这样　常常如此　总是如此

6.课堂上东张西望，注意力不能有效集中，小动作特别多，不听劝阻，处罚无效。

从不这样　很少这样　有时这样　常常如此　总是如此

7.注意力分散，容易被周边不相关事物所吸引，抗干扰能力差。

从不这样　很少这样　有时这样　常常如此　总是如此

8.经常自言自语，重复别人的话，打断别人的话，并且喜欢背诵广告语言，对特殊声音很敏感。

从不这样　很少这样　有时这样　常常如此　总是如此

9.左右不分(听口令向左右转时分不清方向)，容易迷路，经常去的地方也会认不清。

从不这样　很少这样　有时这样　常常如此　总是如此

10.对陌生地方的电梯或楼梯，不敢坐或动作缓慢。

从不这样　很少这样　有时这样　常常如此　总是如此

11.组织力不佳，经常弄乱东西，不喜欢整理自己的物品(乱丢乱放，经常发生找不到东西的情况)。

从不这样　很少这样　有时这样　常常如此　总是如此

12.运动计划能力不足，韵律感差，动作不协调，在集体运动中经常跟不上节奏。

从不这样　很少这样　有时这样　常常如此　总是如此

13.不喜欢翻跟头、打滚、爬高，恐高，平衡能力差，不敢做头往下的动作。

从不这样　很少这样　有时这样　常常如此　总是如此

14.数学问答题的阅读理解和列式子有困难。

从不这样　很少这样　有时这样　常常如此　总是如此

二、触觉分辨能力(共21题)

15.对亲人特别暴躁，强词夺理，到陌生环境害怕，在家和在外表现判若两人(越是对他好的人，他越是不听他的话)。

从不这样　很少这样　有时这样　常常如此　总是如此

16.不能迅速适应新环境，到新的场合或人多的地方显得躁动不安，常常待不久便要求离开。

从不这样　很少这样　有时这样　常常如此　总是如此

17.偏食、挑食，不吃青菜、偏爱肉食。

从不这样　很少这样　有时这样　常常如此　总是如此

18.害羞、不安、不合群，喜欢孤独，不爱和别人玩。

从不这样　很少这样　有时这样　常常如此　总是如此

19.容易黏妈妈或固定的人，对小伤特别敏感，过度依赖他人照料，喜欢拥抱别人，却很反感陌生人对他的碰触。

从不这样　很少这样　有时这样　常常如此　总是如此

20.看电视或听故事，容易进入角色并大受感动，大叫或大笑，但害怕恐怖镜头。

从不这样　很少这样　有时这样　常常如此　总是如此

21.严重怕黑，不喜欢在空屋里待着，总是要人陪。

从不这样　很少这样　有时这样　常常如此　总是如此

22.早上赖床，晚上睡不着，早上不想去学校，放学后又不想回家。
从不这样 很少这样 有时这样 常常如此 总是如此
23.容易生小病，生病后便不想上学，常常找原因拒绝上学。
从不这样 很少这样 有时这样 常常如此 总是如此
24.常吮吸手指或咬指甲，不喜欢别人帮忙剪指甲，惧怕洗头、理发、洗澡。
从不这样 很少这样 有时这样 常常如此 总是如此
25.换床睡不着，不愿意换被子、睡衣或者依恋某一件物品，外出常担心睡眠问题。
从不这样 很少这样 有时这样 常常如此 总是如此
26.独占性强，别人碰他的东西，常会无缘无故发脾气。
从不这样 很少这样 有时这样 常常如此 总是如此
27.顽固偏执，不善于与别人合作，坚持依自己的方式办事，做事没有灵活性。
从不这样 很少这样 有时这样 常常如此 总是如此
28.过分敏感，尤其讨厌别人从后面接近他，特别怕痒。
从不这样 很少这样 有时这样 常常如此 总是如此
29.害怕玩沙土或粗糙的东西，不敢赤脚走在沙土地上，有洁癖倾向。
从不这样 很少这样 有时这样 常常如此 总是如此
30.不喜欢直接眼神接触，经常要用手势来表达其需要。与人交流时眼神飘忽不定（几乎不与人对视）。
从不这样 很少这样 有时这样 常常如此 总是如此
31.对危险和疼痛反应迟钝，特别喜欢赤脚走在地板上。
从不这样 很少这样 有时这样 常常如此 总是如此
32.缺少危险意识，经多次提醒无效，即使受伤也不自知。
从不这样 很少这样 有时这样 常常如此 总是如此
33.喜欢咬人，并经常咬固定的友伴，并无故碰坏东西。
从不这样 很少这样 有时这样 常常如此 总是如此
34.内向，软弱，爱哭。
从不这样 很少这样 有时这样 常常如此 总是如此
35.喜欢舔嘴唇，常常吮吸手指或咬指甲，经常触摸生殖器官。
从不这样 很少这样 有时这样 常常如此 总是如此

三、本体控制能力（共 12 题）

36.手脚笨拙、容易跌跤，拉他起来时仍显得笨重，不会借力使力。
从不这样 很少这样 有时这样 常常如此 总是如此
37.俯卧地板或床上，头、颈、胸无法抬高。
从不这样 很少这样 有时这样 常常如此 总是如此
38.穿脱衣裤、扣纽扣、拉拉链、系鞋带动作缓慢、笨拙。
从不这样 很少这样 有时这样 常常如此 总是如此
39.脾气暴躁、自制能力差，对老师要求的学习等压力常承受不了，有挫败感，自我评价较低，容易发生打架、骂人、说谎等不良行为。
从不这样 很少这样 有时这样 常常如此 总是如此
40.吃饭时常掉饭粒，口水控制不住，经常掉勺子或筷子。
从不这样 很少这样 有时这样 常常如此 总是如此

41.语言不清，发音不佳，语言能力发展缓慢。

从不这样　很少这样　有时这样　常常如此　总是如此

42.懒惰，坐无坐相、站无站相，行动慢，做事没有效率。

从不这样　很少这样　有时这样　常常如此　总是如此

43.避免从高处跳到低处，对有跌落危险时表现出明显恐惧。

从不这样　很少这样　有时这样　常常如此　总是如此

44.上下楼梯很慢，需要紧紧抓住栏杆，对攀登类活动不感兴趣。

从不这样　很少这样　有时这样　常常如此　总是如此

45.不善于玩积木、组合东西，排队时总插队，不会接球、投球。

从不这样　很少这样　有时这样　常常如此　总是如此

46.反应迟钝，操作笨拙，看起来很聪明，但数学能力差。

从不这样　很少这样　有时这样　常常如此　总是如此

47.情绪容易紧张焦虑，缺乏自信，消极退缩，不敢表现，容易产生畏难情绪。

从不这样　很少这样　有时这样　常常如此　总是如此

四、综合学习能力（共11题）

48.阅读时常丢字串行、跳字、添字、减字，只阅不读，认字能力虽好，却不解其意，而且无法组成较长的语句。

从不这样　很少这样　有时这样　常常如此　总是如此

49.写字时常多笔少画，结构分离，笔画常颠倒（写倒字、反字等），下笔轻重不一。

从不这样　很少这样　有时这样　常常如此　总是如此

50.喜欢用蜡笔着色，画画时着色偏重。

从不这样　很少这样　有时这样　常常如此　总是如此

51.从听到到做到过程中有障碍，做不到令行禁止，甚至有时听而不闻。

从不这样　很少这样　有时这样　常常如此　总是如此

52.不专心，坐不住，上课常左顾右盼。眼球转动不灵活，容易走神、愣神。

从不这样　很少这样　有时这样　常常如此　总是如此

53.常混淆背景中的特殊图形，不易看出或认出。

从不这样　很少这样　有时这样　常常如此　总是如此

54.看书容易眼睛发酸，特别害怕抄写。

从不这样　很少这样　有时这样　常常如此　总是如此

55.对老师的要求及作业无法有效地完成，经常拖拉，抗挫能力差。

从不这样　很少这样　有时这样　常常如此　总是如此

56.跟他讲话，明明听到了，但做的时候总是慢半拍。

从不这样　很少这样　有时这样　常常如此　总是如此

57.家长或老师反复叮嘱的事情总也记不全或过会儿就忘，甚至记不全留的作业。

从不这样　很少这样　有时这样　常常如此　总是如此

58.背课文很困难，即使当时记住了也很快就忘记，理解能力较差。

从不这样　很少这样　有时这样　常常如此　总是如此

计分表：

前庭平衡能力：______分

触觉分辨能力：______分

本体控制能力：______分

综合学习能力：______分

训练前后如何对孩子感知觉统合能力的提升进行对比？

训练前后感知觉统合综合能力对照表

孩子姓名：____________孩子性别：________出生日期：__________________

父/母/__________老师姓名：________住址及电话：________________

首次测评日期：______年____月____日

从__________起至今________每周_____次_____时长的感知觉统合能力无器械训练，请您依照以下各选项如实做出判断，在所选项画√。

观察项目　　　　　　儿童状态

1.写字偏旁部首或数字常常写颠倒　□没有 □很少 □偶尔 □常常 □总是如此

2.拼字或写字时很难记住先后顺序　□没有 □很少 □偶尔 □常常 □总是如此

3.阅读时是否还存在丢字串行现象　□没有 □很少 □偶尔 □常常 □总是如此

4.阅读时常会有疲倦感　□没有 □很少 □偶尔 □常常 □总是如此

5.无法正确认识图形形状　□没有 □很少 □偶尔 □常常 □总是如此

6.写字时字体结构分离，很难写在空格内　□没有 □很少 □偶尔 □常常 □总是如此

7.是否依然存在左右不分现象　□没有 □很少 □偶尔 □常常 □总是如此

8.有关与方向相关的概念混乱　□没有 □很少 □偶尔 □常常 □总是如此

9.大小、数字、空间概念混乱　□没有 □很少 □偶尔 □常常 □总是如此

10.对某种声音有异常反应　□没有 □很少 □偶尔 □常常 □总是如此

11.是否很反感与别人进行肢体接触　□没有 □很少 □偶尔 □常常 □总是如此

12.注意力散漫　□没有 □很少 □偶尔 □常常 □总是如此

13.多动现象　□没有 □很少 □偶尔 □常常 □总是如此

14.身体保持平衡困难（如跳绳）　□没有 □很少 □偶尔 □常常 □总是如此

15.身体动作不灵活　□没有 □很少 □偶尔 □常常 □总是如此

16.身体协调性不好，动作笨拙　□没有 □很少 □偶尔 □常常 □总是如此

17.走路不稳、跌跌撞撞总爱摔跤　□没有 □很少 □偶尔 □常常 □总是如此

18.坐没坐相，站没站相，感觉很懒散　□没有 □很少 □偶尔 □常常 □总是如此

19.对需要完成的学习任务无法集中注意力　□没有 □很少 □偶尔 □常常 □总是如此

20.不喜欢参加教室或运动场上的团体活动　□没有 □很少□偶尔□常常 □总是如此

21.在教室中无法自控，影响秩序　□没有 □很少 □偶尔 □常常 □总是如此

22.无视于他人的感情　□没有 □很少 □偶尔 □常常 □总是如此

23.处理问题容易冲动 □没有 □很少 □偶尔 □常常 □总是如此
24.感情起伏大,一会儿哭,一会儿笑 □没有 □很少 □偶尔 □常常 □总是如此
25.讲话发音不准确 □没有 □很少 □偶尔 □常常 □总是如此
26.是否存在攻击性行为 □没有 □很少 □偶尔 □常常 □总是如此
27.描述一件事情时缺乏逻辑性 □没有 □很少 □偶尔 □常常 □总是如此
28.听到的信息无法立即做出适应性反应 □没有 □很少 □偶尔 □常常 □总是如此
29.对老师(父母)讲话的理解度常不够 □没有 □很少 □偶尔 □常常 □总是如此
30.复述信息不完整流畅,词不达意 □没有 □很少 □偶尔 □常常 □总是如此

通过训练前后的比对,您感觉孩子在学习方面、行为方面、情绪方面发生了哪些变化,请您详细描述:

____
____
____
____
____
____
____

统计标准:此量表可作为训练前后对比的量化测评工具,30个条目都是孩子日常学习及生活中常见的现象,条目涉及前庭平衡能力、本体控制能力、触觉分辨能力、视/听知觉反应能力、动作运用能力等,通过训练阳性反应条目会减少,阴性项目的增多作为训练效果评价衡量的依据。“偶尔”维度视为阳性症状,比如,某个孩子在训练前,家长评价孩子有10个“常常”维度,12个“总是如此”维度,训练后期家长再次评价,“常常”维度减少3个,还有7个,“总是如此”维度减少4个,还有8个,“很少”维度有8个,训练后家长再次评价有12个,这就是量化训练效果,而变化的条目就是反映在训练中的具体效果,更直观。而且30个条目统计简单,更可以作为训练师和家长会谈的工具支持统计表格。

感知觉统合能力训练量化统计表

	训练前维度数	训练后维度数	变化条目	其他
没有				
很少				
偶尔				
常常				
总是如此				

第十二章　注意力

什么是注意力？

注意指的是人的心理活动，对一定对象的指向和集中；注意力是把心理活动指向和集中于某一对象的能力。孩子感觉到知觉统合过程中各感官的参与，再到记忆、思维等心理过程，都必须要注意的参与才能完成，只有集中注意力，感官才能摄取更全面的感觉信息。孩子的感觉通道有视觉、听觉、嗅觉、味觉、触觉五大通道，通过这些通道与外界互动获取信息，再与前庭觉信息、本体觉信息统合，才能成为顺应性反应动作的基础。所以注意力可以划分为视觉注意力、听觉注意力、触觉注意力、味觉注意力、嗅觉注意力，也就是每一个心理过程都需要注意力的参与，才能更有效完成。注意力更是记忆的基础，没有记忆一切知识就没有传承，因为注意力参与感觉信息的摄入，记忆才是有水之源。

注意不是一个独立的心理过程，它一定伴随着其他心理过程而产生，它可以促使每一个心理过程能更有效地完成，也就是注意总伴随着心理过程，并贯穿始终，脱离心理活动的注意是不存在的，离开注意身体过程也就无法活动。

注意的两个基本特征是什么？

感觉、知觉、记忆、思维、想象、观察等心理过程，一定是有目标的，而注意力可以维持心理活动对这个目标的指向和集中，所以注意的两个基本特征就是指向性、集中性。

指向性是心理活动只对选择的目标进行听或看、思考等，而离开其他无关的目标；所谓的集中性是注意指向一定目标，聚精会神的程度，集中度高的时候会看不见或听不见周围发生的事情。指向性表现出对目标的选择，集中性表现出抗干扰刺激的能力，指向性和集中性既取决于目标刺激的特点，也取决于个体差异。通常所说的注意，一般都会有选择性，一般来说孩子听到指令会选择相关任务目标，需要孩子完成目标，而忽视其他无关的目标。一般情况下在同一时间内不可能感知很多对象，也就是孩子很少能同时完成多项工作，只能选择特定的目标对象，而忽视其他对象，当有注意的目标时，总是有感觉接信息的接收，也会产生知觉、记忆、思考、想象、推理、逻辑等心理过程。在清醒的时候，每时每刻都有数以万计的信息进入孩子大脑，但孩子也会经常说没有注意，只不过是没有把注意指向和集中于这个目标，而注意了其他目标。

注意分为哪三类？

根据注意的目的性及意志力程度，注意分为有意注意、无意注意、随意后注意。

有意注意是一种有目的，也需要付出一定意志努力的注意。在孩子的日常生活和学习中，有意注意是非常重要的，所有学习任务的完成、所有生活目标的达成，都需要它的参与。所以孩子完成所有目的性活动及任务，完成他们被要求的一些事，都需要有意注意的参与。注意力是智力的因素之一，更是记忆力、观察力、想象力、思维力的前置状态，所以注意力也被称为心灵的门户，而有意注意更是重中之重。

有意注意能集中精力去听、去看、去思考，而不被其他事物所干扰，良好的注意力与感知觉统合能力息息相关。

无意注意指没有目的也不需要意志努力的注意。这在我们日常生活中经常发生,我们在走路、在开车的时候,它就在起作用,无意注意不需要费太大的力气,对某些现象自然而然就注意了,因为它是随机的、无目的,所以好多信息都会被忽视掉。

随意后注意是明确的目的但不需要意志努力的注意。

在现实生活中,3 种注意同时存在并发挥作用,它们之间不可分割,在学习和生活过程中,只有 3 种协同参与,共同配合才能使我们的学习和生活工作更有效率,长时间的有意注意,让我们容易疲劳,而无意注意也显得缺乏目的,二者不能有效地建立,也就没有随意后注意。

衡量注意差异的标志是什么?

要衡量注意的差异,我们就要提到注意的四大品质,也就是注意的稳定性、广度、分配和转移,这是衡量一个孩子注意力优劣的重要标志。

注意的稳定性

是孩子在一定的时间内能比较稳定地把注意集中指向于要完成的任务或活动的能力。注意的稳定性越好,越能保持稳定地注意于听课上,于是孩子听课的质量越高。这是注意在时间上的特征,注意的稳定性表现在只要指向和集中目标任务相关活动即为稳定,比如在上课时一边看、一边听、一边记。一般来说,注意还会有这样的情况发生,它会不受控制地离开我们的目标任务,产生一种周期性的起伏现象,我们把它称作注意的起伏,一般来说,注意的起伏在 1~5 秒内就转换一次,是不受意志控制的,这种起伏并不会影响我们目标任务的完成。注意的稳定性可以反映注意时间的长短,不同年龄阶段的孩子会表现不同的持续时间,当然时间越长越好,但也是有规律的,比如,5~6 岁可以稳定 10~15 分钟,7~10 岁可以稳定 15~20 分钟,11~12 岁可以稳定 25 分钟左右,12 岁以上稳定的持续时间在 30 分钟左右。当孩子长时间地把注意集中在目标活动上,有时也会被无关的事物所吸引,注意离开当前应该完成的活动或任务,我们把它称作注意的分散,也就是孩子注意没有完全保持在应该指向和集中的目标任务上。一般来说,当孩子受到无关的刺激,任务信息单调且时间又长,在疲劳时,容易产生注意的分散。

注意的广度

就是注意的范围,指孩子在一定的时间内,清楚地觉察或认识目标对象的数量,一般为 5~9 个。研究表明,在 1 秒钟内,一般人可以注意 4~6 个相互联系的字母,5~7 个互相没有联系的数字,3~4 个相互间没有联系的几何图形。用速视器测定 1/10 秒时间内,小学生能注意到 3~4 个单字。关于注意的广度,最著名的是 1930 年哈密顿实验,在地上撒一堆石子,结果发现应试者不容易立即看清楚 6 个以上的石子,最多不过看到 7 个石子,但如果石子 2 个、3 个、5 个一堆,被试能记住的堆数和单个石子的数字一样多。不同的人具有不同的注意广度,一般来说,孩子注意的广度范围要比成人小,但随着孩子的成长和不断有意识地训练,注意的广度会不断得到提高,注意的广度越好,孩子的生活和学习体验越好,俗话说"一目十行"就是这个道理,孩子阅读当然顺畅。

注意的分配

是指孩子能在同一时间把注意分配在两种或两种以上的目标活动上,注意的分配能力越好,完成目标任务时各层面做得越顺畅。对于孩子来说这也是一种很重要的能力,大多数情况下,我们很少去完成单独一件事,即使一件事也会在不同的层面完成,这时注意分配能力就会起到很大的作用。这与感知觉统合能力是相关的，当孩子感知觉统合能力好的时候，尤其动作运用能力好的时候，练习效应会很好，会产生很多熟悉、自动化的动作，这有利于注意力的分配，一旦很多动作经过练习都不能达到熟悉或者自动化的程度，就会影响注意力的分配，因为孩子同时进行两种以上的活动或者在同一活动不同层面时，越熟练注意的分配就会越好，孩子感知觉统合能力完备，在完成有内在联系的活动时，也有利于注意的分配。

注意的转移

孩子根据新任务的要求，主动把注意从一个要完成的目标转到另一个新目标上，这种转移是出于新的要完成目标的出现，需要孩子有意识、有目的地进行，他能主动地把注意力从一个目标转向另一个目标，当转移到新目标之后，孩子马上会稳定下来，才是高品质注意。在现实生活中，这样的事件可以说时时刻刻会发生，对孩子的学习和生活影响很大，尤其在学习的过程中，老师一边讲课，一边指令孩子记下一些知识点，让孩子翻开课本，同时，还要让孩子思考一定的问题，这都需要孩子有良好注意的转移能力。孩子注意转移反应越迅速，孩子的生活品质、学习品质就会越高。孩子注意的转移有一定的规律可循，如果新的目标对他的吸引力大，他的转移就会迅速；如果新任务丰富多彩，特别有趣，也会比较迅速；提前告诉孩子要做什么，让他有心理准备，也就容易转移。此外，还与神经系统的灵活性有关，神经系统灵活的人注意转移迅速，不灵活的人注意转移相对缓慢，注意的转移是可以培养的，这就告诉我们这项能力是可以通过训练提高的。

注意的主要作用有哪些？

孩子生活在一定的环境当中，而他们周围的环境给他提供了大量的感觉信息刺激，这些信息刺激通过不同的感官获得，如视觉、听觉、嗅觉、味觉、触觉，而这些纷乱复杂的感觉信息，有的对孩子很重要，有的对孩子就没有什么意义，甚至会干扰孩子正在进行的活动，孩子要正常完成学习和生活任务，就必须有选择重要信息的能力，而排除其他无关感觉信息的干扰，而孩子能选择目标信息，排除干扰信息的功能就是注意的选择功能，这个功能就是能让为孩子心理活动选择有意义的、符合孩子需要的、要完成的目标活动，而排除那些无关的目标信息，这样孩子就会制心一处，更高效地完成当前的目标和任务。而注意的选择与前庭神经系统功能密切相关，如果前庭觉神经系统功能不良势必会影响孩子注意的选择能力。

注意是大脑的功能，而注意的维持功能表现在时间上的延续，在一定时间内，这种功能可以让孩子在完成任务时，维持任务的顺利进行，他和注意的稳定性一样，都反映在时间的延续上。感知觉统合也是大脑的功能，从感觉上升到知觉，对信息的进一步加工、处理需要有注意的这种维持能力，这也可以促进对感知觉统合信息摄入，更可以促进感觉信息的统合，上升到知觉、记忆、思维等，而良好的感知觉统合能力也会促进孩子在做事中能坚持，这体现在注意的维持功能，也体现在良好的自我监控能力。

孩子通过感官摄入大量的感觉信息，而对这些感觉信息的认知是分阶段进行的，有自动加工和注意力加工两个阶段。自动加工阶段只能加工认知事物相关信息的个别特性，而在注意力加工阶段，能将摄入的各种感觉信息统合为一个整体产生认知，从而促进对事物的理解，更加了解事物的意义及功用，这就是注意的整合功能。与感知觉统合互相促进发展。比如问孩子，一张纸有什么用处？电话有什么用处？树木有什么用途？让孩子尽量多说，这就需要注意的整合功能来参与完成。

注意是看不见摸不到的，它是一种内部的心理状态，但它可以通过孩子的外在行为表现出来，这种表现就是注意的调节和监督功能，这项功能可以让孩子有效抑制内外干扰信息，能让心理活动制心一处地向着目标前进，更顺利、更有效地完成。孩子在完成任务的过程中，活动在变化，环境在变，时间在变，目标任务也会从活动的某个层面转向另一个层面，或从某个活动转向另一个活动，其中注意起重要的调节和监督作用，因为孩子只有在这样的状态下才能完成活动的转变，才能顺利地完成新的目标。你可以体验一下这个活动，从200往回数，每次减3，如200、197、194、191、188……以此类推，你最快用多少时间能够完成？在这个过程中，出现几次错误？时间越快，正确率越高，说明你的注意的调节和监督功能越好。

什么是注意力障碍？

注意力障碍是以保持注意力困难，以冲动或多动为核心症状，主要特点是孩子自控能力差，它不仅表现在学习方面，而且也表现在交往、独立生活方面，比如按时起床、按时睡觉、听从大人指令等。有注意力障碍的孩子最大特点就是幼稚，缺少时间感，只能注意一个方面，不能注意事物的整体性，所以在学习适应环境方面出现困难。注意力障碍分为注意力缺陷多动障碍和注意力缺陷冲动障碍。具体表现在下面几个方面。

孩子的注意力可以分为主动注意和被动注意。主动注意是孩子有目的、有意图地将注意力集中在要完成的目标和任务上，这需要孩子明确目的，有一定的意志力，付出心理努力。而被动注意指的是与目标、学习任务无关的刺激所引起的自发反应，如孩子本能地被其他声音或事件吸引，注意力有缺陷的孩子，他们会表现出主动注意的能力极差，他们很难根据任务和目标的要求，自觉地把注意力集中在自己要完成的目标任务上，而另一方面，他又表现出被动注意的功能相对亢进，特别容易被外界细小的变化所吸引，把注意转向无关的事物。这就导致孩子在上课的时候，不能专心听讲，好动不安，总是在东张西望，老师讲课的内容会丢失好多，老师布置的作业，他也听不清、记不全。也不能按时完成作业，写作业时也会经常出错，马虎，丢三落四，很难始终如一完成一件事，总是虎头蛇尾。他们也知道该做什么，但却难以控制自己，自控力显示出相当的缺乏，更缺乏恒心和毅力。

多动

他们不分场合，特别好动，在课堂上注意力难以集中，坐立不安，有时会离开座位，他们不停地做小动作，打扰别人，玩铅笔、抠指甲、敲桌子、做鬼脸、出声音。在课间的时候，他们会在教室楼道胡乱跑动。在家里把房间弄得乱七八糟，很少收拾自己的房间，书包、书桌乱糟糟。即使晚上睡觉也睡不安稳，来回翻动。有些注意力障碍的孩子还会有眨眼、咬指甲的不良习惯。这样的孩子总在动，但他们的动是没有目的的，并且转换极快，他们不能按照别人的要求调节自己的行为。另外，他们的动作极不协调，运动水平很差，很少走路，经常连跑带颠。系鞋带、系扣子动作比较笨拙。也有10%~15%的注意力障碍的儿童活动不多，看起来很安静，但心思却没在要完成的任务上，对什么事情总是心不在焉。

冲动

表现在行动之前很少思考该如何做，更不会思考带来的后果，因此他们不会对自己过去的错误行为进行反思，更不能积累经验，以便于以后的行为能顺利进行，所以他们的练习效应很差。虽然注意力障碍的孩子也有一些基本的规则意识，也知道一些道理，但在实际行动中，他们都不能控制自己来遵守这些规则，在教室里会表现为随意打断同学的谈话，不等老师问完问题，就抢着说出答案，在集体游戏中，他们难以轮流等待，缺乏延迟满足的能力，排队时随意插队，因为一点事就会发脾气，经常与同学冲突，所以很少有人愿意与他交朋友。

唤醒不足

他们对于需要付出意志努力的任务活动表现出倦怠懒散，常常不能坚持，越是需要克服干扰、战胜困难、需要付出意志努力的活动，就越容易疲倦，并且在做这些事的时候，经常拖拖拉拉，边玩边做，行为涣散，对目标明确的活动表现出冷漠，不积极主动，有气无力，无精打采，而他们这种懒散的表现也不是有意的。

角色管理失控

我是谁，我是一个什么样的人，我面对不同的人如何调整自己的言行来适应不同角色，这是他们很难做到的。这是由于注意力障碍的孩子缺乏自我控制能力及角色调整能力，所以他们对学校的生活或对环境的适应都会有些困难，比如，在学校他们会表现得幼稚、任性，要什么立刻就得满足，否则就大发脾气、摔东西，他们很难忍受挫折，经常因为挫折和困难哭闹；在教室里他们违反纪律，对老师的要求不服从；他们不善于与同学合作，在和同学交往时不讲礼貌，说脏话，总在责怪别人，不会谦让，总把错误推到别人身上，并且不能很好地反省。

注意力障碍的临床流行病学调查，我国儿童的发生率在 3%左右，可在现实的生活与学习中，我们发现大量的孩子出现以上这样的现象，如果您已经很好地阅读了前面的感知觉统合能力的相关章节，就会有这样的感觉，感知觉统合能力不足症状表现与注意力障碍的症状表现重合的条目很多，其实当今父母及老师一定要了解的是，好多看似注意力缺失障碍的症状表现，都是由感知觉统合能力不足引起的，不是真正的我们常说的“多动症”，所以这样的孩子经过感知觉统合能力无器械训练都会得到很有效的提升，当然如果医院确诊，就需要按医嘱进行干预。

注意力障碍会随着孩子长大而好转吗？

一般情况下，大多数家长会认为，随着孩子的长大，注意力障碍也会消失，但研究表明，这些存在注意力障碍的孩子到了中学之后，他的注意力及行为与小学相比会稍有改变，这是由于他们懂得了克制。我们更应该知道，正常的儿童在注意力和行为能力上提升得更快，因此注意力障碍的孩子与注意力正常的同龄儿童相比，70%~80%的孩子表现出了明显的差距，并且这些孩子进入青春期会连带出现各种各样的问题，60%的孩子表现出对权威的反抗，不顺从，不听从老师的指挥与同伴关系更为疏远，40%的孩子经常打架，具有强烈的攻击性，他们发生行为问题的可能性更大，经常性地逃学、厌学、吸烟、喝酒、打群架等。

研究还表明，即使到了 18~25 岁，如果他们童年有注意力障碍，此时仍有一半人存在注意力不集中和冲动行为，这些人的学习功能和社会功能受到损害，反社会人格形成的可能性比较大。美国一项调查研究表明，有注意力障碍的人，生活不尽如人意，他们当中只有 5%能完成大学教育，大多数学业半途而废，而一般的孩子，40%都能完成大学教育，大约 25%的孩子长大后，在就业和人际关系会出现问题。如此可见，有注意力障碍的孩子应该在适当的时候，给予适当的治疗与训练，这样他们的社会适应性、心理成熟度都会提高，情绪控制方面会更好，否则会让孩子的人生高度大大降低。前面已经做了说明，如果这些现象是感知觉统合能力不足引起的外在表现，经过训练改善的可能性是非常大的。

注意力障碍产生的原因有哪些？

遗传因素

国内研究表明，注意力障碍的儿童中，父母年幼时多动的人数比例为36.4%，有注意力不集中的人数比例为27.1%，因此可以看出，儿童的注意力障碍具有家族倾向性，与遗传因素有着密切的关系。

神经系统方面

研究发现大脑额叶区的功能失调与注意力障碍有关，注意力障碍的儿童大脑在这一部分存在着血流量减少和脑电图活动减少的现象。另外，α 波与 β 波脑电活动是大脑成熟稳定的标志之一，研究表明，注意力障碍儿童这两种波比正常组明显偏低，他们的脑电图也显示异常，大约占53%；也有研究者认为，脑发育迟缓也会影响大脑的抑制和兴奋，在大脑皮质兴奋不足的情况下，容易在行为上表现冲动，注意力涣散，动作过多；还有研究者认为，大脑的前额叶负责人的计划能力和行为的执行能力，其作用是将想法付诸行动，而抑制无关的刺激，如果大脑这部分功能落后，则会出现自我控制力低下、注意力障碍的症状。

疾病方面

母亲在怀孕时受到病毒的感染，严重的撞击，服用有害于孩子脑组织的药物，助产时导致脑损伤、窒息儿、早产儿、幼年患脑炎、脑膜炎、脑外伤等，其他原因造成的缺氧等都可能引起注意力障碍。

神经生化方面

研究发现，注意力障碍的孩子可能与多巴胺神经递质有关，去甲肾上腺素功能不足，多巴胺活动功能降低会导致注意力分散。

生存环境方面

环境污染，吸入污染空气，维生素缺乏，食物过敏，糖代谢障碍，或者摄入铅过多，都会影响注意力水平。食物中的人工色素和调味品、防腐剂等食物添加剂也会影响孩子的注意力。

家庭环境方面

如果家庭环境不好，经常冲突，父母的文化水平低，经常打骂孩子，妈妈人格不健康，有抑郁、焦虑情绪，单亲家庭等因素都会影响孩子的注意力水平。

注意力障碍儿童不同阶段的表现是什么？

婴幼儿期

胎动频繁而强烈，在把屎、把尿、洗澡、穿衣、喂食时不安分；睡眠混乱，没有规律，睡眠时间少；过分地哭闹；语言发展滞后；走路早，不怕摔跤，总跑着走，不喜欢安静的游戏，喜欢来回跑，难以遵从指令，顺从性差。

学龄前期

明显好动不安，不服从管教；不能自主如厕，在自由的游戏中不能安静下来，并且活动转换快，不愿意接受常规的约束，其他同伴都排斥他，3~4 岁时很难安静坐下来学习和阅读。

学龄期

适应学校与学业上有困难,不能完成学习任务,学习成绩差;在教室中出现破坏性行为,同学关系不良;缺乏责任,总是需要老师的监督和督促;在家不服从管教,亲子关系不良,经常对抗父母及老师;自我价值感不足,自信心缺乏,出现情绪问题。

少年期

注意力障碍的症状有所缓和;最突出的表现是不能遵守规矩,很少承担责任;抗拒、关系不和谐;部分导致品行障碍,出现违法行为,部分辍学,即使继续学习,成绩也会低下。

如何用儿童注意缺损多动障碍量表评估?

该量表为老师评价的正式测评工具,共有 34 个题目,5 个分量表,分别是注意力集中、多动、冲动、唤醒不足、角色管理失控行为。4 级评分,最不符合计 1 分,较不符合计 2 分,基本符合计 3 分,完全符合计 4 分,分数相加得到原始分数,如果注意力集中超过 16 分、多动超过 12 分、冲动超过 14 分、唤醒不足超过 12 分、角色管理失控行为超过 16 分,说明孩子存在注意力缺损-多动障碍的可能,这时就需要带孩子做更为全面的检测,找专家进行系统评估。

注意力集中

1.在做作业或游戏中,保持注意力有困难。 1 2 3 4

2.对大人说的话听而不闻。 1 2 3 4

3.不能按要求按时完成作业。 1 2 3 4

4.不能有效地组织学习内容。 1 2 3 4

5.完成某些需要经过一定努力的任务时,逃避或不情愿。 1 2 3 4

6.经常丢失与学习有关的重要东西,如书包、文具盒等。 1 2 3 4

7.上课或游戏时,容易被无关刺激所吸引。 1 2 3 4

8.在日常活动中经常丢三落四。 1 2 3 4

多动

1.上课时在座位上动个不停。 1 2 3 4

2.在课堂上无故离开座位。 1 2 3 4

3.在不允许的情况下,过多地走动或攀爬。 1 2 3 4

4.很难安静地玩游戏或从事娱乐活动。 1 2 3 4

5.好像被马达驱动,总是无法保持安静。 1 2 3 4

6.说话过多,一刻不停。 1 2 3 4

冲动

1.还没等老师说完,就说出答案。 1 2 3 4

2.在集体活动或游戏中,难以等待。 1 2 3 4

3.经常因为一点小事与别的孩子打架或争吵。 1 2 3 4

4.有时好像管不住自己,说一些不该说的话。 1 2 3 4

5.做事时,不考虑后果。 1 2 3 4

6.在上课或安静的场合,大声说话。 1 2 3 4

7.无故地打断别人的谈话或打扰别人的活动。 1 2 3 4

唤醒不足

1.坐着发呆,好像在做白日梦。 1 2 3 4

2.做事行动迟缓，有气无力，无精打采。 1 2 3 4

3.做事有始无终，半途而废。 1 2 3 4

4.一心一意，全神贯注地做作业有困难。 1 2 3 4

5.坚持游戏有困难。 1 2 3 4

6.对目标明确的活动表现出冷淡，欠积极主动。 1 2 3 4

角色管理失控行为

1.一不顺心就发脾气，如摔东西等。 1 2 3 4

2.对家长、老师的要求不服从，与其争辩。 1 2 3 4

3.经常否认或拒绝大人的要求或规定。 1 2 3 4

4.有意做坏事，让别人不高兴。 1 2 3 4

5.遇事爱责怪别人。 1 2 3 4

6.暴躁或容易被他人激惹。 1 2 3 4

7.诅咒，说脏话。 1 2 3 4

注意力的训练方法有哪些？

训练 1：静心训练

训练目的：通过呼吸放松身体，静心，提升注意力。

训练方法：坐在椅子上，身体放松，坐直，腹部微微收缩，可以靠在椅子上，也可以不靠，双腿分开，双脚放在地上，与肩同宽，双手放在双腿上，轻轻地闭上眼睛……接下来调匀自己的呼吸，把自己的呼吸变得匀速而缓慢，每一次呼吸，内心都会变得越来越平静，每一次呼吸，身体都会变得越来越放松，在呼吸的同时，把注意力集中在双肩上，体验双肩的放松，每一次呼吸，双肩都会越来越放松，越来越放松，接下来一直按自己的节奏，吸气的时候默念一个字“松”，呼气的时候，默念一个字“静”，一直按这样的节奏。

训练 2：写数字

训练目的：提升注意力，促进细心的心理品质，测试注意力状况。

训练方法：写完 1~200。具体规则如下：能看出所有的字，不至于过分潦草；写错了不许改，记录时间写在纸的下方，将此次测试保存。

训练 3：相加为 10

训练目的：促进注意的稳定性及监督功能，提升注意力品质。

训练方法：给孩子打印随机数字串，根据孩子年龄决定数字串的长短，要求孩子从给出的数字中找出“和”为 10 的相邻的两个数字，并在“相加为 10”的两个数字下面划线，如 879564367822691，记录所用时间，用于比对。

训练 4：撕标签

训练目的：调整内在自我认知，通过暗示提升注意力。

训练方法：坐姿端正，双脚微微分开，双手放在双腿上，上身坐正坐直，头部保持平视，轻轻闭上眼睛，调匀自己的呼吸，让呼吸变得缓慢、均匀。开始想象，在以往与父母相处的过程中，有时候父母会说你，你就是注意力不集中！每当你听到这句话，你就感觉好像有一张小纸条，这张小纸条上写着“你是注意力不集中的孩子”，这张小字条就好像贴在了你的额头上，你感觉凉飕飕的。每当你听到父母这样说你，你都会感觉有这么一张小字条贴在了你的额头上，多少年了，一张又一张的小字条不断地贴在你的额头上，慢慢地，他们渗透到了你的大脑里，你感觉好像自己真的就是注意力不集中的孩子了。现在，我们要把这些小字条统统地撕下来!你想象一下,那些所有的小字条都渗透出来,现在都在你的额头上,你好像能够从镜子里看到一样,你看到这些小字条都贴在你的额头上,你很厌烦这些字条,你开始撕下一张来,你看到还有,你就继续往下撕、不断地撕,全都撕得干干净净。现在你把它们全都撕掉了,你感觉额头上很轻松、很舒畅。从此,你再也不是以前的你了!从此,你是一个注意力集中的好孩子!现在,你在心中对自己说,我从此就是一个注意力集中的好孩子了!现在,我数3个数,我从3数到1,当你听到1的时候,你就会睁开眼睛,当你睁开眼睛的时候,你就会感觉到你是一个注意力集中的好孩子。好,现在,我开始数数,3,你现在很清醒,2,你听到1的时候,你就会睁开眼睛,当你睁开眼睛的时候,你就会感觉到你是一个注意力集中的好孩子,1,现在和你身边前后左右的人握一握手,告诉他"我是一个注意力集中的好孩子!"

训练5:听字训练

训练目的:提升注意的稳定性及注意的分配。

训练方法:读下列短文,孩子认真听,当听到"一"字就用笔在事先准备的纸上画一道。读完后统计"一"字的个数,并说出这篇短文的大致内容。

有一只小鸟,它的家搭在最高的树枝上,它的羽毛还未丰满,不能飞,每日只在家里叽叽地叫着,和鸟妈妈说话,它们都觉得很快乐。这一天早晨,它醒了。发现鸟妈妈不见了,原来鸟妈妈是趁小鸟熟睡外出寻找食物去了。小鸟哆哆嗦嗦地挪到鸟巢口,往外张望,看见火红的太阳,它又害怕了,因为太阳太大了,它又看见一棵树上有一片好大的树叶,树叶上站着一只鸟,正在吃害虫。害虫吃了很多树叶,让大树不能长大。大树是我们的好朋友,每一棵树都产生氧气,让我们每一个人呼吸。这时鸟妈妈回来了,小鸟告诉妈妈,那片树上有害虫,妈妈马上飞过去,与小鸟一起吃起害虫,不仅吃得饱饱的,还消灭了害虫,保护了环境。

训练6:找差异训练

训练目的:提升注意力品质、注意的监督功能。

训练方法:仔细听下面句子中两句话,找出句子中不同的地方,并指出来或写下来。

组1:树林里的动物和植物充分享受着大自然的阳光和雨露,自由自在地成长。

森林里的动物和植物充分享受着大自然的阳光和雨露,自由自在地生长。

组2:我有一个美丽的愿望,长大后做一个植物学家,种出世界上最美丽的花送给妈妈。

我有一个美好的愿望,长大后做一个植物学家,种出世界上最漂亮的花送给妈妈。

训练7:事不过"3"

训练目的:提升注意的稳定性、注意的调节功能。

训练方法:2人以上,从1开始数数,凡是遇到数字3或3的倍数,就喊一声"过",接下来的人继续报下一个数字。如果遇到30~39,就要一直连着轮流喊"过",心里要默默计算数到哪个数字,稍有走神就会出错,可以约定,出现错误的人做5个蹲起作为惩罚。

比如,1、2、过、4、5、过、7、8、过、10、11、过、过、14、过、16、17、过、19、20、过、22、过、过……以此类推。

训练8:听数字

训练目的:提升注意力。

训练方法1:准备无规律数字表,念的数字中有几个3和7?边听边用心记,不允许发声。听完之后,把答案写在笔记本上。例如,8798531887 7058429725 9167781314

9699009019　21169717372784768472　6860849003　3770242429　1651300500 5168323364

训练方法2：这次是听准有几个4和6，和刚才的要求是一样的。请听——

6198690754851602632750529834918740786680881833851022833450850486082503930213321971551843063545500766

好，不要发出任何声音，把答案写在笔记本上。

训练方法3：这次是听准有几个1和7，和刚才的要求是一样的。请听——

4611976653878153842076853386218672523340283087112328278921250771262946322956398979893582171674627010

好，不要发出任何声音，把答案写在笔记本上。

训练9：心灵之乐

训练目的：放松身心，提升注意力。

训练方法：准备好班得瑞的音乐，可以网上下载，做好，闭上眼睛，5次深呼吸，然后播放音乐20分钟。①播放音乐2分钟，睁开眼睛，彼此分享内心感受；②继续，闭眼听音乐3分钟，慢慢睁开眼睛，默默体会此时的心情；③继续静听。

训练10：积极暗示

训练目的：增加自我认同，提升注意力，静心。

训练方法：现在做好，放松，双脚分开，双手放在双腿上，慢慢闭上眼睛，慢慢调整自己的呼吸，不要让自己听到自己的声音，让呼吸变得缓慢，想象一下，有一张小字条，是什么颜色的？是蓝色的，还是红色的？还是其他什么颜色的？现在，你想象自己用一支彩色的笔是什么颜色的？你用这支笔在这张小字条上写下第一个字“我”，你写得非常好！继续写第二个字“是”，接下来连续写3个字“注意力”，非常好！接下来连续写两个字“集中”，很好！接下来写一个字“的”，很好！接下来连续写3个字“好学生”。非常好！现在你已经写了11个字了，你看看你写的这句话，在心里默默地念一遍。现在，你拿起这张小字条，慢慢地贴在你的额头上，你发现，很奇怪，这张小字条自动粘在了你的额头上，你感觉非常舒服，心情特别舒畅。你拿起一面镜子，看看你额头上的字条，是的，它就粘在上面！你仔细地看着的时候，你发现奇迹出现了，你发现这张小字条慢慢地被你的大脑吸收进去了，你仔细感觉一下，你感觉自己的头脑有点凉凉的，非常清醒，你感觉自己的眼睛看什么都非常清楚，非常专注，你的耳朵听声音也特别清楚，非常专心，再也不会分心！这时候，你感觉自己真的是注意力非常集中！这张小字条真的太神奇了！现在自己的注意力非常集中了！现在，我数3个数，我从3数到1，当你听到1的时候，你就会睁开眼睛，当你睁开眼睛的时候，你就会感觉到你是一个注意力集中的好孩子。好，现在，我开始数数，3，你现在很清醒，2，你听到1的时候，你就会睁开眼睛，当你睁开眼睛的时候，你就会感觉到你是一个注意力集中的好孩子，现在和你身边前后左右的人握一握手，告诉他“我是一个注意力集中的好孩子！”

训练11：意象拉丝

训练目的：提高内视觉及内听觉敏感度，促进注意发展。

训练方法：闭目凝神，想象一下，在空中有一个点，这个点是什么样的？什么颜色的？现在，你看着这个点，慢慢将这个点延伸成为一条直线，再将直线拉长、弯曲，弯成旋涡形，旋涡越来越大，静静地欣赏它。这时，你仔细聆听周围有什么声音？静静地听每一种声音……

训练 12:天开关

训练目的:促进阅读平顺,注意力更稳定,做事专注。

训练方法:坐或站皆可,右手食、中二指按揉上唇中点的上方(人中),左手按住尾骨。约 30 秒后,双手互换,再做 30 秒;在做这个动作时,目光由近及远,在平视时左右扫视(即目光成正 T 移动);呼吸时,意想能量从脊骨末端向上流动,体验放松的感觉。

训练 13:跳数字

训练目的:促进注意的稳定性。

训练方法:一人跳数字,一人做记录,然后交换角色。如向前跳、加 3 跳,1、4、7、10……加到 300;同伴计时,统计对方用了多少时间,错了多少次;向后跳:从 300 开始,每次减 3,如 300、297、294、291……同伴统计用时及错误次数。

训练 14:穿抗干扰衣

训练目的:通过心理想象,促进抗干扰能力。

训练方法:调整坐姿,微闭双眼,缓慢呼吸。过程:想象一下,你看到前面有一间非常漂亮的房子,它是用防弹玻璃做的房子,它是用世界上质量最好的避弹玻璃做成的房子,这也是你可以走进去的房子,现在你看着这个房子,这个房子是什么颜色的呢?是蓝色的还是绿色的?是黄色的还是灰色的?还是其他什么颜色?你确定一下。(假设学生确定的是蓝色)你这个蓝色的房子,心里感到很喜悦、很舒服。

现在你走进这间由防弹玻璃做的房子里面,你发现这个房子是用完整的防弹玻璃做成的,你把门关上,你发觉门一关上,外面声音便全都听不到了,而只听到我说话的声音。这个房子的墙上有一个控制按钮,你知道现在科技非常发达,这个房子可以变成一件防弹衣,以后你在学习的时候,只要想集中注意力,这件防弹衣就会屏蔽所有的干扰,让你保持专心的状态。现在你决定把这么好的防弹衣穿在身上,所以你按下那个控制按钮。这时候,你注意到,很奇怪,这个房子开始慢慢地向你移近,而且按照你的体形而改变它们的形状。慢慢地、慢慢地,房子变成了好像一件衣服一样的一层保护膜,布满你的全身。你在脸上双眼的位置开两个洞,这样你就能看清楚一切;你也在鼻孔和嘴巴的位置再开两个洞,这样你的鼻孔和嘴巴可继续呼吸和说话。现在你已经把这件防弹衣穿在身上,科学真的很神奇,它竟然可以一点重量也没有,更没有任何不舒服的感觉,你活动一下,感觉非常舒服,你看看自己的手,看到一层蓝色,这件防弹衣确实穿在自己的身上现在。继续想象,你走到大街上,看看手臂,仍然见到那一层蓝色,提醒你那件防弹衣还在身上,你继续走,你看到有两个小孩在打闹,他们相互在用小石子攻击对方,这时有两个小孩把石子向你扔过来,两块小石子打中你的身体。但是,非常奇怪,你听到"当、当"两声,小石子都反弹开去,你一点也感觉不到。你心里感到很高兴,对这件防弹衣充满信心。你继续走在街上,看到有两个醉汉在路边吵骂。其中一个看到你,忽然间向你骂了两句不能入耳的粗话。奇怪的是,这些粗话,也好像刚才的小石子一样,竟然也是"当、当"地响了几声,也都反弹了开去。现在你对这件防弹衣完全信任,知道它会在以后的日子里随时随地保护你,别人做任何事情或说话都不会影响你、干扰你。再看一看自己的身上,看到那层蓝色的防弹衣,你感觉自己以后能够更加专心、专注地做事。现在你来到了学校,走进教室,你开始上课,上的是什么课呢?(数学)以前你在上课的时候,常常走神,旁边的同学或窗外的任何动静、声音都会干扰你,可是现在你能非常专心、专注地听老师讲课,你的注意力非常集中,你的眼里只有老师,你的耳朵里只听到老师的讲课声,其他所有的一切都不存在了,整个世界都消失了,你只专注地听老师讲课。继续想象,你放学后,回到了家里,晚饭后你开始学习，以前在学习的时候，你有时候会想到一些事情，让你分心；有一些声音也会让你走神，现在你是不同的了。你看看自己的身上，看到那层蓝色的防弹衣，你知道自己是一个能够专心、专注做事情的人了。现在你开始学习，你发现自己真的非常专心、专注，在你学习的时候，你的眼里只有学习的内容，你的大脑里只想着学习的内容，整个世界都消失了，外界的所有声音都消失了，你感觉自己的注意力非常集中。继续想象，你感觉穿着这件防弹衣真是太奇妙了，更奇妙的是，这件防弹衣能够随着你的需要，立刻穿在你的身上，只要你在学习的时候，这件防弹衣就会立刻出现，穿在你的身上，你就能感觉自己是一个注意力非常集中的学生；在做任何事情的时候，只要你想集中注意力，这件防弹衣就会立即出现在你的身上，让你保持专心的状态。

现在，你就是一个注意力非常集中的人了。

训练 15：巧拿火柴棒

训练目的：提升注意稳定性、精细动作。

训练方法：20~30 根火柴棒，随机撒到桌子上，尽量让火柴乱乱地堆在一起，让孩子不要碰到其他的火柴棒，把火柴一个一个拿起来为胜利，如果触碰到其他火柴棒，可以再增加 1~3 根。

训练 16：找顺序

训练目的：提升注意的广度、注意的调节能力。

训练方法：将 1~20、1~33、1~40 或 1~50 的数字打乱顺序随机写在一张白纸上，让孩子用最快的速度从 1、2、3 一直到最后一个数字，按顺序连在一起，完成后举手示意，看谁做得又快又准确。

训练 17：记画面

训练目的：培养注意力集中，提高注意的广度。

训练方法：盯住一张画，然后闭上眼睛，回忆画面的内容，尽力做到完整，例如画中有什么，人物、衣着、桌椅及各种摆设，回忆后睁开眼睛再看一下原画，如不完整，再重新回忆一遍。

训练 18：韵律操

训练目的：促进注意力发展，解决其心神浮躁。

训练方法：对有注意力的孩子，可以让他们学习跳韵律操，让他 3 天之内学会一套韵律操，会使他的注意力和接受能力成倍上升。

训练 19：开火车

训练目的：促进注意力稳定及广度，提升注意力的调节及转移.

训练方法：3 人以上，围坐一圈，每人报上一个站名，如北京站、上海站、广州站。指定一人拍手喊："北京的火车马上就要开了。"大家一起拍手喊："往哪开？"指定人手喊："广州开。"于是当广州站的人要马上接口："广州的火车马上就要开了。"大家又一起拍手喊："往哪开？"广州站人拍手喊："上海开。"这样火车开到谁那儿，谁就得马上接得上口。"火车"开得越快越好，中间不要有间歇。

这种游戏由于要做到口、耳、心并用，因此能让注意力高度集中，同时也锻炼了思维快速反应能力，而且这种游戏气氛活跃，能调动人的积极性，孩子玩起来，乐此不疲。

第十三章　记忆力

什么是记忆？

当今正进入一个信息爆炸的时代，知识更新之快、科技发展之迅速让人始料未及，现在这一代孩子将要面对未来全新的世界，成为各行各业的中流砥柱，要想在激烈竞争中有立足之地，头脑中必须储备大量的知识和信息，这就需要具有很强的记忆力和应变能力，才能创造相应的资源和财富。因此记忆力在当下孩子的生活、学习中尤为重要，它是知识、经验积累的必要条件。因为只有依靠记忆才能把大量知识及信息加以保存和积累。记忆同时也是高级认知过程，因为只有在记忆的基础上，人的理性、认识、情感、意志、兴趣，以及能力和性格等优势才能得以发展。不难看出孩子的生存、孩子的成长、孩子的经验积累都离不开记忆，否则我们的知识就不能传承，我们的经验就不能很好地积累。当孩子出生之后，从自然人发展成为社会人，从不掌握社会标准到掌握社会标准，从没有知识技能到拥有知识技能，都是记忆在起作用，所以说记忆是大脑的重要功能之一。

记忆指的是孩子在大脑中积累和保存经验的过程，这些经验来自孩子的经历，一般来说，孩子在成长过程中，会经历大量的事物及事件，而这些经历会积累成孩子的经验，所以说记忆是大脑对过去经验的直接反应，包括过去感知过的事物、思考过的问题、体验过的情感、操作过的动作都会在大脑中留下痕迹并被大脑反映出来。记忆在孩子大脑中的主要表现形式是记忆表象，也就是说，孩子当回忆经历过的事物，在头脑中会出现这些事物的图像，有的比较鲜明生动、色彩鲜艳，有的也会模糊。

记忆的基本环节有哪些？

记忆不是一个瞬间的活动，而是一个过程，它从记到忆都是连续的，基本过程包括识记、保持和回忆再认 3 个基本环节。整个记忆过程就是感觉器官获得信息输入大脑，大脑对信息进行感知觉统合，然后进行储存、再提取或输出的过程，所以记忆和感知觉统合能力息息相关，如果感知觉统合能力不佳，感官在记忆的第一步识记的过程中会出现偏差，那么记忆也会出现偏差，所以提升感知觉统合能力对于孩子记忆来说会有一定的作用。

识记

识记是把记忆的信息输入大脑的过程，这是记忆的第一步，通俗地讲就是孩子的眼、耳、鼻、口、皮肤等感觉器官获取信息后，通过感觉神经输入大脑的过程，识记也就是孩子对需要记忆的事物在大脑中留下印记的过程。如果孩子从来没有坐过飞机，也没有看过飞机，那么他的大脑中就不会有飞机的印象，也就不会有关于飞机的经验，也不会产生对飞机的相关认知。所以要把感官接收的信息有效地传入大脑，感官、感觉神经、大脑之间的协调相当重要，这也是感知觉统合的落脚点。根据识记的信息，有无明确的目的性和自觉性，可以把它分为无意识记和有意识记。也就是说，无意识记没有预定的目的，也不需要任何意志努力的识记；有意识记是有一定的目标任务，需要开展积极的思维活动，也需要付出一定的意志努力的识记。无意识记可以让孩子在轻松愉快中获得应有的知识和技能，但由于没有目的性，所以对记忆内容有很大的选择性和偶然片段性，导致不完整或者遗忘很快。而有意识记可以使孩子获得系统的知识和技能，但长时间的有意识记，有时会使孩子紧张。识记是否建立在理解的基础上，可分为机械识记和意义识记。机械识记是指孩子对需要记忆的内容及材料不理解，只能重复地进行识记。意义识记是孩子对记忆的内容和材料在理解的情况下进行识记。实践证明，意义记忆的效果会更好，这也提示我们，在给孩子记忆材料的时候，尽量让孩子理解，让孩子根据自己的经验找出记忆材料的内在联系，尤其对于无意识记的材料，尽量赋予意义，保证记忆的效果。

保持

保持是对感知过的事物、体验过的情感、做过的动作、思考的问题在大脑中保存下来并巩固的一个过程，这是回忆再认的基础，更是记忆强弱的标志。孩子识记过的内容和材料在孩子的大脑中并不像我们把物品放在保险箱中，一成不变地保持着原样，而是会随着时间的推移和成长经验的积累，记忆的内容会发生质和量的变化，这种变化表现在：记忆内容的减少，比如孩子在回忆某个事件的时候丢掉好多内容；对记忆内容进行加工和改造，比如孩子讲述某个事件会增加或减少一些细节，也会张冠李戴地讲述；再有就是对识记过的内容没有保持，也不能回忆，出现遗忘，记不清了或根本记不得了，这是最常见的记忆现象。

回忆再认

回忆是指孩子对过去经历过、识记过的事物和内容，虽然不在眼前，但孩子的大脑中重新呈现出来，加以应用。再认指的是孩子过去经历过的事物或识记过的内容，当重新出现的时候，孩子能把它们加以识别并确认。从记忆的基本过程来说，无论识记还是保持，都是为了回忆，这样知识才能应用于实践而形成技能，更能促进知识和技能的发展，促进孩子能力的提升、个性的形成，这是孩子正常生活、学习最基本的保障，只有能回忆，人类的知识经验才可以积累，人类的文明才可以传承。

记忆的种类有哪些？

记忆从不同的角度可以分为多种类型，而了解这些关于记忆的基本知识，为日后的训练提供理论支持是非常有必要的。

根据记忆的内容划分

情景记忆：是指孩子对在一定时间和地点亲身经历事件的记忆，由于情景的记忆以孩子真实体验、真实生活的经历为基础，所以才有对生活的回忆，这种记忆一般会伴有情绪，情绪越强烈，记忆越深刻。

语义记忆：是孩子对词语及关于所学知识的记忆，包括有组织的一般知识、事物发展规律的记忆、词语逻辑的记忆等。

形象记忆：是指孩子以感知过的事物形象为内容的记忆，包括视觉、听觉、嗅觉、味觉。

情绪记忆：是与孩子体验过的情绪情感为内容的记忆，一般来说体验过的强烈的情绪情感更加记忆深刻。

运动记忆：这是孩子以练习过的动作为内容的记忆，比如游泳、体操、跳绳、手工技能等，对孩子的生活及学习技能的发展有重要意义。

根据保持时间的长短划分

感觉记忆：指孩子的视、听、嗅、味等感觉器官感应到相应的刺激所引起的短暂记忆，一般在 2 秒钟以内，感觉记忆只停留在感官层面，如果没有有意注意，瞬间消失。比如，在路上行走的时候，感觉器官会接收大量的信息，但会随时忘记，这样的现象就是感觉记忆。感觉记忆信息是摄入过程及信息处理的第一站，如果感知觉统合能力不足，会影响感觉记忆阶段对信息的处理，感觉记忆的容量是无限的。

短时记忆：指孩子获得信息后，在大脑中保存不超过 1 分钟的记忆，比如，孩子查字典，找到要找的词或者生字，写下之后很快就忘记了，在电话本上查到朋友的号码，打完电话后也会忘记。短时记忆信息处理的中间环节，所储存的信息量是有限的，但短时记忆经过复述，就会进入长时记忆。

长时记忆：指在孩子的大脑中长时间保留下来、永久性储存的记忆，在日常生活中，孩子随时可以表现出的动作、技能、语言、文字、态度、观念、有组织的系统知识等都属于长时记忆的范畴。

根据对信息的处理方式划分

陈述性记忆：指的是对事件及事实性知识的记忆，包括要了解的对象、事物的具体特征，以及人名、地名、名词解释、定理、定律等信息，它可以通过语言的描述和传授直接获得，而提取往往需要有意识的参与。

程序性记忆：是对如何做事及先后顺序记忆，这类记忆往往需要多次尝试才能获得，在利用这类记忆时，往往不需要意识的参与。

学前儿童记忆的特点有哪些？

学前儿童主要指 3~6 岁的孩子，而感知觉统合能力与记忆息息相关，也会在这个关键期发展起来，也是感知觉统合能力训练的关键期，因此了解 3~6 岁学前儿童记忆的特点，对于如何训练记忆力及感知觉统合能力都是有益处的。一般来说，记忆随着孩子年龄的增长逐渐发展，总体来说，在学前期无意记忆占优势，有意记忆开始逐渐发展。根据孩子活动有无目的记忆分为有意记忆和无意记忆，学前儿童总体来说，无意记忆的效果优于有意记忆，实验结果也表明，学前儿童中期和晚期的记忆效果都是无意记忆优于有意记忆，到了小学阶段有意记忆才会赶上无意记忆。无意识记的效果，随着学前儿童年龄增长也在提高，比如给小班、中班、大班 3 个不同年龄阶段的孩子讲一个故事，一段时间后进行检查发现，年龄大的孩子无意识记的效果越好。并且孩子的认知活动越积极，无意识记效果越好，而直观形象、具体鲜明的事物容易引起他们的注意，容易被他们无意中记住，如果某个事物符合他们的兴趣，能让他们有愉快、痛苦、惊奇等情绪体验，也容易成为无意记忆的内容。多感官参与也会提高无意记忆的效果。

学前儿童在无意记忆占优势的同时，有意记忆也开始发展，学前儿童有意记忆的发展首先是在老师或父母的教育下产生的，在日常生活中，我们经常向他提出记忆的任务、各种要求，比如记住字词、故事、游戏等内容，这些都会促进孩子有意记忆的发展，在生活中，如果我们给孩子提出恰当的要求，使他明确识记的目的和任务，那么在完成任务的过程中，会促进孩子有意记忆的发展。

学前儿童机械记忆用的相对多一些，他们经常运用机械记忆，反复背诵自己不理解的材料，这是因为学前儿童对事物的理解能力差，生活经验少，对好多识记的材料都不理解，只能靠机械记忆。在整个学前期，无论是机械记忆还是意义记忆，都随其年龄的增长而有所提高，并且随着年龄的增长，两种记忆的效果差距也会逐渐缩小，所以在这个年龄段的孩子最好给他们提供一些有画面感的、有运动动作参与的、有情节的感知信息和材料，更便于他们的长久记忆。

学前儿童的整个时期形象记忆占主导地位，形象记忆是根据具体的形象来记忆各种材料，因为形象记忆就是借助记忆对象的直观性、鲜明性，所以记忆效果好。而一些熟悉的词汇在孩子头脑中与具体的形象相结合，因此记忆效果也好，而生疏的词汇在他们头脑中没有形象，因此记忆效果就会差，形象记忆也会随着学前孩子年龄增长而发展，3~4岁的时候，形象记忆的水平相对较低，随后开始发展。

小学生记忆的特点有哪些？

孩子到6~7岁，心理功能及各种能力都发展到一定的水平，这为顺利进入小学奠定了基础，而此时记忆发展更是为进入小学打下基础。研究表明，进入小学的孩子记忆数量和质量上都有显著的提升，他们的记忆数量和记忆效率都在不断增加，并且记忆能力也在发生着变化，进入小学后有意识记忆和意义识记开始占主导地位，理解识记也开始占主导地位，抽象记忆开始迅速发展。

心理学研究证明，成人的短时记忆容量为7+2个单元，1年级孩子记忆容量平均为5.7，3年级孩子平均为6.83，5年级孩子平均为7.12，可以看出，随着年龄的增长，孩子的记忆容量也在增高，而7~9岁年龄段正是孩子短时记忆容量迅速发展时期。

记忆策略可以提高孩子的记忆效率，小学阶段的孩子在使用记忆策略的方面，表现出更多的主动性、灵活性、创造性，这可以从孩子的复述策略和组织策略中来看。复述策略指的是孩子在记忆的过程中对需要记忆的信息不断进行重复，这样才能更准确、更牢固地记住这些信息。小学的孩子开始更多使用复述策略，并且随着年龄的增长，复述的质量不断增加，复述的方式也由被动复述向主动复述模式转变。

组织策略指的是孩子在记忆的过程中，根据记忆材料的不同意义，组成不同的类别，并根据记忆材料之间的联系进行记忆的过程。研究表明，1年级的孩子已经具有中等水平运用组织策略的能力，3年级的孩子能通过策略训练学会使用组织策略，5年级的孩子能成熟运用组织策略，能自发运用组织策略，这对回忆具有积极的效果。

无意记忆没有目的，不知不觉中进行，也不需付出意志努力，而有意记忆是有目的、有意识地进行，需要付出意志努力。在小学阶段，低年级无意记忆地位还很重要，但对于孩子完成学习任务来说，有意记忆的地位越来越重要。在整个小学阶段，儿童有意记忆条件下正确回忆百分率高于无意记忆。

小学阶段，机械记忆和意义记忆都有很大的发展，他们都在随着年龄的增长而提高，但意义记忆对于小学生来说起的作用也越来越重要，并且小学生意义识记方法和技巧越来越多，整个小学阶段意义识记的效果远优于机械识记。

由于知识、经验、经历的有限，低年级孩子以形象记忆为主，随着知识、经验、经历的增加，到小学高年级抽象记忆逐步取得优势，而形象记忆和抽象记忆是相辅相成发展的，这会促进小学生记忆水平的提高。

什么样的方式可以促进记忆？

形象化化更容易记住

我们经常听到这样一句话，“眼见为实，耳听为虚”。其实这句话包含着这样一个道理，眼睛看到的是直观的、形象的，这可以留下比较深刻的印象，更容易记住。也许在生活中你的朋友向你描述九寨沟的水是多么美，可是无论如何描述，你的印象都不会深刻，如果你亲自去体验了，或者在电视上看到这些情景，那么印象就会加深，也许很长时间都留有印象，这就是事物的形象化在起作用。研究表明，语言信息和形象信息的比率为1:1000,这个研究表明,大脑记忆形象的能力是记忆文字的1000倍。有人曾经做过这样一个实验，研究人员准备了1000幅不同的照片，然后以每秒一幅的速度呈现，然后又把100张照片混在其中,辨认哪些刚才出现过,哪些是刚刚补充进来的。结果大多数人都能十分准确地加以区分。如果换成词语,分辨起来就会吃力很多。这表明如果把抽象化为形象,就会促进记忆,这是因为我们对客观事物的认识是依靠感官,而感官是从直观形象开始的,而对概念的记忆是储备一定知识后发展起来的。如何让事物的形象更鲜明、更清晰,也是有规律可循的,而认真观察是有效手段之一,这可以促进脑内储存更多的鲜明形象,在观察的时候,多留意形状、色彩、声音、气味、质感,还可以观察后闭眼回忆,这样就会有多个事物的形象存于内心,记忆也就会得心应手了。如果在记忆的过程中,把抽象的内容转化成具体形象,这可以提高记忆的效果,比如对数字的记忆、对单词的记忆、对诗歌的记忆,通过编码技巧,把它们转化成为图像,不仅记得快,而且记得久。

夸张的情节更容易记住

研究表明,夸张的情节对大脑的冲击更大,从而加深印象而记忆的效果也会持久,比如,每天看到很多的事,大多数都不会留意,可是当你遇到一件与众不同的事,马上就会表现出非常强烈的兴趣,自然而然印象就特别深刻,就会记住;在街上走的时候,突然一个人的头发染得五颜六色,发型奇特,穿的衣服特别夸张,就会更容易记住。再比如,我们记忆两个不相关的词杯子-打印机,如果运用奇特联想,把情节想得比较夸张,就容易把这两个不相关的词记住,想象打印机装进杯子里,这在现实生活中是不可能发生的,这样情节也会比较夸张,我们的印象就会比较深刻。如果孩子在学习的过程中记忆年代、历史事件、地理知识、化学知识、物理公式等都可以用这样的方法促进记忆。

熟悉的更容易记住

对一些陌生要记忆的内容,如果能把这些内容变成熟悉的内容,就会容易记住。这可以通过谐音或联想的方式实现,从而把陌生的内容变化成熟悉的内容,从而达到以熟悉记忆陌生的效果。比如,有这样20个数字,如果让你记起来,真的好难,但如果细心观察,把它分解变成我们熟悉的东西，记起来就特别容易，36542452712283124160，我们细心观察,可以发现一年有365天分4季24个节气52周,每周有7天,有12个月,最小月28天,最大月31天,每天24小时,1小时60分钟,接下来的记忆就变得比较容易。记单词“bar”酒吧,谐音“爸”可以转换成熟悉的——爸在酒吧里。这样就容易记住这个单词。

感受过程更容易记住

无论什么样的事情,亲身体验了,有了感受才会留下深刻的印象,记忆也会牢固。应用这个方法,在记忆知识和一些内容的时候,如果把各种各样的知识通过联想变成可以体验感受的内容,这样记忆起来会更快,也牢固。比如要记住1925年1月11日,首先,我们要思考,19读起来如同“药酒”,25读起来跟“二胡”发音相似,1像一支笔,11像一双筷子,接下来再对这几个词进行联想,药酒拉着二胡,里面飘着一支笔,再画一双筷子,这样经过自己有创意的联想,并且把自己的感受融入整个思考的过程之中,就会深深地记住这个日期。每个人的经验不同,看到相同的事物也会有不同的反应,比如,看到1有人认为是树干,有人认为是起点,有人认为是棍子,有人认为是一支笔,不管怎样,只要经过自己的思考,通过联想把要记忆的东西有机地连在一起,融感受于其中,就会提高记忆的效果。

记忆过程中如何利用自信来促进记忆？

自信就是相信自己的能力，对于记忆来说，也就是相信自己能够记得住。这种自信来源于自己大脑的结构，这是有科学依据的，认知心理学家对记忆进行了大量研究，每个人有140亿左右个脑细胞，大脑一旦受到感觉刺激，在每一个神经元上长出更多的突起，这些突起与其他神经元相互连接，神经联系的总量增加，形成记忆。不断接受感觉刺激，神经细胞之间联络密切，树枝型突触联系也多，信息才容易流通，记忆也会更好，人的记忆容量是美国国会图书馆藏书量的50倍（3000万册），这说明我们大脑的记忆容量几乎是无限的。现在的脑科学研究也发现，大脑超过了世界上任何一台最先进的电脑。最新的研究成果显示，像爱因斯坦、牛顿这样的大科学家，大脑只用了大约10%，一般人的大脑只用到3%~5%。法国著名生物学家拉马克提出用进废退理论，人的任何器官使用的次数多了，这个器官或者组织就会进化，如果不用或者少用，那么它就会退化。了解这些之后，我们要相信自己，我们的记忆是无限的，只要经常用脑，记忆都会有所提高。这里给孩子提供一个最简单让自己增加记忆信心的方法，就是自我暗示法：可以用这样的语言——我的记忆力非常好，我能记住学习的内容，我会激发出大脑的记忆潜能，我对我的记忆越来越有信心。每天不断重复上面四句话，认真、有感，记忆的信心就会因此而增加。

记忆过程中如何利用图像来促进记忆？

研究表明，大脑记忆图像的能力是记忆文字的1000倍。美国学者哈拉里曾经说过这样一句话，千言万语不及一张图。这是因为人的大脑分为两个半球，左脑称为语言脑，而右脑称为图像脑，而右脑的记忆蕴含着巨大的潜能，储存量是左脑的100万倍。右脑也称为潜意识脑，它储存着人类的智慧，要提高记忆力，必须提高右脑的记忆功能。所以在记忆材料的时候，我们尽量用图像来记忆，要求所呈现的图像要清晰，呈现细节、颜色及形状，哪怕是一个抽象的词，如果用图像的形式把它清晰地呈现出来，记忆会更牢固。比如，我们记忆“文化”这个词，一般我们会具象化这个词汇，可能会出现孔子的图像，还可能还会出现四书五经等一些古典文化古籍的图像，这些图像越生动越形象，这个词我们记得越牢固。

图像记忆不但可以提高记忆的效果，还可以让记忆更牢固，更可以提高我们思考的速度，这是因为负责图像的右脑不但储存容量巨大，而且提取的速度也快。一般情况下，当我们呈现一个具体词汇的时候，我们大脑中大多先呈现与这个词汇相关的形象，我们经常有这样的体验，我们在生活中遇到一个负性的事件，我们想遗忘掉这个世界，我们经常会跟自我对话，不要想这件事，不要想这件事，可是这件事的场景会反复出现，这说明我们大多数时候是用图像来做思考的。伟大的科学家爱因斯坦曾经说过，我思考问题是不用语言进行思考，而是用鲜明的形象进行思考，当思考完成以后，我再把它转换成语言。在学习中，尤其是记忆时，把语言文字转化成图像，会有利于记忆的提高。

记忆的内容主要来源于感官，所以在视觉记忆、听觉记忆、运动记忆等中视觉记忆占记忆总量的90%，心理学实验也表明，以视觉记忆效果最好。日本创造工程研究所所长中山正和指出，语言信息与形象信息之间的比例为1:1000，所以形象记忆容量远远大于语言信息。形象的东西容易记住，这是因为形象记忆由视觉感官摄入，如果向孩子介绍一些事物的特点，说完后，让其说出这些特点，能说出这些的很少，如果让他们看到实物，绝大部分孩子都能说出更多的特点，这都说明如果把抽象的转化为生动形象的，更有利于快速、持久的记忆。

记忆过程中如何利用联想来促进记忆？

联想就是由感知到人、事、物，而想起其他相关的人、事、物，由一个知识点联想到相关知识点。比如说到《水浒传》，我能想到宋江、李逵，我们经常也会睹物思人。所以记忆的基本法则就是把新的信息联想于已知的事物。而在日常生活中，我们无意中产生的联想，常常会对有意记忆产生意想不到的效果，联想有很多种，下面一一进行介绍。

接近联想

时空接近，由一事物想到另一事物，如南京-夫子庙、唐朝-李世民、大海-岛屿。那么下列词汇接近联想你会想到什么：上海、中国、论语、乌云、下雨、孩子、桌子、狮子。

对比联想

由某事物想到相反的事物，如黑-白、大-小、有-无、东部-西部。那么下列词汇对比联想你会想到什么：开头、前进、红、中国、儿童、激动、潮湿。

相似联想

由一种事物想到相似的另一种事物，如玫瑰花-爱情、眼睛-眼镜、手足-兄弟、滴水穿石-持之以恒。那么下列词汇相似联想你会想到什么：老虎、巾帼、华为、北斗、孔子、老舍。

因果联想

利用因果从一事物想到另一事物，如暴雨-山洪、卫星-导航、汽车-运输。那么下列词汇因果联想你会想到什么：芯片、手机、记忆、成功、肥料、工业、感觉。

配对联想

把两个互不相关的材料借助联想建立于对应的关系，如填写-红茶，填写一定要写红茶；钢印-鲨鱼，钢印盖在鲨鱼身体上；面粉-书记，面粉抹了书记一脸。那么下列词汇配对联想你会如何配对建立联系：电话-茶水、电台-服务、号码-书包、杨树-沏茶、柜子-头发、高山-圆珠笔。

自由联想

天马行空，记忆的基本功，刺激脑回路，由“森林”进行自由联想，可以联想到古树、庙宇、鲜花、动物、小溪、守林人、中药、潮湿、植物、叶子、安静……那么下列词汇自由联想你会想到什么：8、自行车、月亮、大。

记忆过程中如何利用顺序来促进记忆？

老师往一个大口玻璃瓶放了几块大石块问学生：“这个瓶子满了吗？”学生们答道：“满了。”老师又将一些小石头放进去，问：“这次满了吗？”学生学乖了，回答：“可能没有满。”老师往瓶子里倒了些沙子，问：“现在呢？”学生们似乎懂了，回应：“没有。”老师最后将水倒入瓶子中，问：“同学们学到了什么？”一个学生回答：“我们总是可以创造更多的时间做更多的事！”老师笑了说：“不错，可是大家有没有想过，如果不先把大石头放进去，也许之后就没有机会了。”

这说明在记忆的过程中，记忆的顺序非常重要，否则南辕北辙，而记忆的顺序需要借助联想、谐音、串联等手段达到记忆的效果，下面举例进行说明。

按顺序记忆：黄河流经的省份有青海、四川、甘肃、宁夏、内蒙古、陕西、山西、河南、山东。

第一步流经省份简称：青、川、甘、宁、蒙、陕、晋、豫、鲁。

第二步简称谐音处理：磐、穿、干、拧、猛、闪、进、玉、路。

第三步串联记忆，通过联想建立之间的联系：磐穿着干净而拧巴的衣服，猛地打闪，看到一块玉在路上。

第四步回忆：青、川、甘、宁、蒙、陕、晋、豫、鲁。

第五步还原：青海、四川、甘肃、宁夏、内蒙古、陕西、山西、河南、山东。

记忆过程中如何利用谐音来促进记忆？

谐音记忆法就是利用被记忆的内容与已经熟悉的内容在发音上的相同或相似这一现象来快速记忆的方法。谐音能够把陌生的变为熟悉的，把枯燥的变成有趣的，也就是在记忆的过程中，用相同或相似的读音把没有意义的内容，通过谐音变成有意义的内容，这样可以帮助我们记忆。通过谐音可以把零散、枯燥的记忆变得有趣，谐音的记忆原理就是利用右脑形象记忆的能力，来促进记忆。

比如记忆五代：后梁、后唐、后晋、后汉、后周。

提取关键字：梁、唐、晋、汉、周。

谐音：凉糖进汗粥。

联想：把凉凉的糖放进冒汗的粥里。

试用谐音记忆下列数字：142513284017。

谐音：14，钥匙；25，二胡；13，衣衫；28，恶霸；40，司令；17，仪器。

奇特联想：钥匙拉响二胡，吵得衣衫和恶霸睡不着觉，让司令裁决，于是仪器就去调解了。

世界最小的洋是北冰洋，最大的洋是太平洋。

奇特联想：我家里最小的羊被冰冷的天冻死了，我家里最大的羊太平无事。

秦灭六国顺序：韩国、赵国、魏国、楚国、燕国、齐国，即韩、赵、魏、楚、燕、齐。

谐音：寒冷罩着魏国楚国，燕子很生气，勤快地灭了他们。

那么如何用谐音来记忆长江的八大支流：雅砻江、岷江、嘉陵江、乌江、汉江、沅江、湘江、赣江？

记忆过程中如何利用感觉来促进记忆？

孩子对世界的认识是从感觉开始的，所以说感觉是孩子一切知识的源泉。感觉包括视觉、听觉、嗅觉、味觉、触觉、平衡觉、本体觉，记忆的材料由感官摄入，所以记忆的第一步也就是感觉信息的摄入，如果在内容上加上自己的体验、自己感受，记忆的效果就更好。在记忆的过程中，感觉主要来自两个方面：直接体验与虚拟体验。直接体验指的是孩子真实经历的事物的感觉刺激而产生的感觉，比如，不小心被开水烫后产生疼痛的感觉。虚拟体验是指在没有真实事件和事物的刺激下孩子通过想象而产生的感觉，比如，当闭上眼睛，想到酸甜的苹果时，也会流口水。所以在记忆过程中，如果能用虚拟体验产生感觉，通过这种感觉来加强记忆，那么记忆的效果就会增强。比如，钢笔-鼻子，钢笔插进鼻子又痒又疼；沙子-眼睛，沙子吹到眼睛里，睁不开眼，还流泪；火花-后背，火花落在我的后背上，太痛了，似乎烧焦了皮肤。这些联想都会增加虚拟的感觉，促进记忆。接下来如何记忆：葡萄-嘴巴；玻璃杯-双脚；百合花-前胸。

记忆过程中如何利用兴趣来促进记忆？

通过兴趣来促进记忆就是转换记忆的内容能引起孩子记忆的兴趣，把记忆的内容转换为荒诞、滑稽、夸张、奇特，对大脑皮质产生强烈的冲击，从而会记得深刻持久。既增加孩子兴趣，也会让记忆更有趣，效果更好。奇特联想法可以通过以下方式实现。

动态法

静态物动起来。如汽车-椅子，汽车撞飞椅子；面包-太阳帽，面包吃了太阳帽；战马-黑板，战马踢飞黑板。试着用奇特联想的方式记忆：蚯蚓-电话；高楼-汽车-星星。

夸张法

夸大缩小、增加减少。如小鸟-大楼，小鸟撞倒大楼；牙签-电筒-闪电，牙签放进电筒里射出闪电。试着用奇特联想的方式记忆：蚂蚁-大象；手表-南瓜-滑梯。

结合法

事物有机、离奇地结合在一起。如牛-汽车，牛站在汽车上；草原-茶杯，草原装在茶杯里。试着用奇特联想的方式记忆：录音机-鳄鱼；电脑-大海。

记忆力的训练方法有哪些？

训练 1：开启大脑开关

训练目的：进行记忆前把氧气充分供养大脑，令头脑更清晰、思绪更敏锐，做好记忆准备。

训练方法：左手护着腹部，右手在锁骨之下向左、右胸骨方向搓揉约 15 秒。眼珠缓慢地由左至右、右至左移动。

特别提示：找准穴位，微微用力，眼珠缓慢移动。

训练 2：天开关

训练目的：提升注意力，做好记忆前准备，增加记忆前的兴趣和动机，静心。

训练方法：坐或站皆可，右手食、中二指按揉上唇中点的上方（人中），左手按住尾骨，目光由近及远，成正 T 移动，约 30 秒后，双手互换，再做 30 秒。

特别提示：调匀呼吸，想象能量从脊骨末端向上流动，同时体验放松的感觉。

训练 3：地开关

训练目的：提升注意力，做好记忆前准备，能更专注地记忆。

训练方法：坐或站皆可，左手食、中二指按在下唇中点以下的地方，右手放在耻骨上，同时目光由远及近，成倒 T 移动，30 秒之后，双手互换，再做 30 秒。

特别提示：缓慢呼吸，吸气时，想象能量如从脚下向上遍布全身；呼气时，体验放松的感觉。

训练 4：积极暗示法

训练目的：语言是有能量的，重复正面、积极的语言，会对自己的身体、心理、大脑补充能量，提高记忆的自信心。

训练方法：每天早上起床前，或者睡觉前，或其他任何时间，可以自我暗示，增强记忆的信心，按以下语句或者自我设定，一般在 5 句内最好。

语句示例：

我的记忆力超级好。

我的大脑越来越聪明。

我能快速记住大量的知识。

我能记住所有的学习内容。

我的记忆潜能巨大。

我的记忆力越来越好。

我对记忆的信心十足。

我有记忆的天赋。

特别提示：运用肯定的句子；简单有力，朗朗上口；积极正面语句；倾注感情，每天重复；语句可以自我设定。

训练 5：位置记忆训练

训练目的：提高视觉记忆能力，训练视觉分辨及专注力，增加位置空间能力，训练方位感。

训练方法：随机组合图片 8~12 张，然后全部图片呈现给孩子，让孩子观察并记忆图片 60~120 秒，然后按要求回答问题。

特别提示：给孩子看图片，根据孩子个体差异，开始可以 60~120 秒，然后移开图片，让孩子回答问题，问题可以根据图片发问，使用鼓励语言。

训练示例：

依次呈现图片：兔子、长颈鹿、孔雀、麻雀、小象、犀牛、小猪、小猴、小老鼠、小熊、小老鼠。

1.第 5 个图片是什么？小象.

2.第 7 个图片是什么？小猪。

3.小熊在小猴的哪边（左、右）？右边。

4.哪种动物出现 2 次？小老鼠。

再次呈现另一组图片完成以下训练：

1.第 5 个图片是什么？

2.第 7 个图片是什么？

3.水壶在勺子的哪边（左、右）？

4.哪种物品出现 2 次？

5.哪张图片是有颜色的？

训练 6：图形记忆训练

训练目的：提高视觉记忆能力、视觉分辨能力，训练小肌肉精细动作能力，手眼协调，提高右脑记忆能力，加强思维的敏捷性，增强注意力及观察力。

训练方法：呈现几何图形构成的简笔画，孩子观察 30 秒，根据记忆画出图形。

特别提示：做好静心，如果 30 秒孩子做不到，可以延长到 60 秒或更长 90 秒，让孩子体验成功；不能修改，直接画完；注意观察细节，如位置、与原图大小、相交点、比例等，但不能指出错误，随着训练会趋于完善。

训练 7：找不同

训练目的：提高记忆能力、注意力、观察能力，视觉注意的稳定性，同时训练视觉联想想象能力、逻辑思维能力、形象思维能力和语言能力。

训练方法：同时呈现 2 张图片，看似一样，孩子观察 1~2 分钟，找出 2 幅图片的不同点；并进行描述。比如：①左边图像最上面是“卡通及做小床”，右边图像最上面是“文字”；

②左边图像嘴里有“笔”,右边图像嘴里没有“笔”;③左边图像“小鸡对着虫子”,右边图像“小鸡对面没有虫子”;④床头图像不一样。

特别提示:由于孩子有个体差异及能力差异,所以训练要点是让孩子体验成功,每幅图有 3~5 处不同,在规定时间内只要孩子找到就给确定性反馈,随着训练孩子找全不同点,用时也会减少,防止急切心态。

训练 8:串联记忆

训练目的:训练串联记忆及联想记忆方法,提高大脑对记忆材料的处理加工能力,提高记忆力,让记忆更长久,开发右脑,提高思考速度,提高回忆的速度及品质,增强视觉记忆能力。

训练方法:向孩子呈现 8~12 张图片(也可以直接用词汇),孩子运用奇特联想法按顺序记住图片,并说出来。

特别提示:向孩子呈现图片时,开始可以控制在 3 分钟内,随着训练的进行,逐渐 1 分钟内,如果孩子不知道图片名称,可以提前让孩子熟悉名称。

比如给孩子呈现以下图片:大公鸡、树、大海、菠萝、草莓、手机、打印机、自行车、轮船。

展开联想,串联故事:大公鸡站在树上,看着大海吃着菠萝和草莓,用手机给打印机说小心自行车和轮船。

按顺序回忆图片:大公鸡、树、大海、菠萝、草莓、手机、打印机、自行车、轮船。

训练 9:自由联想训练

训练目的:记忆方法中联想是最常用的方法,运用联想可以把陌生变为熟悉,记得又快又牢,记忆过程中有意识地进行联想,是好记忆的秘诀,通过联想训练可以训练大脑自由思维,训练记忆的基本功,熟练运用联想。

训练方法:给出一个词,孩子围绕词汇自由联想,可以写在本子上,可以与父母接龙说出,可以不规则接龙,同时训练听觉注意力。

特别提示:脑力风暴,自由联想,不评价、指责,多用鼓励的语言“好、继续等”。

如针对“电脑”展开自由联想:科技、智能、挣钱、前沿、发展、芯片、系统、软件、制造、电影、打字、工作、学习、快速、人工智能、互联网、主板、处理器、联想、华为、华夏、浪潮、苹果、研发、大学……

请针对以下词汇展开自由联想:茶杯、水、海洋、9、13、汽车、吃饭、下雨、头发、战争、读书。每个词语不低于 20 个联想词汇。

训练 10:快速串词训练

训练目的:记忆方法中联想是最常用的方法,运用联想可以把陌生变为熟悉,记得又快又牢,记忆过程中有意识地进行联想,是好记忆的秘诀,快速串词是联想训练的一种,可以训练学生思维的灵活性、敏捷性,增强记忆。

训练方法 1:给出一个字,孩子围绕该字,自由联想,快速串词,可以写在本子上,可以接龙说出,可以不规则接龙,同时训练听觉注意力。

训练方法 2:针对“人”快速串词训练——人民、人们、大人、小人、外国人、中国人、佣人、人中、人性……

请针对以下字进行快速串词训练:书、大、小、山、手、动、雨、鱼、蛇、笔。每个字不低于 10 个词。

特别提示:脑力风暴,自由联想,不评价、指责,多用鼓励的语言“好、继续等”。

训练 11：词语形象化训练

训练目的：左脑负责组织、理解、推理、语言、数学逻辑，右脑负责图像记忆，右脑记忆是左脑的 100 万倍，如果我们能把抽象的内容化为具体、形象的东西，也就是图像，有利于记忆。训练孩子的形象思维，右脑图像记忆能力，扩展孩子知识圈。

训练方法：呈现给孩子词语，孩子用谐音法把抽象的词语形象化、图像化。

特别提示：化抽象为形象的方法有 3 种，即谐音、增减字、替代，每一个词都可以用以上 3 种或更多方法转化。以下训练是记忆基本功训练，所以 3 种方法分得比较清楚，实际运用时不要限制某种方法。

训练示例：

谐音法抽象变形象：凝结–领结、幸福–新服、价值–夹子、发展–罚站、消费–消肥、真相–针箱、贸易–毛衣、研究–烟酒、经济–金鸡。

请根据训练示例完成以下词语转化训练：生活、诚实、背景、糟糕、什么、飞翔、事件、压力、模糊、升职、流行、煽动、居然、似乎、一直、重要、需要、研究、回忆、期待、说谎、浮躁、相交、静止、非常、制裁、泥泞、发生、睡觉、一起、故事、事实、洋溢、抱歉、消失、离别、曲阜、投降、倒霉、比喻、枉费、寂静。

答案：圣火、城市、北京、枣糕、神马、费翔、时间、鸭梨、猛虎、圣旨、流星、山洞、巨人、师傅、椅子、中药、西药、烟酒、会议、脐带、书房、肥皂、香蕉、镜子、肥肠、紫菜、李宁、花生、水饺、仪器、古诗、石狮、洋芋、宝剑、小诗、李白、屈服、头像、碧玉、王菲、鸡精。

训练 12：配对联想训练

训练目的：训练记忆力基本功，提升联想能力，摆脱惯性思维。

训练方法：对两个互不相关的词语，借助联想、想象建立一种对应的关系，使得提到其中一个，就很容易想到另一个。呈现两个配对词语，让孩子展开联想。

特别提示：要对配对联想的词汇之间建立关系，要敢于想象、联想，力求做到新奇、夸张、奇特、古怪荒诞，让静态的动起来，更加有利于记忆。

训练示例：

囚犯–军队，囚犯再次被军队送进监狱。

上衣–省会，他的上衣上印着省会。

火药–维生素，吃完火药他的肚子炸开，里面都是维生素。

面粉–田园，田园里长满面粉。

茶杯–打印机，茶杯里装着打印机。

朋友–电脑，朋友将电脑扔进河里。

大豆–哥哥，哥哥吃了三吨大豆。

芜湖–冲锋枪，芜湖人被冲锋枪打伤了。

开幕–会计，开幕让会计搅黄了。

甜瓜–握手，甜瓜想握手没门。

根据训练示例对以下词汇进行配对联想：

办公–百年、开门–漂亮、妹妹–毛巾、汉语–排列、垃圾–首都、历史–蜡烛、作业–古人、坏人–回忆、开会–法官、戏院–家产、木工–灾民、海洋–老师、叔叔–脸皮、课桌–操场、木刻–农村、旅客–饭碗、小麦–法律、公主–目标、王子–讨厌、扑克–耳机、贝壳–农村、算盘–罐头、天然气–绿色、篮球–解散、吵架–茶杯、猎物–石子、走路–工人、门口–口哨、穿衣–黎明、推广–节拍、小麦–大海、安全–警报、武警–奖励、打印–水井、批评–绘画、支票–老鼠、黑板-孙子、黑人-奶粉、上午-可怜、下午-欢呼。

训练 13:定位记忆法训练

训练目的:增加记忆容量,让记忆效果更好,提升右脑的记忆能力,提升词汇图像转化能力,训练对词语的认知。

特别提示:定位记忆法是最有效的记忆方法之一,它可以增加我们记忆的数量,并且能准确定位,如果 20 个词汇,能实现正背、倒背,第几位是什么词语的神奇记忆,所以实现定位记忆前,一定要记住定位系统,然后通过联想建立联系,随着训练一般孩子会在 1 分钟内记住 10 个词语。

身体定位桩:1 头发、2 额头、3 眼睛、4 鼻子、5 嘴巴、6 下巴、7 脖子、8 肩膀、9 前胸、10 肚子。

训练方法:熟记身体定位桩,给孩子呈现词汇,用身体定位桩和图片建立联想,然后记忆。

训练示例:

呈现词汇:水桶、气球、草帽、笤帚、雨伞、瓢虫、衣架、钟表、鞋子、键盘。

采用人体定位桩联想记忆:

头发-水桶,头发长得跟水桶一样粗。

额头-气球,额头给气球打气。

眼睛-草帽,眼睛戴上了草帽。

鼻子-笤帚,鼻子拿起笤帚扫地。

嘴巴-雨伞,嘴巴喷出一把雨伞。

下巴-瓢虫,瓢虫吃掉了下巴。

脖子-衣架,脖子上挂上衣架。

肩膀-钟表,肩膀扛着钟表。

前胸-鞋子,前胸画着鞋子。

肚子-键盘,旧键盘吃到肚子里。

- 1~5 分钟后按人体定位桩顺序回忆。
- 倒序回忆。
- 第 5、10、1、6 各是什么?

试着定位记忆下列词汇或图片:

- 杯子、铲子、月季、猴子、书本、手机、眼睛、吊车、架子、歌曲。
- 广告、颜色、教育、优盘、茶叶、照片、名字、信封、快递、茶水。
- 草原、下雪、湖水、运动、吃饭、合作、山地、别墅、贝壳、鸡蛋。

训练 14:数字记忆训练(1)

训练目的:用具体形象或谐音来代替数字,熟悉数字编码,实现快速记忆多位数字,激发记忆的潜能,增强记忆能力,提升记忆的牢固性,开发左右脑,增加对数字的敏感性,提升形象思维能力,提升对算术的敏感性。

训练方法:先熟记数字编码,然后联想,串联成故事。

数字编码:1 树、2 鸭子、3 耳朵、4 红旗、5 钩子、6 勺子、7 拐杖、8 葫芦、9 球拍、0 鸡蛋。

记忆数字转化 2 步:①将数字按先后顺序转化成对应的固定编码;②利用转化后的编码说一个句子或故事,奇特化、形象化、强烈化更有利于记忆。

训练示例 1：167920。

树（1）上长的勺子（6）做成了拐杖（7），挂上球拍（9），看到鸭子（2），下个鸡蛋（0）。

训练示例 2：562348.

钩子（5）和勺子（6）一起给鸭子（2）掏耳朵（3），掏出红旗（4），画着葫芦（8）。

训练示例 3：104972。

树（1）上长的鸡蛋（0）掉下来，被红旗（4）接住，变成了球拍（9）和拐杖（7），一起赶鸭子（2）。

熟记数字编码，试着用串联记忆以下数字：

345781 569413 541687 104780 317921 354813 702813 491037 596076 541387 397549 879431 156478 098423

训练 15：数字记忆训练（2）

训练目的：用具体形象或谐音来代替数字，熟悉数字编码，实现快速记忆多位数字，激发记忆的潜能，增强记忆能力，提升记忆的牢固性，开发左右脑，增加对数字的敏感性，提升形象思维能力，提升对算术的敏感性。

训练方法：先熟记数字编码，然后联想，串联成故事。

数字编码：10 棒球、11 筷子、12 婴儿、13 医生、14 钥匙、15 鹦鹉、16 石榴、17 仪器、18 泥巴、19 药酒、20 耳饰。

记忆数字转化 2 步：①将数字按先后顺序转化成对应的固定编码；②利用转化后的编码说一个句子或故事，奇特化、形象化、强烈化更有利于记忆。

训练示例 1：162012。

石榴（16）戴上耳饰（20）给婴儿（12）吃.

训练示例 2：13181419。

医生（13）和泥巴（18）做成了钥匙（14），泡在药酒（19）里。

训练示例 3：1516101115。

鹦鹉（15）吃了石榴（16），拉出了棒球（10）和筷子（11），被鹦鹉（15）吃了。

熟记数字编码，试着用串联记忆以下数字：

111719 201510 161914 201713 121517 161017 171210 111213 191410 201115 161418 131816 101913 122017 151618 15131018 15161810 12201914 19141016 10191713 10191716 1019141713 1517132015 1610201817 15130151914 151210131417 151310201817 191610171813

第十四章　思维力

如何理解思维？

思维是人脑对客观事物间接概括的反映，属于认识的高级阶段，思维过程的基本特征是反应的间接性和概括性。思维的间接性指的是通过已知事物的属性或者已有的知识经验去认识那些没有直接作用于感官或者根本不可能直接感知到事物的属性和规律性的联系，比如，早晨推开窗户，看到外面白茫茫的一片，便推想到夜里下过雪了，虽然我们并没有感知到下雪，而是通过看到地面被白雪覆盖，推断出昨天晚上下的雪。医生看病的时候，通过自己的医学知识、经验，患者的症状可以确诊疾病，这也是思维的间接性在起作用。思维的间接性可以推知过去，遇见未来。思维的另一个特征是概括性，指的是把同一类事物的共同本质、特征，以及事物之间的联系和关系抽取出来加以概括，得出结论，孩子所学的知识大多是概括的结果。思维的间接性和概括性扩大了孩子的认识领域，使孩子更能认识、掌握事物变化的规律，对于孩子来说，他们学习的知识都是未知的新东西，孩子要能掌握这些知识，必须靠自身积极的思维活动。

感知觉与思维都是人脑对客观事物的反应，感知觉是周围事物作用于感觉器官，大脑对其做出的直接反应，它属于认识的低级阶段，而思维是人脑对事物的本质属性及内部规律的反应过程，它属于认识的高级阶段，感官摄入信息经过良好的感知觉统合会为思维提供基本的经验元素，如果没有感官接收适宜的信息刺激，思维也就是无本之木，所以孩子的感知力与思维能力存在高度相关。

思维分为哪些类型？

不同年龄的阶段孩子，他们的思维处在不同的发展水平，而根据思维的发展水平不同，可以分为动作思维、形象思维和抽象思维。动作思维是以实际的动作去解决所面临问题的思维方式，这是孩子在发展早期所具有的一种思维方式，当孩子离开了感知对象或行动，他们的思维也就终止了，比如早期在做象征性游戏的时候，他做出什么动作，就说在做什么，只能借助动作进行思考。形象思维就是利用事物的具体形象或表象去解决问题的思维方式，在思维的发展过程中，一般 3~6 岁的孩子以形象思维为主，比如当他们在计算数学加减法的时候，并不是通过抽象的数字进行计算，而是靠头脑中出现的具体表象进行计算(比如 3 只小兔子加上 1 只小兔子等于 4 只小兔子)或数手指算出来。抽象思维是运用概念、判断、推理的形式进行的思维方式，抽象思维是揭示事物的本质特征和内在联系的认知过程，是人类思维的核心形态，是高级的思维活动，比如运用数学符号、概念进行数学的运算和推导。

根据思维的指向性

可以分为集中思维和发散思维。集中思维指在解决问题时，思路朝着一个方向聚集前进，从而形成一个确定的答案。第一次世界大战期间，德国侦查员在观察战场时发现，每天早上八九点钟，一只猫在法军阵地后方的一个土包上晒太阳，于是他们开始判断，这只猫一定不是野猫，野猫白天不出来，更不会在阵地出现猫的栖息地。这只猫还是相当名贵的波斯品种,在打仗还能拥有这样的猫,决定不会是普通的人,于是发动攻击。法军地下指挥所所有人员全部阵亡,这是集中思维在起作用。发散思维指的是在解决问题时,从一个特定的目标出发,思维向外辐射,沿着各种不同的途径和方向,从多角度、多方向思考想象,从而探索出多种多样的设想和解决问题的方法,产生出大量独特的新思想。发散思维具有流畅性,即对问题反应敏捷;灵活性,指思维能触类旁通,随机应变;独创性,指提出的方法与众不同,独具匠心。比如红砖有什么用途:造房子、造台阶、铺路、造鸡窝、练气功、举重、下象棋、做武器、多米诺骨牌,过河等,这都是发散思维。集中思维与发散思维是对立统一的关系,有了集中才能发散,发散了才能进一步集中,发散度高,集中性好,创造水平才会高。

根据思维的创造程度

可分为再造性思维和创造性思维。再造性思维运用已经获得的知识和经验,按现成的方案和程序直接解决问题的思维活动。创造性思维是重新组织已有的知识经验,提出新的方案或程序,并创造出新的思维成果的思维活动。

根据探索答案的不同

可以分为求同思维与求异思维。求同思维指的是把问题所提供的各种信息集中起来,得出一个正确的答案。求异思维指的是沿着各种不同的方向去思考,得出多个可能的答案。

思维的品质包括哪些?

思维的广阔性与深刻性

广阔性指思路广泛,能把握住事物各方面的联系和关系,能全面地思考和分析问题;深刻性指善于深入地钻研和思考问题,善于区分事物的本质与非本质特征,能正确认识揭示事物运行的规律。

思维的独立性和批判性

独立性指善于独立、发现、思考解决问题,不依赖,不盲从,不武断;批判性指善于冷静地思考问题,不迷信权威,能有主见地分析评价,不被偶然的暗示所动摇。

思维的逻辑性和严谨性

逻辑性指考虑和解决问题时,思路鲜明,条理清晰,严格遵循逻辑规律;严谨性指提出的问题明确,推理严密,论证充分,证据确凿。

思维的灵活性和敏捷性

灵活性指思考和解决问题时,善于发挥思维,随机应变;敏捷性指思路清晰,解决问题迅速,既不优柔寡断,又不轻率从事。

思维的创造性

指思维活动方式,不仅善于求同,更善于求异,解决问题时善于用简洁的方法去解决,再创造活动中有创新意识和丰富的创造想象力。

如何认识思维的基本过程?

思维是认识周围世界人、事、物最高级的形式,它通过分析、综合、比较、分类、抽象、概括、具体化这样的一系列心理过程来实现的。分析综合是思维的基本过程,比较、分类、抽象、概括、具体化、系统化则是由分析综合过程派生出来的,是通过分析综合来实现的。

分析与综合

分析是在大脑中把事物或现象由整体分解成部分及个别属性的思维过程，比如我们把汽车分为发动机、方向盘、轮胎、变速箱、车身、车架等，把一套舞蹈分成若干章节，把茶叶的色、香、味、名称分出来，均属于分析，通过这样的过程，可以很好地了解事物的组成部分及其属性。综合是大脑把事物的各个部分和属性特征合成一个整体的思维过程，如把发动机、方向盘、轮胎、变速箱、车身、车架合成整个汽车，它可以让我们很好地了解事物的整体和构成与事物的各个部分属性之间的关系，在现实的思维过程中，很难截然地把分析与综合划分开来，为了更好地认识事物和现象，必须进行多层次的分析与综合，循环往复，逐步提高思维的过程。

比较与分类

比较是在大脑中把事物或现象加以比较来确定它们之间相同和异同的思维过程。在现实生活中，经常比较数量上的多少、形式上的多样、质量上的好坏、性质上的异同，这是我们认识事物和现象的方法，比较是在分析和综合的基础上进行的，要认识客观世界，这是重要途径。一般来说，认识客观事物都是通过比较来实现的，有比较才有鉴别、才有认识，在孩子学习知识的过程中，总会有大量的比较，才会更好地获得知识。分类是根据事物或现象的本质特征，把它们归入到某一类别当中去的思维过程，分类是在比较的基础上将有共同点的事物划为一类，这样可以更好地认识事物的从属关系和等级系统，在孩子学习的大量知识中，每一类知识都有分类，这更有利于孩子系统地掌握知识及学习知识。

抽象与概括

抽象是在大脑中把同类事物或现象共同本质的属性或特征抽取出来，并舍弃个别的非本质特征的思维过程。比如我们通过对各种各样的汽车进行分析，比较从它们的各种属性或特征中抽取有交通工具、跑得快、可以坐人，这就是有关汽车的一般本质的属性，而舍弃了某品牌、蓝色、黑色等这些非本质的属性特征，这就是思维的抽象过程。概括是大脑把抽象出来的事物或现象的共同本质的属性或特征综合起来，并推广到同类事物或现象中去的思维过程。主要交通工具、跑得快、有 4 个轮子、可以坐人，这些本质属性综合起来，从而知道这是小汽车，并把这个特征推广到各式各样的小汽车这类事物中去的思维过程就是概括。这样我们可以认识到一些事物的本质特征，通过分析比较我们知道事物的个别属性和特征，然后抽取出事物或现象的本质属性或特征这就是抽象。概括是把分析、比较、抽象的结果加以综合，从而形成对事物的一般认识，只有通过概括，才能对事物的认识更趋深化、正确、全面，才能形成有关的概念、原理和理论。抽象是把本质和非本质属性区别的过程，概括是把本质属性联合起来的过程。

具体化与系统化

具体化是利用一般原理去解决实际问题的思维过程，具体化是认识发展的重要环节，能让孩子更好地理解一般的原理和规律，使认识不断得到扩大、丰富、深入和发展，同时可以检验原理的真实性和可靠性，避免理论与实际脱节，具体化帮助孩子掌握知识和实践相结合。系统化是在大脑中根据事物的一般特征和本质特征，按一定的顺序和层次把事物组成一定系统的思维过程。它是在比较和分类的基础上实现的，这对孩子的学习意义重大。首先，系统化的知识有利于孩子本身认知结构的构建，有利于对知识的理解，做到融会贯通、顺利地实现知识的迁移。其次，系统化的知识有助于提高记忆效率，迅速提取所需要的信息。

由此可见,分析、综合、比较、分类、抽象、概括、具体化、系统化等思维过程相互联系,贯穿思维过程中,正是这些思维过程的有效进行,才会让孩子的认识实现更高的飞跃。

如何理解思维的形式?

在思维的活动中,孩子掌握了各种概念,并运用各种概念进行判断,用各种判断进行推理,也就是说孩子通过概念、判断、推理来进行思维活动,而概念、判断、推理也是思维的基本形式,通过思维的形式可以认识思维活动过程的规律。

概念

是人脑反映事物或现象的一般特征和本质属性的思维方式,是在分析、综合、比较、分类、抽象、概括的基础上形成的,它反映的是一类事物共同的、一般的、本质的特征,每一个概念都有它的内涵和外延,内涵就是指概念的含义,外延就是指概念的范围。比如汽车这个概念的内涵是交通工具,外延则是黑色的汽车、白色的汽车、长城牌汽车、奇瑞牌汽车等。概念的内涵越小,外延越大,内涵越大,外延越小。概念是通过思维活动形成,是用词来标识的,一切概念都是思维的结果,而一切的思维结果都是用词来记载、确定和巩固下来的,词是概念的外衣,概念则赋予词意义和内容,对于孩子来说,掌握的概念越多,词汇就越丰富,对事物的认识越深刻越全面。在孩子成长过程中获得概念一般有两种途径,一是在现实生活中与他人互动积累经验过程中掌握的概念,称作日常概念;二是在学习的过程中,在教师的引导下掌握的概念,称作科学概念。一般情况下,日常概念受孩子知识经验的影响,常常带有片面性,甚至错误歪曲,随着孩子的长大,知识及经验的扩大,尤其在教学的影响下,日常概念才会逐渐被提高到科学概念的水平。

判断

判断就是用概念去肯定或否定事物具有某种属性的思维方式,它是用句子的形式来表达概念之间的关系,进而阐明事物之间的联系,比如当看到闪电之后就听到雷鸣声,我们便肯定了这两种自然现象之间在时间上有一定的联系。由于事物存在着各种各样的复杂属性和关系,因而也就有各种各样的判断,判断不是肯定就是否定,判断是否正确,要有实践加以检验。判断主要有两种的基本的形式,即直接判断和间接判断。直接判断是感知形式的判断,通过对具体事物表面的特征直接感知,而做出的判断,比如黄种人是黄皮肤、黑眼睛、黑头发,白种人是白皮肤、蓝眼睛、黄头发,这是直接判断。间接判断是抽象形式的判断,是通过复杂的思维过程,在厘清事物之间的关系和联系的基础上做出的判断,比如水遇热会蒸发,变成蒸汽,遇冷会结冰,就是间接判断,间接判断往往是通过推理来实现的。

推理

是从一个和数个已知判断推出新的未知判断的思维方式,是事物之间联系和关系在人脑中的反应。推理可以达到对客观事物的间接认识。推理主要分为 3 种形式,即归纳推理、演绎推理和类比推理。归纳推理是从特殊事例出发归纳出一般原理的思维方式;演绎推理是从一般原理到特殊事例的思维形式;类比推理则是从某个特殊示例到另一个特殊示例的思维形式。

幼儿思维方式发展规律是怎样的?

思维是孩子认知的核心,也是高级智慧方式,思维方式会随着孩子年龄的增长而不断发生变化,从思维的发展方式来看,孩子最初的思维方式是直观行动思维,然后发展出具体形象思维，最后才发展出抽象逻辑思维。

直观行动思维

主要以直观的、行动的方式进行，直观行动思维直接在感知中进行，思维不能离开对具体事物的直接感知，也在实际行动中进行，不能离开儿童自己的动作。动作和感知是不可分的，因为感知动作不但为孩子提供触觉形象，而且不断更新视觉和听觉形象。直观行动思维也是孩子比较低水平的思维，因为这种思维方式概括水平较低，在2~3岁的孩子身上表现比较多，3~4岁也常有表现，比如表现在他们离开了玩具就不会做游戏了。总体来说，孩子在幼儿期通过伸手抓握动作，开始注意到物体的空间关系，开始了解周围的世界；形成具有先后时间维度的概念；出现了对因果关系的初步判断；幼儿逐步理解目标和手段的关系；可以模仿不在眼前的行为并表现出明显的目的性等。

具体形象思维

依靠事物具体形象的联想进行的，利用事物形象及事物形象之间的关系来解决问题的思维。比如孩子幼儿期开展游戏，通过扮演角色、制订规则和行动计划的表现进行思考和解决问题。这是孩子幼儿期思维的典型方式，其特点表现在3个方面。泛灵论：是指孩子幼儿期将一切事物都赋予生命的色彩，如折断花朵时，花儿会感到疼痛；思维不可逆：指不理解逻辑运算的可逆性，比如他不能理解当a大于b时，则b小于a；思维的不守恒：指的是当物体的外形和形状发生改变时，物体固有的本质属性不随着外在形态的变化而发生改变，如把一碗水倒掉再装上一碗水，问孩子两碗水哪个多？他回答不知道。

抽象逻辑思维

是用抽象的概念或词，根据事物本身的逻辑关系解决问题的思维，它是反映事物本质属性和规律性联系的思维，是通过概括、判断和推理进行的，是高级的思维方式。学前儿童没有这种思维方式，孩子在6岁左右开始出现抽象思维的萌芽，有以下特点：获得可逆性思维；思维开始去自我中心化，他能认识到别人的观点，可能自己有所不同，能站在别人的角度思考问题；开始能同时将注意力集中于某一事物的几个属性，并开始认识到它们之间的关系；开始使用逻辑原则。

如果我们家长能了解孩子的这些特点，在幼儿园是绝对不能学算数或过多其他小学阶段的知识，如果孩子学了，会付出正常学龄学这些知识所用时间的几倍或十几倍；他的学习兴趣会丧失，从幼儿园开始就把学习这件事和痛苦联系在一起；三是会出现一些坏习惯，因为在幼儿园学了小学的课程，到了小学1年级，他就不会注意听讲，慢慢养成不专心听课、注意力不集中的坏习惯，所以过早学习小学课程弊大于利。

如何理解幼儿期思维工具的变化？

在思维的发展过程中，动作和语言对思维的影响作用是不断变化的，总体来说，动作对思维的作用在减小，语言的作用在增大，这种变化可以分为3个阶段。

思维主要依靠动作进行，语言只是行动的总结。这发生在幼儿的初期，语言在思维中的作用是儿童用来总结自己的动作，动作不是受语言支配，而是受视觉形象支配。

语言伴随动作进行。到了幼儿中期，他们在解决问题过程中往往一边做、一边说，语言和行动总是在一起。

思维主要依靠语言进行，语言先于动作而出现，并引领着动作。到幼儿晚期，孩子在动作之前已经能完全用语言表达行动目标和计划。

幼儿思维形式是如何发展的？

总体来说，幼儿思维形式发展主要体现在概念、比较、分类、判断和推理等能力的发展，这些能力的发展与孩子认知的发展是相辅相成的。

概念的发展

概念是反映事物本质属性的思维方式，它是思维的基本单位，也是正确思维的基本条件，幼儿的思维处于形象概括水平，他所掌握的概念大多为生活中接触到的具体概念，由于他们掌握的概念以具体形象为主，缺乏对事物本质属性的概括，所以他在掌握概念的内涵与外延方面最突出的表现是把概念与具体形象紧紧连在一起，还表现把一些非本质属性当作概念的内涵，比如猫这一概念，孩子可能认为一切有四条腿的都是猫，或者认为只有他家那只猫才是猫。

比较能力的发展

比较是在思想上把各种事物进行对比，确定它们的异同。比较是分类的前提，通过比较才能进行分类和概括。关于幼儿的比较能力，首先他们逐渐学会找出事物的相应部分进行比较，4~5 岁的孩子逐渐能找出物体的相应部分并进行比较，如果让幼儿比较两个孩子的图片，他会指出这个孩子有帽子，那个孩子没有帽子；幼儿倾向于比较物体的不同之处，而找出物体的共同之处，又要找出不同之处，这种复杂的分析综合能力需要在引导下才会逐步发展。

分类能力的发展

分类能力的发展是幼儿逻辑思维发展的一个重要标志，研究表明，4 岁以下的孩子不会分类，5~6 岁的孩子处于不会分类向初步分类能力发展的过渡时期，5.5~6 岁开始从依靠外部特点分类向依靠内部隐藏的特点进行分类的显著转变，6 岁以后开始逐步摆脱具体感知和情境的束缚，能依据物体的功用及其内在联系进行分类。

判断推理能力的发展

判断是思维过程中有所肯定或否定的思维形式，是概念与概念之间的联系，反映事物之间或事物及其特征之间的联系。推理是由一个或几个判断为主，开始向间接判断发展。判断形式从直接判断为主开始向间接判断为主发展，如让 5~6 岁的孩子判断两块砖的面积是否相等，是依靠直觉判断，认为完整的面积比被分割开的同样的面积大，7 岁以后大部分孩子才能进行间接判断推理；判断推理的内容从反映事物表面的联系开始向反映事物本质的联系发展，如 3~4 岁的孩子会认为椅子倒了，是被风吹倒的，5~6 岁才能按本质的联系做出判断推理，如气球是空的，比较轻，会浮起来；判断推理的根据从自我中心逻辑开始向客观逻辑发展，比如椅子倒了，会认为它不乖；判断推理的根据从不明确到逐渐明确；推理能力随着年龄的增长而发展，方式有展开式向简约式转化。3 岁基本不会进行推理活动，4 岁推理能力开始发展，5 岁大部分可进行推理活动，6~7 岁全部可以进行推理活动。

小学生的思维特点是什么？

思维是大脑对客观事物间接概括的反应，是认知发展的核心，而小学生思维的发展主要有以下特点：小学期是具体形象思维和抽象逻辑思维交错发展的时期，并且由具体形象思维逐步发展到以抽象逻辑思维为主要形式；具体形象思维向抽象逻辑思维过渡，是思维发展的质变，关键年龄在10~11岁；小学生经过学习逐渐具备了人类思维的整体结构，但这个思维结构还有待进一步完善和发展。

小学生概括能力是如何发展的？

研究表明，在小学阶段，孩子概括发展水平大致如下：第一个阶段是直观形象水平，他们所能概括的特征或属性常常是事物直观的、形象的、外部的特征或属性；第二个阶段是形象抽象水平，他们在概括的过程中，形象的、本质的特征或属性的成分在增多；第三阶段是初步本质抽象水平，4~5年级的孩子概括水平开始以本质抽象为主，但由于知识经验的限制，还有待于进一步发展。

小学生比较能力是如何发展的？

在小学阶段，低年级的孩子进行比较时表现出困难，不善于分清本质和非本质的特点，小学生对不同点的比较发展较早，相同点的比较发展稍晚。总体来说，小学生比较能力表现如下：从正确区分具体事物的异同发展到区分抽象事物的异同；从区分个别部分的异同逐步发展到区分许多部分关系的异同；从直接感知条件下进行比较，发展到运用表象进行比较。在某些条件下，他们能在相同事物中找出相同点，也能找出细微差别，在另一些条件下，则不然，所以不能笼统地认为小学生一般容易找出相异点。

小学生分类能力是如何发展的？

研究者对小学孩子字词概念综合性分类能力研究发现，孩子在指定分类、排除分类、直接分类、组合分析分类发展特性如下：小学2年级可以完成自己熟悉的具体事物的字词概念分类，能正确说明分类依据要晚一点，绝大多数孩子是从事物的外部特征或功用特点来说明分类依据，到了中高年级，从本质上说明分类依据的人数有所增长；解决同一课题不同年级的孩子表现出不同的分类水平，年龄特点很明显，3~4年级是字词概念分类能力发展的转折点；同一年级的孩子解决不同的课题时，表现出不同的分类水平，分类材料的难易程度对分类影响明显，小学低年级儿童基本不具备组合分析分类能力，从4年级起开始出现这种能力，5年级以后有较明显的发展。

小学生概念是如何发展的？

概念是大脑反映客观事物本质特征的思维形式，是抽象思维活动的基本单位，小学儿童概念的发展主要表现在深刻性、丰富性和系统性3个方面。

概念的理解日趋深化

低年级的孩子由于受到生活经验和知识水平的限制，往往根据事物的外部的、具体的特征去认识事物，对一些概念并没有真正理解，没有把握概念的内涵。

概念的内容日趋丰富

随着学习的进行，孩子接触越来越多的概念如数概念、字词概念、时间概念、空间概念等，内容越来越丰富。

概念的体系日趋系统化

概念的系统化就是掌握有关概念之间的区别和联系，孩子经过分析、综合、比较、抽象、概括，逐步掌握复杂的数概念系统和运算系统，还不断扩充数的概念，而且正逐步掌握运算方面较为完善的思维形式。数学方面的系统性反映出孩子思维的系统性，虽然水平不高，有待今后进一步发展。

小学生推理是如何发展的？

推理是由已知的信息和条件推出新的信息或结论的过程，它可以分为直接推理和间接推理。小学生首先掌握的是直接推理，在学习的过程中，孩子间接推理能力逐步发展。间接推理是由几个条件推出某一结论的推理，包括归纳推理和演绎推理。小学初期的孩子推理很大程度上要依赖事物的直观性，常常以事物的偶然联系为推理依据，不能使自己的思维活动服从于一定的目的和任务。在不断地学习下，孩子推理的抽象概括性、逻辑性和自觉性逐步发展起来。

孩子直接推理能力的发展趋势是随着年龄的增长，其推理能力逐步提高，1~2 年级为第一阶段，3~4 年级为第二阶段，5 年级第三阶段，同时发现思维发展的加速期在 4~5 年级之间。

对孩子归纳推理的研究表明，他们在进行归纳推理时，有时被一些非本质的东西吸引，从而得出不正确的结论。他们常常孤立看待个别事实或现象，他们可以正确解释个别事实和现象，却常常不能提高到概括水平，即不能用归纳推理来确定一般规律和定理。随着知识经验的增加，开始能在许多个别现象中概括出本质的因果联系，并用归纳法得出结论，从而确定一般规律。

思维能力对孩子的重要性是什么？

家长都希望自己的孩子有很强的能力，尤其希望孩子的智力超群，而思维能力就是智力的核心，可以这样说，孩子思维能力的高低决定着智力的高低，一般情况下，如果孩子的思维能力强，其智力水平就会比较高。思维表现在生活、学习的各个方面，如果孩子思维能力不够灵活、开阔，会导致行为方式比较单一，缺少灵活应对，有的孩子思维不够深刻，则对知识或事物的了解总停留在表面。尤其在孩子的学习上，没有良好的思维能力，就不能形成良好的知识结构和扎实的知识基础，更不可能发展出良好解决问题的能力。如果想让孩子有良好的学习成绩和生活品质，一定要促进孩子思维能力的发展，尤其到了小学中年级这个关键期，可以多做一些关于思维的训练。而良好的思维能力是建立在良好的感知觉统合能力基础之上的，因为无论思维的过程还是思维的方式，都要建立在知识的摄取和经验的积累上，这些是通过感官获得的，没有良好的感知觉统合能力，这些信息就不能有效地组合，而会影响孩子思维能力的发展。小学生到了中年级，往往成绩产生分化，其实原因之一就是每个孩子思维发展的不同，3 年级以上对孩子的抽象思维能力提出更高的要求，否则他理解就有困难，所以重视孩子思维的发展，对于孩子来说是必要的，而思维能力的顺利发展与提升对孩子来说更重要。

培养孩子思维能力应从哪些方面着手？

培养概括思维能力

也就是把众多的问题综合归类进行提炼。在日常生活中，孩子会吃到梨、苹果、桃子、草莓等，那么这些看似不同的东西，能不能用一个词来概括呢？其实大多数孩子都知道这些有一个统一的名称叫“水果”，虽然它们的形状、颜色、味道不一样，但有好多的共同特点，于是我们把它们的共同属性抽取出来，有此特性的就是“水果”，这就是概括思维能力。同样，我们还可以用这样的方式对动物、昆虫、汽车、蔬菜等进行概括思维训练，从学习的角度，地理、几何、英语等，可以随时对孩子进行这一类训练。除此之外还可以对孩子进行这样一种训练，比如高铁，假如一个人从来没有坐过高铁，那孩子能不能向这个人描述什么是高铁呢？比如高铁时速达到350千米/小时、朝发夕至、自动化程度高、座位舒适、专用路线等，从这些属性当中概括出一个词“高铁”。

培养发散思维能力

发散思维能力是从概念出发，看看这个概念可以分多少种类、有多少方面，思维能发散到什么程度。比如对汽车从多角度进行分类练习，按大小分为大型汽车、小型汽车、中型汽车等；按颜色分为白色的、黑色的、蓝色的、红色的、绿色的等；按类别分为轿车、越野车、工程车、运输车等，这种分类可以更多，而用这样的方法可以训练孩子的发散思维。其实孩子在学习和生活中面对一个问题，解决方法绝对不是一种，任何一个问题都有3种以上的解决方法，如果在生活中进行这样的训练，这样当孩子遇到一些问题的时候，就不会干着急，或者选择一些不恰当的方法来处理问题，如果孩子的发散思维能力好，解决问题的方式就会更丰富，这是可以通过思维训练来实现的。

培养推理能力

推理能力是思维能力的核心，它是由已知推出未知，推理能力对于学习来说更重要，公式的推导过程、每一类问题的解决过程都是推理的过程。而一些小游戏，比如走迷宫类、问题的解决类，孩子需要边观察、边推理、边尝试的过程，这也是训练的过程，语言是思维的外壳，任何一个思维过程，推理过程都是可以描述的，让孩子把思考的过程说出来，可以使思维过程变得更调理、更系统化，同时也会提高孩子的推理能力。

培养创造能力

所谓创造就是造出一种现在没有的东西，或者说对已经有的东西进行整合，这需要提高孩子的创造意识和创造能力，让孩子有创造的激情和欲望，更不能压制孩子的想法。对于培养孩子的创造能力，我们可以从以下角度来做：加一加，在原有东西的基础上，添加一些东西，使它变成另外的，比如铅笔和橡皮两样东西在一起；减一减，就是在一种东西上减去另一些东西，使之变成一种新东西；改一改，将原有的东西经过改造加工，成为一种新东西，比如雨伞经过折叠改造，更容易携带；仿一仿，如人类模仿鸟飞，创造了飞机等。这方面的训练可以提高孩子的创造欲望和创造能力。

如何促进孩子思维飞跃？

小学中年级是从形象思维过渡到抽象思维的飞跃期，如果这个时期过渡得好，就会为孩子以后的学习奠定好的基础，帮助孩子顺利过渡可以用听、说、读、写的方式来推动孩子的思维飞跃。

听：抽象—形象

让孩子听故事，然后提出问题让孩子回答，如果他回答正确，说明他听懂了，其实这也是在提升孩子听知觉反应能力，孩子听的过程，就是把文字转化为形象画面的过程，这与听觉联想能力是相关的，可以促进思维的飞跃。

说：形象—抽象

每天孩子放学回家，如果父母能安静地听孩子描述一下学校里发生的事情，孩子说得比较有逻辑，有先后顺序，有细节，那说明孩子把形象的画面转成了抽象的文字，完成了从形象思维到抽象思维的过程。其实每次孩子看完一个影片，让孩子把看到的内容说出来，这些都是从形象到抽象的转化，可以促进孩子思维的飞跃。

读：抽象—形象

孩子 3 年级以后，抽象思维开始发展，所以尽量让孩子读文字的书，减少带图的书，如果孩子能养成阅读的习惯，读一些有情节的故事、小说，如果孩子愿意读，说明他懂了，他也能把抽象的文字变成了形象的画面，完成从抽象到形象的转化，可以促进思维的飞跃。

写：形象—抽象

引导孩子多记录有意义的事件、场景、画面，当用文字记录的时候，会完成了从形象到抽象的过程，如果鼓励孩子从一句话开始记录，这有利于孩子思维的飞跃。

思维技巧都有哪些？

侧向思维

就是从其他领域的做法汲取经验，从而得到启示的思维方法。

求证思维

就是利用已经掌握的知识和经验去验证某一结论的思维。

逆向思维

从反面想，看看结果是什么。

横向思维

简单说就是左思右想、前思后想，这种思维大多都是从与之相关的事物中寻找解决问题的突破口。

递进思维

从目前的一步为起点，以更深的目标为方向，一步一步深入达到的思维

想象思维

就是在联想中的思维，这是在已知材料的基础上，经过新的配合创造出新形象的思维。

分析思维

是把一个问题分解成很多部分，从每个部分及其相互关系中去寻找答案。

对比思维

通过两种相同或不同事物的对比进行思维，寻找事物的异同及其本质与特性。

交叉思维

从一头寻找答案，在一定的点暂时停顿，再从另一头找答案，也在这点上停顿，两头交叉汇合沟通思路，找出正确的答案。

转化思维

在解决问题过程中遇到障碍，把问题由一种形式转换成另一种形式，使问题变得简单、清晰。

跳跃思维

跳过事物中的某些中间环节，省略次要的过程直接达到终点的思维。

直觉思维

一次性地猛然接触事物的本质思维，得出结论后再去验证，这种思维需要平时对事物本质认识的积累。

渗透思维

在分析问题时，看到错综复杂、互相渗透的因素，通过这些潜在的因素关系来分析解决问题。

统摄思维

凭借思维来把握事物的全貌，并统摄推论各个环节，它是用一个概念取代若干个概念，是一种高度抽象的思维。

灵感思维

在创作过程中达到高潮阶段以后出现的一种最富有创造性的思维突破，它常常以一闪念的形式出现，是潜意识思维与意识思维多次迭加而形成，是长期创造性思维达到的一种境界。

平行思维

是需要从不同的方向寻求互不干扰、互不冲突及平行的方法来解决问题的一种思路。

组合思维

在思维过程中，通过对若干要素的重新组合产生新的事物或创意，不同的事物组合在一起，从而创造出新的事物。

综合思维

就是多种思维方式综合起来运用的思维方式。

思维力的训练方法有哪些？

训练1：关系推理训练

因为：	所以：
张三比李四聪明些	孙五比赵六……
孙五比黄九聪明些	黄九比李四……
赵六和张三一样聪明	钱十比赵六……
李四比钱十聪明些	张三比孙五……
赵六比黄九愚笨些	黄九比钱十……

训练2：数字推理训练

A.请在下面的括号里填上适当的数字：

5、7、(　)、11、13

4、(　)、12、16、20

2、7、12、(　)、22

0、(　)、12、18、24

42、37、(　)、27、22

120、99、(　)、57、36

0、(　)、34、51、68

1、5、10、16、(　)、31

B.请在下面的括号里填上适当的数字：

1、4、9、16、(　)、36

3、6、12、21、(　)

2、7、14、23、(　)、47

1、5、13、25、(　)

0、5、15、(　)、50

2、6、12、(　)、30、42

2、4、(　)、16、32

2、6、(　)、54、162

1、2、6、12、36、(　)

15、21、24、30、33、(　)

训练 3：因果思维

请你尽可能多地列出语文学习成绩好的各种可能原因。

请你尽可能多地列出数学学习成绩好的各种可能原因。

请你尽可能多地列出英语学习成绩好的各种可能原因。

请你尽可能多地列出获得同学友谊的各种可能原因。

请你尽可能多地列出自己知识更渊博的各种可能原因。

请你尽可能多地列出让自己更有责任感的各种可能原因。

请你尽可能多地列出让自己能力更强的各种可能原因。

请你尽可能多地列出让自己做事更有计划的各种可能原因。

训练 4：思维流畅性

写出带有"马"字的成语。

写出带有"水"的成语。

写出带有"土"成语。

写出带有"大"的成语。

请用"山"连续组词，不低于 20 个。

请用"书"连续组词，不低于 20 个。

请说出"水"的用处，不低于 20 个。

请说出"笔"的用处，不低于 20 个。

请说出"木头"的用处，不低于 20 个。

训练 5：发散思维 1

尽可能多地说出用"吹"的方法可以办成哪些事、解决哪些问题。

尽可能多地说出"红颜色"可以用来做什么。

尽可能多地说出去北京的方法。

尽可能多地说出"碗"可以用来做什么。

你是谁？尽可能多地写出你的角色，比如学生、顾客、儿子、女儿等。

训练 6：联想思维

鸡蛋和汽油有哪些关系，不低于 10 个。

手机与健康有哪些关系，不低于 10 个。

水杯与大海有哪些关系，不低于 10 个。

吃饭和绘画有哪些相同之处，不低于 10 个。

走路与汽车有哪些相同之处，不低于 10 个。

下雨与黄河有哪些相同之处，不低于 10 个。

训练 7：联想思维 2

看到下列词汇后请你迅速写出联想到的词汇。比如大海：大海-鱼-渔船-天空-宇宙

第一个联想词汇:电

第二个联想词汇:米饭

第三个联想词汇:自行车

第四个联想词汇:数学

第五个联想词汇:游戏

训练 8:续编故事

根据以下故事续写多个结尾。

一个孩子在山上种了一片玉米。玉米快要成熟的时候,被狗熊发现了。狗熊钻进玉米地吃了一些,扔了一些,糟蹋了一地。孩子找狗熊去讲理。狗熊满不在乎地说:"你的玉米是让我给糟蹋了,你能把我怎么样呢?"孩子说:"我要你包赔。狗熊说:"我若是不包赔呢?"孩子说:"那我就叫你知道知道我的厉害。"

根据这个故事要续编出不同的故事结尾,不低于 5 个。

训练 9:问题解决

设计一个装置,让一枚鸡蛋从 10 米高处落下不破碎。

材料:自行寻找。

1.5 米为及格,3 米为良好,10 米为优秀。

训练 10:编故事

请根据给出的词语及句子编故事,故事中必须用上给出的词语及句子

1.侦察队 大黄蜂 奥特曼 小猪佩奇

2.书包 汽车 我丢了一些 学校 阿姨

3.森林 聚精会神 我太痛苦了 这下好了 电灯

4.志愿军展战士 电影 勇敢 致敬 好生活

训练 11:关系思维

将听到的不同种类的词语用规定的符号表示。

A.植物-2、动物-8、其他-0。

飞机 小草 燕子 飞舞 狐狸 孩子 积极 电视 萤火虫 草莓 勇敢 感谢 彩霞 樱桃 荔枝 邮寄 芒果 石榴 可爱 葡萄 气概 橙子 远方 狮子 猴子 童话 柚子 乌贼 香蕉 蜗牛 喘气 危险 安静 牙齿 棉花 哈密瓜

B.动物-6、植物-7、其他-9。

牡丹 布置 葡萄 拍手 水母 吊兰 鳄鱼 敌人 金丝猴 棉花 楼房 爸爸 游泳 金鱼 楼房 荷花 柳树 白牡丹 蜜蜂 螃蟹 泥鳅 杏树 蜈蚣 领导 班级 蘑菇 蝴蝶 水草 海带 草莓 海洋 青菜 鸵鸟 蜻蜓 狮子

训练 12:加法手指操

双手放于胸前,"1~9" 数字为正常手势表示,"10" 为中指与食指交叠在一起表示,"+"双手握拳伸出大拇指表示,"="双手握拳表示。训练过程中要求双手同时参与,手口同步要求一致、匀速、有节奏,在训练的初期,不求速度,保证准确率,随着熟练程度的提高可提高速度。

训练 13:减法手指操

双手放于胸前,"1~9" 数字为正常手势表示,"10" 为中指与食指交叠在一起表示,"-"双手握拳伸出小指表示,"="双手握拳表示。训练过程中要求双手同时参与,手口同

步要求一致、匀速、有节奏,在训练的初期,不求速度,保证准确率,随着熟练程度的提高可提高速度。

训练 14:乘法手指操

双手放于胸前,“1~9” 数字为正常手势表示,“10” 为中指与食指交叠在一起表示,“得”双手握拳表示。训练过程中要求双手同时参与,手口同步要求一致、匀速、有节奏,在训练的初期,不求速度,保证准确率,随着熟练程度的提高可提高速度。

训练 15:除法手指操

双手放于胸前,“1~9” 数字为正常手势表示,“10” 为中指与食指交叠在一起表示,“÷”右手掌心向平与胸前,左手垂 45 度,两手指尖相对,被除数用右手演示,除数用左手演示,“商”用右手演示,“=”用双手握拳表示。训练过程中要求双手同时参与,手口同步要求一致、匀速、有节奏,在训练的初期,不求速度,保证准确率,随着熟练程度的提高可提高速度。

训练 16:剪刀石头布

一边做动作、一边说出下面歌谣。

歌谣内容:剪刀石头布,剪刀石头布,一把剪刀,一块石头,我是小白兔;剪刀石头布,剪刀石头布,一把剪刀,两把剪刀,亲亲小白兔;剪刀石头布,剪刀石头布,一把剪刀,一块布,抓住小白兔;剪刀石头布,剪刀石头布,一块石头,两块石头,转动幸运兔;剪刀石头布,剪刀石头布,一块石头,一块布,我是小蘑菇;剪刀石头布,剪刀石头布,一块布,两块布,我是花猫不是兔,抓住小白兔。双手同时参与,手口同步,要求一致性、匀速、有节奏,游戏时语气欢快,面带微笑,表情愉悦。

训练 17:黑白棋

孩子面前放 10 颗白棋子,10 颗黑棋子, 家长连续说出左右手分别拿几颗什么颜色的棋子,孩子根据指令左右手拿起相应的棋子,分别放在左手或右手一侧。比如左手 1 黑 1 白,右手 2 黑;左手 2 黑,右手 2 黑;左手 2 白 1 黑,右手 1 黑 1 白,最后剩几颗棋子。

为了锻炼孩子更好的思维能力,还可以在孩子面前放上 3 种不同颜色的棋子,用以上方式让孩子左右手交替,拿相应的棋子个数;还可以进行左右手反口令练习或黑白反口令练习。

在训练的过程中,与孩子以游戏的方式共同进行,若以比赛的方式则更好一些,指令要清晰,难易程度可循序渐进,指令速度要根据孩子的具体状况而发出,家长与孩子可以交换发出指令,增加孩子的语言表达能力、逻辑思维能力及趣味性。反口令练习,在初期只选择一种,随着孩子熟悉程度及思维能力的提高,再选择 2 种进行。

训练 18:数量训练

1.把一根木头锯成 4 段,锯一段需要 5 分钟,一共需要(　　)分钟?

2.17 个学生排成一队报数,报双数的学生去打乒乓球,队伍里还留下(　)人?

3.小猴子用 8 元钱买两个柚子,用买一个柚子的钱可以买 2 个菠萝用,买一个菠萝的钱可以买 2 个苹果,每个苹果(　　)元?

4.有一盘苹果,明明吃了其中一半,妈妈吃了其中 4 个,爸爸吃了 6 个,正好吃完,这盘苹果共(　)个?

5.红花比黄花多 12 朵,黄花比白花少 16 朵,红花与白花相差(　　)朵?

6.李大爷家原来养了 5 只兔子,它们是 2 只黑兔子、3 只白兔子,现在每只黑兔子都生了 3 只小兔子,李大爷家一共(　　)只兔子?

训练 19:发散思维 2

1.村边有一棵树,树下有一头牛,它被主人用 2 米长的绳子拴住鼻子,一会儿主人拿着饲料来了,把饲料放在离树 3 米远的地方,坐在一边抽烟去了,可是当他没有注意的时候,牛把饲料全吃光了,当然,绳子很结实,没有断,也没有解开,这是怎么一回事?

2.学校举办歌唱比赛,第一排 9 个学生,第二排插在第一排的缝,第三排插在第二排的缝,依次到十排,一共多少人?

3.有一个考试监场非常严格,考生要想作弊是根本不可能的,可是交卷后,阅卷老师发现 50 分卷子中有 15 份卷子除了考生的姓名之外,答案是完全一样的,这是什么原因?

4.有两个人,一个人脸朝东,一个人脸朝西,不准走动,不准照镜子,怎样才能看到对方的脸?

训练 20:逆向思维

假设你是一个求生者,现在面前的岔路口分别通向生与死,在路口分别站着士兵 A 与士兵 B。士兵 A 与 B 清楚生与死的方向,但你不知道;两位士兵中,其中一位一直讲真话,而另一位一直讲假话;两位士兵都知道谁说真话、谁说假话,但你不知道:问题:你现在只有一次选择的机会,选择一个士兵,并提出一个问题,由此判断走哪条路你才能够生存,请说出你的问题。

附　录

“感知力是孩子的第一竞争力”
关于感知觉统合能力无器械训练专业技能培训课程

改变一个孩子　成就一个家庭

培养一批孩子　造福一方百姓

一、课程背景

最新研究调查显示，大中城市里的孩子感知觉统合能力不足率达90%左右，其中20%为重度不足，30%为中度不足，这会严重影响孩子的生活及学习能力，导致孩子出现专注力差、学习成绩差；规则意识差、自理能力差、同伴关系差、控制情绪能力差；责任感差，缺少自信、主动性、计划及自控能力等。

感知觉统合能力无器械训练法创始人仝慧琪教授带领研发团队自2008年起，依托心理学、医学、脑科学、教育学、运动学等原理多维度、深层次地挖掘与探索，经过万余名实例个体样本，反复论证取得研究成果，推出感知觉统合能力无器械训法，通过训练提升能力。让孩子感官、大脑、身体、心理、记忆、思维之间相互协调，训练效果会直接体现在孩子的学习能力、生活技能、心理力量上。感知觉统合能力无器械训练法安全易操作，摆脱对大型训练器械的依赖，以游戏活动为载体进行训练，更容易让孩子产生兴趣，并积极主动投入训练。本训练方法适合3~14岁的儿童，自2016年起向全国推广，所到之处无不受到高度认可，受益者众多。

2016年11月19日在北京召开新闻发布会，感知觉统合能力无器械训练法被各大媒体争相报道。

2017年8月15日仝慧琪教授受邀在苏州市吴中区全国养成教育示范区建设峰会上为400名校长及骨干教师进行了感知觉统合能力无器械训练法培训。

2017年9月在郑州市郑东新区成立第一个感知觉统合能力无器械训练法实验学校。将感知觉统合能力无器械训练法与各学科教学融合。

2018年3月23日仝慧琪教授受邀在江苏省心理学高峰论坛做感知觉统合能力无器械训练法演讲，引起强烈共鸣。

2018年7月19日仝慧琪教授受邀国际教育高峰论坛发表感知觉统合能力无器械训练法的讲话，受到国内外嘉宾的高度认同。

2019年12月21日在国家知识产权局完成了感知觉统合能力无器械训练法及感知力赋能训练法的两项商标注册，确立感知觉统合能力无器械训练法的知识产权，并成立了感知觉统合能力无器械训练法全国推广中心。

2016年4月份开始感知觉统合能力无器械训练法专业技能培训，由北京师大智慧教育研究院、人力资源和社会保障部全国人才流动中心联合举办，由仝慧琪教授主讲。在北京、南京、天津、苏州、长沙、太原、唐山、青岛、德州等各地共计开展培训28期，培养专业技能人才5000余人，目前有30多个城市的加盟机构使用感知觉统合能力无器械训练法来训练孩子的能力。

“感知力是孩子的第一竞争力”，能让孩子成为人生路上的领跑者，在未来路上攀得更高、跑得更远。这一切取决于家长的科学教育观，优秀与平庸的距离看似遥远，其实只有二字之差，就是“能力”！

二、课程设置及培训人群

感知觉统合能力无器械训练法专业技能培训中级课程培训为40学时,其中包括理论部分、实操部分、专业测评部分。培训对象包括心理咨询师、幼儿教师、中小学教师、医生、培训机构从业人员、家庭教育工作者、家长。经过培训后可以掌握感知觉统合能力无器械训练法的基本理论及训练方法的实际操作。针对适龄儿童开展训练及教育,提升孩子的能力水平。

三、感知觉统合能力无器械训练法是具有科学性、时效性、实操性的训练方法,也是调整身心的心理疗法

1.脱离大器械的限制,更便于训练,让家庭训练成为可能,效果更好。

2.训练年龄延伸,3~14 岁均可。

3.达到生理与心理的双重修复。

4.更注重感觉、知觉、行为、思维多重训练。

5.注重亲子关系、师生关系、伙伴关系训练。

6.寓教于乐,突破场地的局限性。

7.一种训练方法,多重训练效果。

8.疗愈心理创伤,让孩子健康成长。

四、感知觉统合能力无器械训练法能提升以下能力

1.提升学习能力,改善注意力不集中,好动不安,小动作多,作业拖拉马虎、频繁出错的现象;提升完成作业效率,减少因课业问题经常引起的家庭冲突;提升孩子责任心、计划性和条理性。

2.提升胜任感,促进安全感、自信心、责任感、自我价值感、资格感及归属感的提升;增加勇气,减少退缩行为、逆反等心理反应。

3.促进集中精力做事情,整理好自己的物品,书桌、课桌不再乱糟糟,做事情不再手忙脚乱;对自己的事负责,不忘带课本、文具、水杯等,不再是心不在焉的样子。

4.提升阅读能力,阅读过程中不丢字串行、加字减字,阅读更流畅,能很好地理解所读文章或题目的意思,在做作业、考试正确率更高,写作能力大大提升。

5.提升姿势平衡感、精细动作能力,写字速度更快,写字不再大的大、小的小,以及下笔轻重不分,能有效区分 6 和 9、p 和 q、天和夫等相近的数字、字母和文字,不用反复纠正;握笔姿势趋于正确,在书写过程中不容易疲劳或坐不住。

6.提升专注力,马虎、丢三落四现象减少,做题、考试不再丢步骤、更细心,更容易记住犯过的错误而不再出现。

7.专注力更好,能把注意力用在老师的讲课上,记住、记全老师讲课的内容,快速执行老师的指令;描述一件事情语言更流畅、顺序感更强、词句达意。在写作文时,语言丰富,能切合主题。

8.提升大肢体动作能力,孩子会坐有坐相,站有站相,坐姿端正。同时改善大肢体动作比较笨拙,让跳高、跑步、跳绳、打篮球、踢足球、做操或韵律性活动更协调,提升手眼协调身体动作能力,让孩子更爱参与这样的运动。使用剪刀、系鞋带、系扣子、做手工等精细动作完成起来会更顺畅,自理能力得到提升。

9.促进语言发展,孩子说话更清晰,表达能力更好,说话有逻辑性,回答问题时快速准确。

10.提升触觉分辨能力,孩子不再排斥别人触碰他的身体,不再无端拥抱别人。站队时会保持队列,不再逃避去人多的地方、陌生的地方;胆子会趋于正常;不在黏人、黏固定的人,开始喜欢洗头、洗澡、剪指甲,不再咬指甲、吸手指、挑食、偏食。

11.情绪表达更稳定,当受到批评时不会情绪爆发,不会因为小事就大发脾气;开始具备融入团队的能力;

亲子关系、师生关系、伙伴关系开始融洽；开始遵守规则，懂得与别人分享，其他孩子开始接受他。

五、感知觉统合能力无器械训练法专业技能培训内容

1.认识七大感知系统功能。

2.了解感知觉统合能力的基本理论。

3.掌握感知觉统合能力无器械训练法的基本原理。

4.熟知感知觉统合能力评估方法的操作技巧。

5.前庭平衡能力的基本理论及训练方法实操体验。

6.触觉分辨能力的基本理论及训练方法实操体验。

7.本体控制能力的基本理论及训练方法实操体验。

8.听知觉反应能力的基本理论及训练方法实操体验。

9.视知觉反应能力的基本理论及训练方法实操体验。

10.动作运用能力的基本理论及训练方法实操体验。

11.感知觉统合能力团体训练项目讲解与实操体验。

好的东西只有让更多的人知道，才会产生更大的社会价值！

欢迎更多的有识之士加入我们的团队，让我们共同成就自己、惠及社会！

参考文献

[1]仝慧琪,于华章.感知觉统合无器械训练[M].成都:电子科技大学出版社,2018.

[2]仝慧琪,李云峰.唐山谋区学龄儿童感知觉统合能力现状[J].中国健康心理学杂志,2021(7):1066-1071

[3]郑信雄.如何帮助学习困难的孩子[M].北京:九州出版社,2004.

[4]高丽芷.感觉统合修炼脑部[M].台北:信谊基金出版社,2018.

[5]高丽芷.感觉统合开发潜能[M].台北:信谊基金出版社,2018.

[6]中国心理卫生协会.心理咨询师教程[M].北京:中国劳动社会保障出版社,2017.

索　引

B

保持　170
保护伸展反应　143
保护性触觉　67
背景姿势　56
本体控制觉　5,79
本体控制能力　80
比较　185
标本兼治原则　33
哺乳脑　44

C

侧向思维　192
长时记忆　171
陈述性记忆　171
成就感　18
程序性记忆　171
冲动　160
抽象　185
抽象逻辑思维　187
触觉　5,64
触觉迟钝　64
触觉分辨能力　64
触觉分辨能力不足　65
触觉敏感　65
触觉系统　64
创造性　184
创造性思维　184

D

大脑　40
大脑单侧化　43
递进思维　192
动静结合原则　33
动态法　177
动作计划能力　121,125
动作运用能力　121
动作运用能力不足　124
独立性　184
短时记忆　171
对比联想　175
对比思维　192
多动　160

F

发散思维　183
分辨性触觉　67
分类　185
分析　185
分析思维　192

G

概括　185
概念　186
感觉　4,176
感觉记忆　170
感觉统合　3
感知觉统合　3
感知觉统合能力　4
感知觉统合能力无器械训练法　24
个体区别原则　33
工作记忆能力　121
共济性收缩　56
构思　123
古皮质　44
广阔性　184

H

横向思维　192
后鼻嗅觉　134
唤醒不足　161
回忆再认　170

J

积极导向原则 33
即时仿说 111
集中思维 183
集中性 157
计划 124
记忆 169
间接体验 176
交叉思维 192
接近联想 175
结合法 177
具体化 185
具体形象思维 187
角色管理失控 161

K

空间感 56
空间认知能力 99
空间移动能力 98
恐高症 58
夸张法 177

L

灵感思维 193
灵活性 184
领导力 18
逻辑性 184

M

敏捷性 184

N

逆向思维 192

P

爬行脑 44
判断 186
配对联想 175
批判性 184
偏食 136
平衡感 5
平行思维 193

Q

前鼻嗅觉 134
前庭平衡 5
前庭平衡觉 5,52
前庭平衡能力 52
前庭平衡能力发展不足 59
前庭系统 51
前庭信息 5
情景记忆 170
情商 18
情绪记忆 170
求同思维 184
求异思维 184
求证思维 192

S

上层脑 44
社会适应 19
伸展反应 56
身体形象 122,125,143
深刻性 184
神经系统的可塑性 42
神经细胞 40
渗透思维 193
时间管理能力 121
识记 169
视觉 93
视觉动作统合能力 96
视觉分辨能力 96
视觉记忆能力 96
视觉联想能力 97
视觉注意力 96
视觉追踪能力 97
视知觉 93
视知觉反应能力 94
视知觉反应能力不足 95,100
双侧肢体协调能力 143
顺序 175
顺应性反应 5
思维 183
思维飞跃 191
思维能力 190
随意后注意 158

T

调整性 121
跳跃思维 192
听觉 106
听觉编序能力 108
听觉动作统合能力 108
听觉分辨能力 107

听觉记忆能力 107
听觉理解能力 108
听觉注意能力 108
听力 106
听说结合能力 108
听知觉 106
听知觉反应能力 107
听知觉反应能力不足 109
统摄思维 193
图像记忆 174
推理 186

W

味觉 134
无意注意 158

X

系统持续原则 34
系统化 185
下层脑 44
相似联想 175
想象思维 192
谐音 176
新皮质 44
形象记忆 170
嗅觉 133
学习能力 19
循序渐进原则 34

Y

延时仿说 111
严谨性 184
因果联想 175
用进废退 44
优势手的成熟 143
有意注意 157
与地心引力的协调 143
语言 113
语义记忆 170
阅读障碍 100
运动记忆 170
运动协调的能力 143

Z

再造性思维 184
站立姿势的反应 143
知觉 4
执行 124
直观行动思维 187
直接体验 176
直觉思维 192
指向性 157
重力的稳定度 143
注意 157
注意的分配 158
注意的广度 158
注意的稳定性 158
注意的转移 159
注意力 157
注意力障碍 160
转化思维 192
自我情绪调节能力 122
自信 174
自由联想 175
综合 185
综合思维 193
组合思维 193
组织能力 121